U0203811

# 高职高专校企合作系列教材编委会

"十二五"江苏省高等学校重点教材（编号：2015-1-122）

高职高专"十三五"规划教材

# 化学制药技术综合实训

刘郁　卜伟　张念洁　主编　马彦琴　主审

第二版

化学工业出版社

·北京·

《化学制药技术综合实训》（第二版）从化学制药技术、精细化工以及其他相关专业的岗位要求出发，注重实际能力的培养，内容涉及化学制药专业综合实训的安全知识、药物合成综合实训基础、有机化合物的分离和提纯、影响化学药物合成的因素、物质的分析与检测、药物中间体的合成、正交试验设计方法、科技论文的写作以及化学化工常用软件简介。以有机化合物及药物的合成过程为主线，从原料的处理、合成路线的选择、合成、过程控制、制剂等方面强化实训，培养学生的实践和综合素质能力。

《化学制药技术综合实训》（第二版）为高职高专制药技术类、精细化工等专业教学用书，也可供从事药物生产、精细化学品生产的技术人员和管理人员参考。

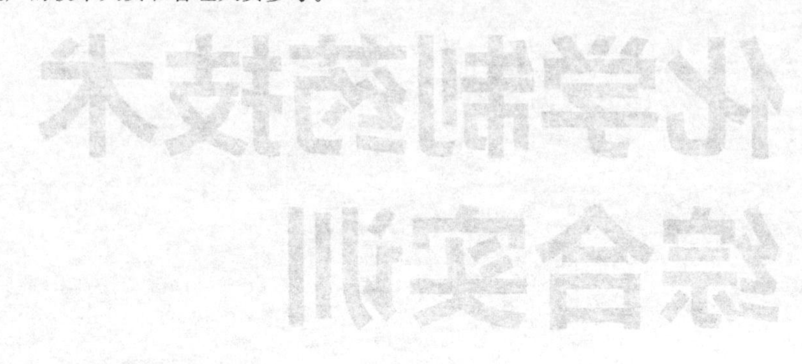

**图书在版编目（CIP）数据**

化学制药技术综合实训/刘郁，卜伟，张念洁主编．—2版．北京：化学工业出版社，2018.2（2020.9重印）

ISBN 978-7-122-31223-5

Ⅰ.①化… Ⅱ.①刘…②卜…③张… Ⅲ.①制药工业-生产工艺-高等职业教育-教材 Ⅳ.①TQ460.6

中国版本图书馆CIP数据核字（2017）第310960号

责任编辑：刘心怡　陈有华　　装帧设计：刘丽华

责任校对：宋　夏

出版发行：化学工业出版社（北京市东城区青年湖南街13号　邮政编码100011）

印　　装：北京盛通商印快线网络科技有限公司

787mm×1092mm　1/16　印张11½　字数278千字　2020年9月北京第2版第2次印刷

购书咨询：010-64518888　　售后服务：010-64518899

网　　址：http：//www.cip.com.cn

凡购买本书，如有缺损质量问题，本社销售中心负责调换。

**定　　价：33.00元**

# 前言

本书是“十二五”江苏省高等学校重点教材，是根据教育部有关高等职业教育培养目标的要求，以全面提高学生技能素质和专业能力为核心，适应高职教育改革与发展的要求而编写的。在编写过程中遵循“必需为准、实用为主、够用为度，技能优先”的原则，教学内容与企业的相关知识相结合，使学生学有所长，学则会用。

本书在保留第一版编写内容的系统性、实用性的基础上，对第一版进行了修订：删除了一些反应路线长、时间长、反应原料危险性强的合成反应，新增了一些代表性强、便于操作、学时短的药物合成实验，更加体现适用性和可操作性，节约了实验成本。编写过程中，注重以学生为主体，提倡互动学习，为充分调动学生对本课程的学习兴趣及对化学制药专业共性规律的掌握，在尊重职业教育自身规律和学生认知规律的前提下，优化了内容结构。其内容包括：化学制药专业综合实训的安全知识、药物合成综合实训基础、有机化合物的分离与提纯、影响化学药物合成的因素、物质的分析与检测、药物中间体的合成、正交试验设计方法、科技论文写作以及化学化工常用软件简介。这些内容以化学药物的生产过程为依据，包括了原料的性质、溶剂的选择、安全知识、分析检测、产品合成、工艺流程、实验设计与分析、计算机等知识。

本书可供药学、药物制剂技术、化学制药技术专业、精细化工及相关专业实训及实验使用。

徐州工业职业技术学院刘郁、江苏师范大学卜伟、延边朝鲜族自治州产品质量检验所张念洁主编。刘郁编写第 1 章、第 2 章、第 3 章、第 6 章；马彦琴编写第 4 章、第 5 章、第 8 章；刘连新编写第 7 章；燕传勇编写第 9 章，同时参与了第 6 章的编写。卜伟、张念洁承担了本书的修订工作。

本教材在编写过程中得到了徐州工业职业技术学院、江苏恩华药业股份有限公司、化学工业出版社的大力支持与帮助，在此致以衷心的谢意。

本教材所辑内容及其组合方式涵盖了化学制药生产过程的相关内容，尽管我们做了很大的努力，力求做到新颖、实用，但限于编者水平，书中疏漏之处在所难免，诚恳希望广大读者和有关院校在使用中提出宝贵意见。

**编者**

**2017 年 11 月**

# 目录

## 第1章 化学制药专业综合实训的安全知识



## 第2章 药物合成综合实训基础



## 第3章 有机化合物的分离和提纯



## 第4章 影响化学药物合成的因素

## 附录



## 参考文献

# 第1章 化学制药专业综合实训的安全知识

化学药物合成过程中所用的原料、试剂大多数是有毒、易燃、易爆、有腐蚀性的化学品，所用的仪器大部分又是玻璃制品，还经常使用电器设备，若粗心大意或使用不当，就容易发生事故，如割伤、烧伤、中毒、爆炸或触电等。因此，必须要重视安全问题。

## 1.1 安全守则

实训开始前应检查仪器，确认完整无损后方可进行实验。

实训进行中不得随便离开，并要经常注意反应进行的情况和装置有无泄漏、破裂等现象。

在进行有可能发生危险的实验时，要根据具体情况采取必要的安全措施，如戴防护眼镜、面罩、手套等。对反应产生的有害气体应按规定进行处理。

使用易燃、易爆药品时，应远离火源。实训结束后要细心洗手。

熟悉安全用具，如灭火器材、砂箱以及急救药箱的放置地点和使用方法。

## 1.2 事故的预防

### 1.2.1 火灾的预防

实训过程中使用的有机溶剂大多数是易燃的，着火是实验中常见的事故之一。预防着火要注意以下几点：

① 在操作易燃溶剂时应远离火源；勿将易燃溶剂放在敞口容器内（如烧杯内）直火加热，必须在水浴中进行。

② 蒸馏或回流易燃有机物时，严禁直火加热，装置不能漏气，如发现漏气，应立即停止加热，检查原因，待冷却后方可拆换装置。

③ 不得将易燃易挥发物倒入废液缸内，量大的要专门回收，少量的可倒入水槽内用水冲走（与水发生强烈反应的除外）。

④ 使用酒精灯时应用火柴引火，不可用另外的酒精灯的火焰直接引火。

⑤ 用油浴加热蒸馏或回流时，切勿使冷凝水溅入热油浴中，以免油外溅到热源而起火。

⑥ 防止煤气管、阀门等漏气。

### 1.2.2 爆炸事故的预防

实训时，仪器堵塞或装配不当；减压蒸馏使用不耐压的仪器；违章使用易爆物；反应过于猛烈难以控制等都有可能引起爆炸。为了防止爆炸事故，应注意以下几点：

① 常压蒸馏时，切勿在封闭系统内加热或反应，应使装置与大气相连通。在反应进行时，必须经常检查仪器装置的各部分有无堵塞现象。

② 减压蒸馏时，要用圆底烧瓶或吸滤瓶作接收器，不得使用机械强度不大的仪器（如锥形瓶、平底烧瓶、薄壁试管等）。

③ 切勿使易燃易爆的气体接近火源，有机溶剂（如乙醚、汽油等）一类的蒸气与空气相混时极为危险，可能会由一个热的表面或者一个火花、电花而引起爆炸。

④ 对于易爆的固体，如重金属乙炔化物、苦味酸金属盐等不能重压或撞击，对于这些危险的残渣，必须小心销毁。

⑤ 反应过于猛烈时，要根据不同情况采取冷却和控制加料速度等措施。

### 1.2.3 中毒事故的预防

化学药品大多具有不同程度的毒性，产生中毒的主要原因是皮肤或呼吸道接触有毒药品。在实训中，为防止中毒，应切实做到以下几点：

① 毒药品应妥善保管，不许乱放。实验中所用的剧毒物质应有专人负责收发使用，毒物使用者必须遵守操作规程。实验后的有毒残渣必须做妥善且有效的处理。

② 一些有毒物质会渗入皮肤，因此使用时必须戴橡胶手套，勿让有毒物沾染五官或伤口。

③ 使用有毒试剂或反应过程中产生有毒气体或液体的实验，也可用气体吸收装置除去反应中产生的有毒气体。

④ 对沾染过有毒物质的仪器和用具，用完后应立即清洗处理。

### 1.2.4 触电事故的预防

① 电器装置与设备的金属外壳应与地线连接，使用前应先检查其外壳是否漏电。

② 使用电器时应防止人体与电器导电部分直接接触，不能用湿的手或手握湿的物体接触电源插头。

③ 电器设备用完后应立即拔去电源，以防事故发生。

## 1.3 实训过程中常用的废水处理方法

### 1.3.1 中和法

对于酸含量小于3%～5%的酸性废水或碱含量小于1%～3%的碱性废水，常采用中和处理方法。无硫化物的酸性废水，可用浓度相当的碱性废水中和；含重金属离子较多的酸性废水，可通过加入碱性试剂（如 NaOH、$Na_2CO_3$）进行中和。

### 1.3.2 萃取法

采用与水不互溶但能良好溶解污染物的萃取剂，使其与废水充分混合，提取污染物，达到净化废水的目的。例如含酚废水就可采用二甲苯作萃取剂。

### 1.3.3 化学沉淀法

在废水中加入某种化学试剂，使之与其中的污染物发生化学反应，生成沉淀，然后进行分离。此法适用于除去废水中的重金属离子（如汞、镉、铜、铅、锌、镍、铬等）、碱土金属离子（钙、镁）及某些非金属（砷、氟、硫、硼等）。如氢氧化物沉淀法可用 NaOH 作沉淀剂处理含重金属离子的废水；硫化物沉淀法是用 $Na_2S$、$H_2S$、$CaS_2$ 或 $(NH_4)_2S$ 等作沉淀剂除汞、砷；铬酸盐法是用 $BaCO_3$ 或 $BaCl_2$ 作沉淀剂除去废水中的 CrO 等。

### 1.3.4 氧化还原法

水中溶解的有害无机物或有机物，可通过化学反应将其氧化或还原，转化成无害的新物质或易从水中分离除去的形态。常用的氧化剂主要是漂白粉，用于含氯废水、含硫废水、含酚废水及含氨氮废水的处理。常用的还原剂有 $FeSO_4$ 或 $Na_2SO_3$，用于还原 6 价铬；还有活泼金属如铁屑、铜屑、锌粒等，用于除去废水中的汞。此外，还有活性炭吸附法、离子交换法、电化学净化法等。

## 1.4 易燃、腐蚀性和有毒药品或溶剂的使用规则

① 有机溶剂（如乙醚、乙醇、苯、丙酮等）易燃，使用时要远离火源，用后要盖紧瓶塞，置于阴凉处。加热、回流提取或回收溶剂时，必须在水浴上进行，切不可用直火加热。

② 回收溶剂时，应在加热前投入 1～2 粒沸石，每添加一次溶剂，应重新添加沸石。加热中途不得加入沸石，严防溶液发生爆沸或因恒沸而发生爆炸。若为有毒易燃有机溶剂的回收（如苯、氯仿），应将排气管导出室外或下水道。

③ 强酸、强碱（如硫酸、盐酸，氢氧化钠等）具强腐蚀性，勿洒在皮肤或衣物上，以免造成化学灼伤。强酸烟雾刺激呼吸道，使用时应加倍小心。

④ 绝不允许各种化学药品任意混合，也切勿把任何试剂或溶剂倒回储瓶，以免发生意外事故。残渣废物丢入废物缸内，用过的易燃有机溶剂不得倒入下水道，否则有燃烧爆炸的危险。

⑤ 切勿把易燃、具腐蚀性和有毒药品或溶剂带出实验室。

# 第2章 药物合成综合实训基础

## 2.1 化学试剂及试剂的取用

### 2.1.1 试剂的级别

化学试剂是纯度较高的化学物质，其纯度级别、类别、性质、规格等应用不同的符号、标签加以区别。化学试剂等级标准分为四级，各级别的代表符号、规格、标志以及适用范围见表 2-1。

表 2-1 试剂的规格和适用范围

| 级别 | 名称 | 英文名称 | 符号 | 适用范围 | 标签颜色 |
| --- | --- | --- | --- | --- | --- |
| 一级品 | 优级纯（保证试剂） | guarantee reagent | G. R. | 纯度很高，适用于精密化学实验 | 绿色 |
| 二级品 | 分析纯（分析试剂） | analytical reagent | A. R. | 纯度仅次于一级品，适用于多数化学实验 | 红色 |
| 三级品 | 化学纯 | chemically pure | C. P. | 纯度仅次于二级品，适用于一般化学实验 | 蓝色 |
| 四级品 | 实验试剂（医用） | laboratorial reagent | L. R. | 纯度较低，适用于作实验辅助试剂 | 棕色或其他颜色 |

由于化学试剂级别之差，在价格上相差极大。因此，实验中应根据不同的实验要求选择不同级别的试剂，以免浪费。化学试剂在分装时，一般把固体试剂装在广口瓶中，把液体试剂或配制的溶液盛在细口瓶或带有滴管的滴瓶中，见光易分解的试剂（如 $KMnO_4$、$AgNO_3$ 等）装在棕色瓶中，易潮解且又易氧化或还原的试剂（如 $Na_2S$）除装在密封瓶中，还要蜡封，碱性试剂（如 NaOH）装在塑料瓶中。每一试剂都贴有标签，标明试剂的名称、规格或浓度及生产日期。

除表 2-1 中所列的之外，通常还有：① 基准试剂，主要用于直接配制或标定标准溶液；②光谱纯试剂，主要用作光谱分析中的标准物质；③色谱纯试剂，主要用作色谱分析中（如 HPLC 级别的甲醇、乙腈等）的溶剂和标准物质等。

## 2.1.2 试剂的取用

### 2.1.2.1 固体试剂的取用

固体试剂一般用牛角匙或塑料匙取用，牛角匙或塑料匙的两端分别为大小两个匙，且随匙柄的长度不同，匙的大小也随着变化，长的匙大，短的匙小。取用试剂时，牛角匙或塑料匙必须洗净擦干才能用，以免沾污试剂。最好每种试剂设置一个专用牛角匙或塑料匙。取用试剂时，一般是用多少取多少，取好后立即把瓶盖盖严，不要盖错。需要蜡封的，必须立即重新蜡封，随手将试剂瓶放回原处，以免搞错位置被人误用或因查找而造成时间浪费。多取的药品不能倒回原瓶，以免污染试剂，可放在指定的容器中供他人使用。

一般固体试剂可以放在干净的纸或表面皿上称量，具有腐蚀性、强氧化性或易潮解的固体试剂不能在纸上称量。往试管特别是湿试管中加入固体试剂时，可将药勺伸入试管的2/3处，或将药品放在一张对折的纸条上，再伸入试管中，固体试剂则沿着管壁慢慢滑入。

### 2.1.2.2 液体试剂的取用

(1) 用倾注法取液体操作　打开试剂瓶盖，反放于桌上，以免瓶塞沾污造成试剂级别下降。用右手手掌对着标签握住试剂瓶，左手拿玻璃棒，使棒的下端紧靠容器内壁，将瓶口靠在玻璃棒上，缓慢地竖起试剂瓶，使液体试剂成细流沿着玻璃棒流入容器内，如图2-1所示。试剂瓶切勿竖得太快，否则易造成液体试剂不是沿着玻璃棒流下而是冲到容器外或桌上，造成浪费，有时还有危险。易挥发臭味的液体试剂（如浓HCl)，应在通风橱内进行。易燃烧、易挥发的物质（如乙醚等）应在周围无火种的地方移取。若是进行实验的器皿，一般液体试剂的加入量不得超过容器的2/3容积。试管实验，最好不要超过1/2容积。

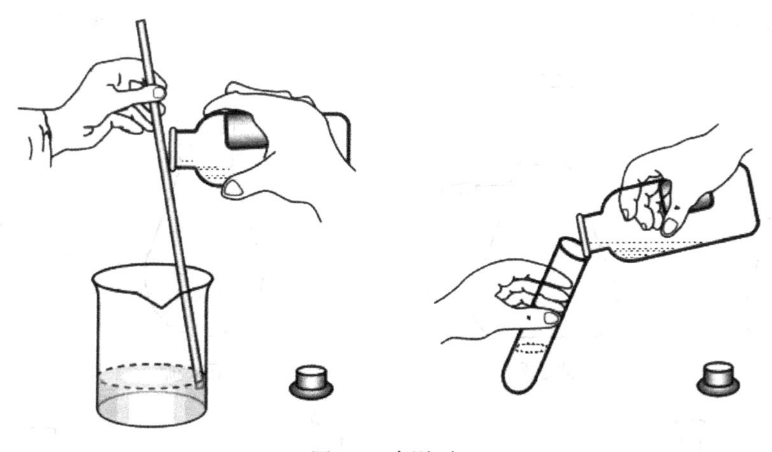

图2-1　倾注法

(2) 少量试剂的取用法　首先用倾注法将试剂转入滴瓶中，然后以滴管滴加，一般滴管每滴约0.05mL。若要精确数值，可先将滴管每滴体积加以校正，用滴管滴20滴于50mL量筒中，读出体积，算出每滴体积数。用滴管加入液体试剂时，滴管应垂直滴加，且滴管不能与器壁相碰，以免滴管被沾污。

(3) 当实验无须准确量取液体试剂时，可根据反应容器的容积数来估计，无须用量筒等度量仪器。若实验要求准确加量，必须用量筒或移液管进行。

必须注意一点，任何试剂取出后，不得返入试剂瓶中，以免试剂沾污而降级。

## 2.2 药物合成中常用的仪器

### 2.2.1 常用的玻璃仪器名称

常用的玻璃仪器及名称见图 2-2。

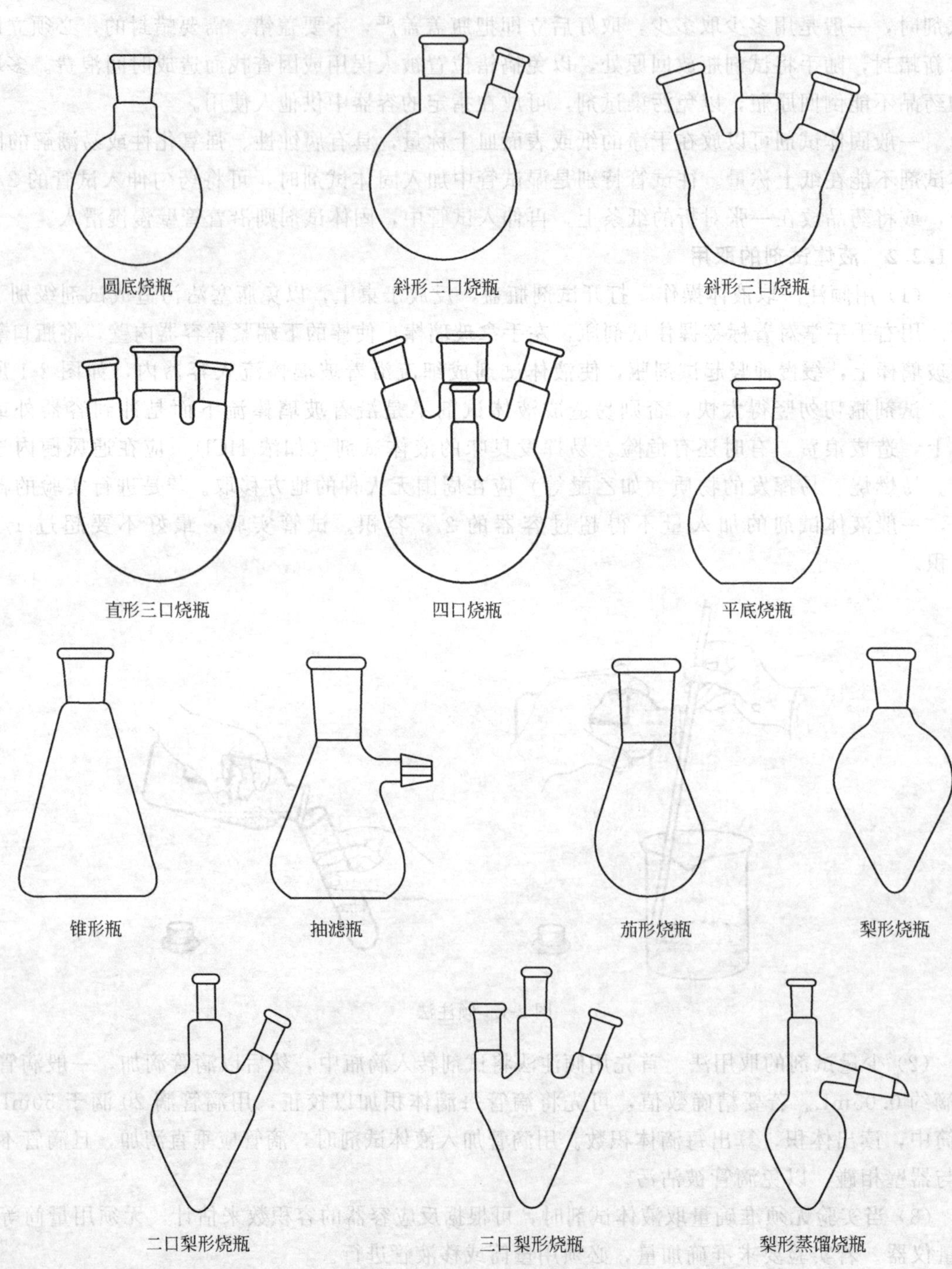


图 2-2 常用的玻璃仪器及名称（一）

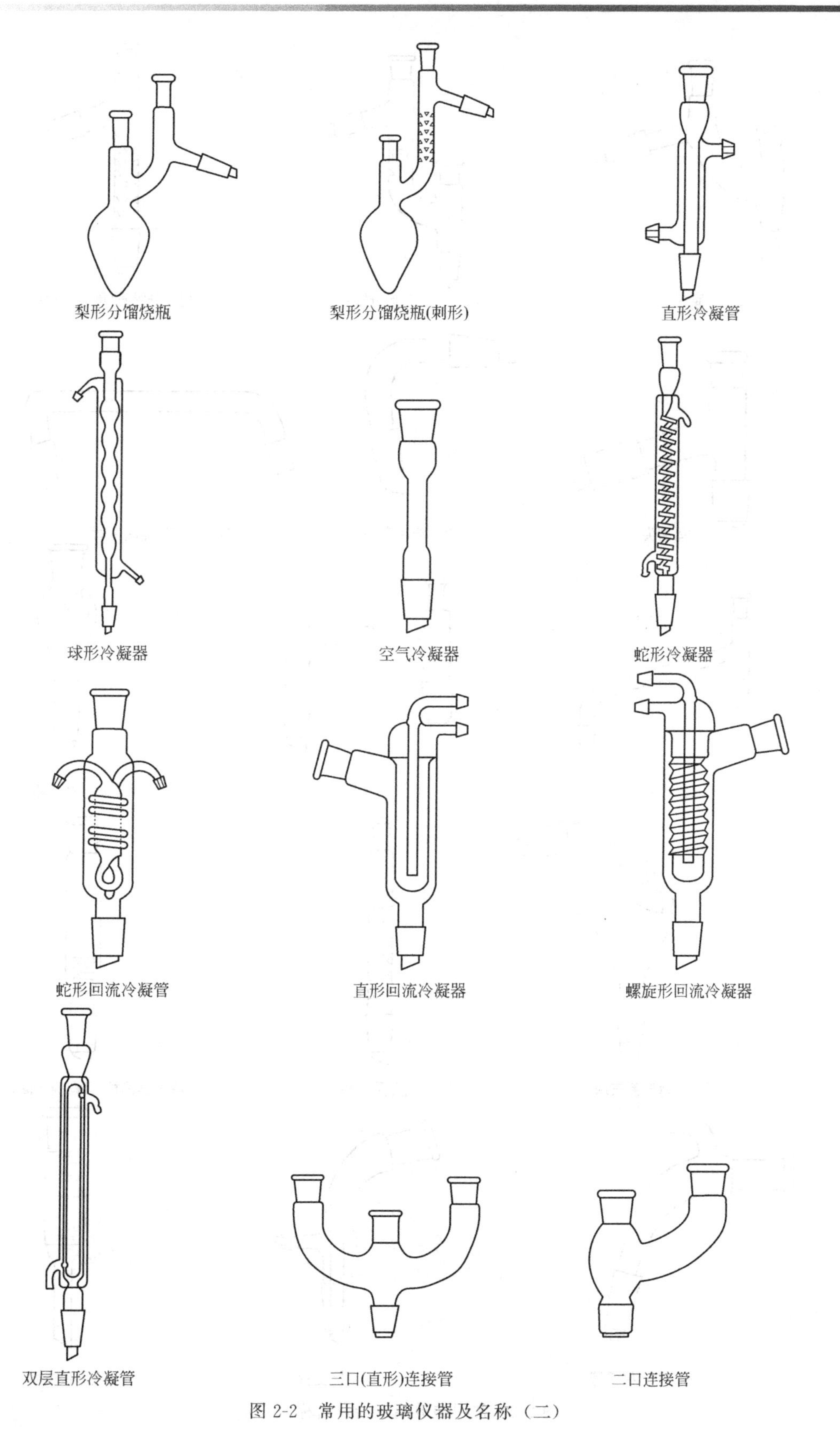


图 2-2 常用的玻璃仪器及名称（二）

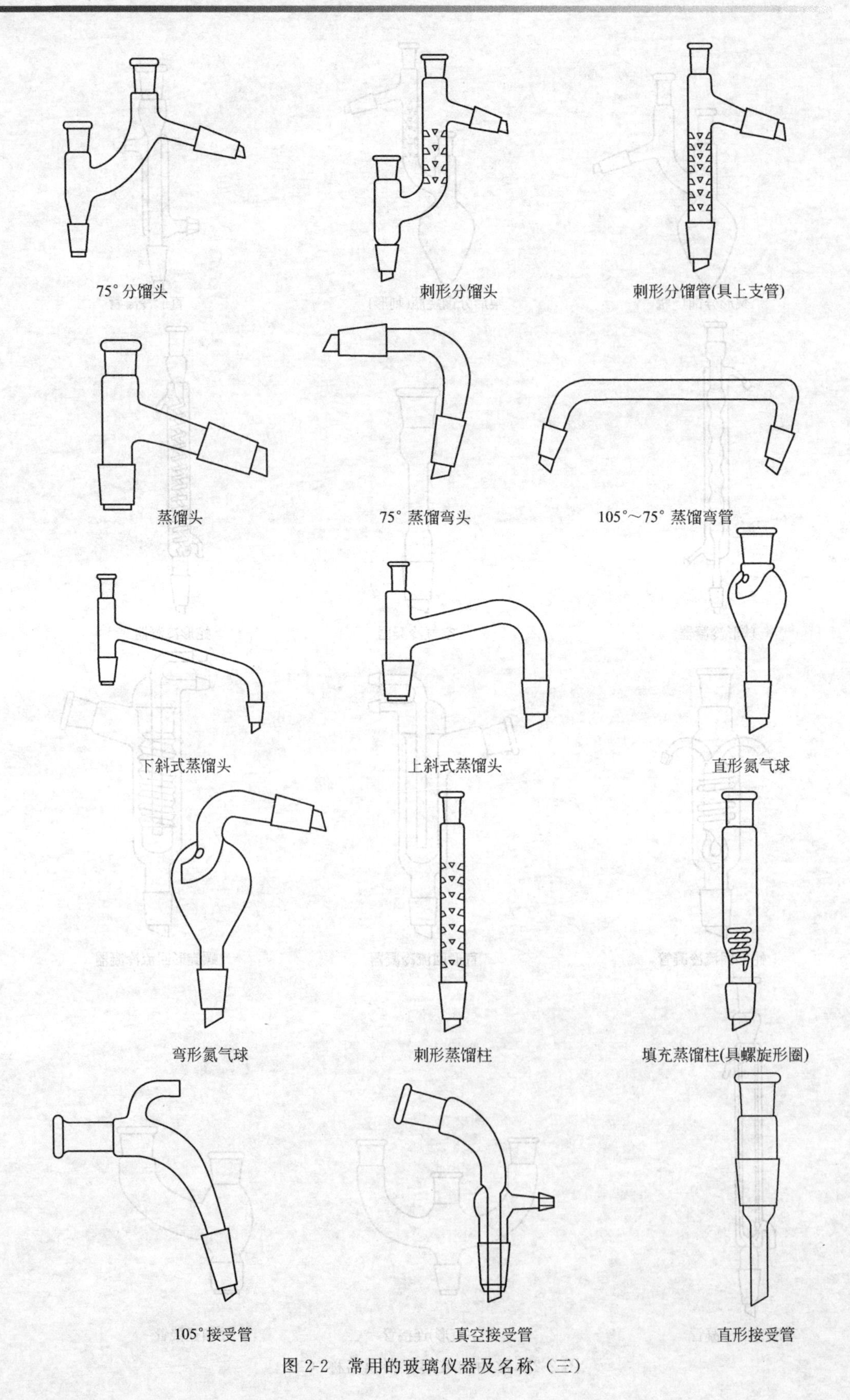


图 2-2　常用的玻璃仪器及名称（三）

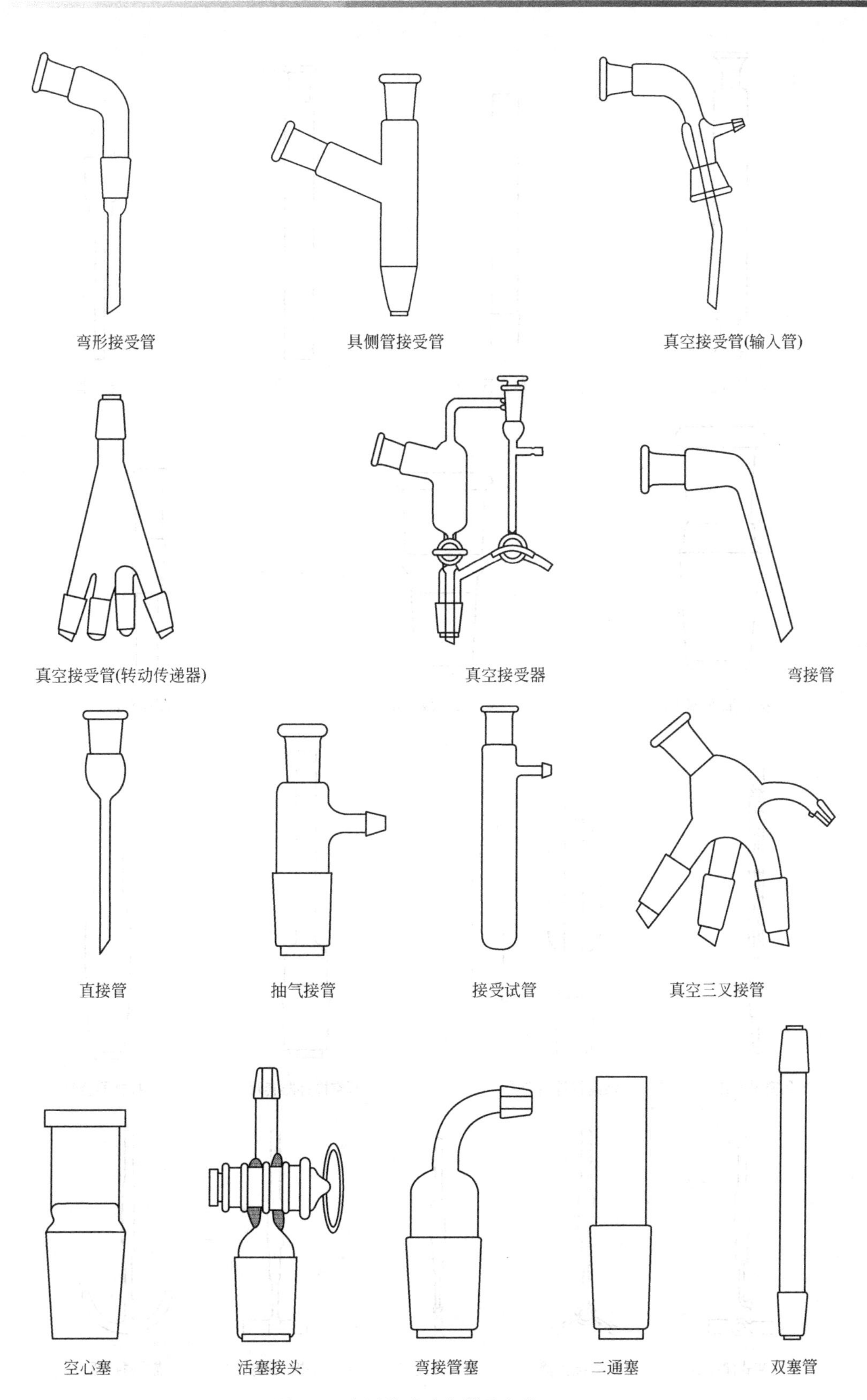


图 2-2　常用的玻璃仪器及名称（四）

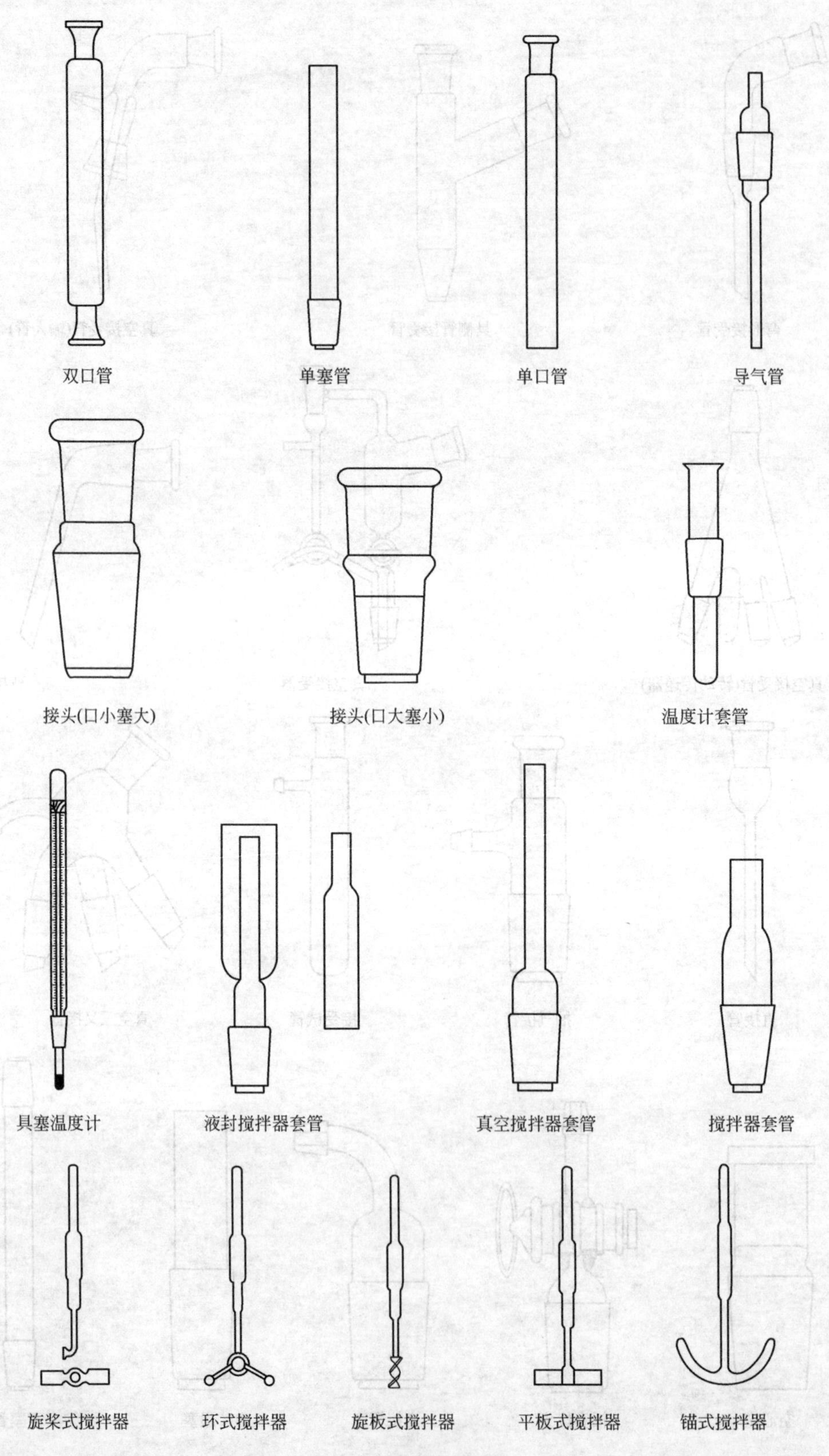


图 2-2 常用的玻璃仪器及名称（五）

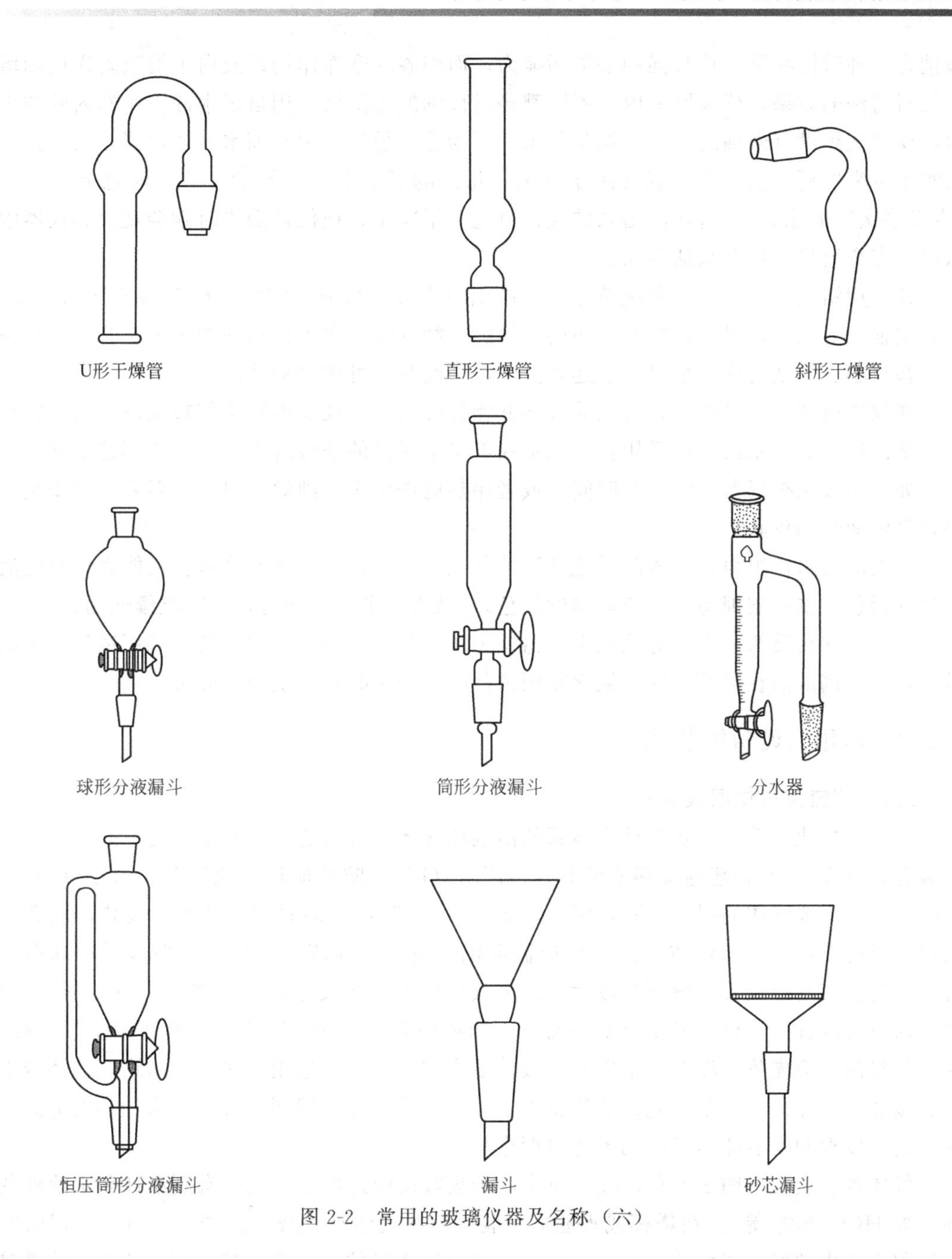


图 2-2　常用的玻璃仪器及名称（六）

## 2.2.2　仪器的洗涤

洗涤玻璃仪器的方法很多，应根据实验的要求、污物的性质和沾污的程度来选用。一般说来，附着在仪器上的污物既有可溶性物质，也有尘土和其他不溶性物质，还有油污和有机物质。针对这种情况，可以分别采用下列洗涤方法。

(1) 用水刷洗　用毛刷就水刷洗，既可以使可溶物溶去，也可以使附着在仪器上的尘土和不溶物质脱落下来。但往往洗不去油污和有机物质。

(2) 用去污粉、肥皂或合成洗涤剂洗　去污粉是由碳酸钠、白土、细砂等混合而成的。使用时，首先把要洗的仪器用水湿润（水不能多），撒入少许去污粉，然后用毛刷擦洗。碳酸钠是一种碱性物质，具有强的去油污能力，而细砂的摩擦作用以及白土的吸附作用则增强了仪器清洗的效果。待仪器的内外器壁都经过仔细的擦洗后，用自来水冲去仪器内外的去污粉，要冲洗到没有微细的白色颗粒状粉末留下为止。最后，用蒸馏水冲洗仪器三次，把由自来水中带来的钙、镁、铁、氯等离子洗去，每次的蒸馏水用量要少一些，注意节约（采取“少量多次”的原则)。这样洗出来的仪器就完全干净了，把仪器倒置时就会观察到仪器中的水可以完全流尽而没有水珠附在器壁上。

(3) 用铬酸洗液洗　这种洗液是由等体积的浓硫酸和饱和的重铬酸钾溶液配制而成的，具有很强的氧化性，对有机物和油污的去污能力特别强。在进行精确的定量实验时，往往遇到一些口小、管细的仪器很难用上述方法洗涤，此时就可用铬酸洗液来洗。

往仪器内加入少量洗液，使仪器倾斜并慢慢转动，让仪器内壁全部被洗液湿润。转几圈后，把洗液倒回原瓶内。然后用自来水把仪器壁上残留的洗液洗去。最后用蒸馏水洗三次。

如果用洗液把仪器浸泡一段时间，或者用热的洗液洗，则效率更高。但要注意安全，不要让热洗液灼伤皮肤。

洗液的吸水性很强，应该随时把装洗液的瓶子盖严，以防吸水降低去污能力。当洗液用到出现绿色（重铬酸钾还原成硫酸铬的颜色)，就失去了去污能力，不能继续使用。

(4) 特殊物质的去除　应该根据在器壁上的污物的性质，对症下药，采用适当的药品来进行处理。例如沾在器壁上的二氧化锰用浓盐酸来处理时，就很容易除去。

## 2.2.3 常用的设备组装图

### 2.2.3.1 回流及气体回收装置

许多有机化学反应需要在反应体系的溶剂或液体反应物的沸点附近进行，这时就要用回流装置。图 2-3(a) 是普通加热回流装置，图 2-3(b) 是防潮加热回流装置，图 2-3(c) 是可吸收反应中生成气体的回流装置，图 2-3(d) 为回流时可以同时滴加液体的装置，图 2-3(e) 为回流时可以同时滴加液体并测量反应温度的装置。在回流装置中，一般多采用球形冷凝管，因为蒸气与冷凝管接触面积较大，冷凝效果较好，尤其适合于低沸点溶剂的回流操作。如果回流温度较高，也可采用直形冷凝管。当回流温度高于 150℃时就要选用空气冷凝管。回流加热前，应先放入沸石。根据瓶内液体的沸腾温度，可选用电热套、水浴、油浴或石棉网直接加热等方式，在条件允许的情况下，一般不采用隔石棉网直接用明火加热的方式。回流的速率以控制在液体蒸气浸润不超过两个球为宜。

气体吸收装置如图 2-3(f)，(g) 所示用于吸收反应过程中生成的有刺激性和水溶性的气体（如 HCl、$SO_2$ 等)。在烧杯或吸滤瓶中装入一些气体吸收液（如酸液或碱液）以吸收反应过程中产生的碱性或酸性气体。防止气体吸收液倒吸的办法是保持玻璃漏斗或玻璃管悬在近离吸收液的液面上，使反应体系与大气相通，消除负压。

### 2.2.3.2 搅拌回流装置

当反应在均相溶液中进行时一般可以不要搅拌，因为加热时溶液存在一定程度的对流，从而保持液体各部分均匀地受热。如果是非均相间反应或反应物之一是逐渐滴加时，为了尽可能使其迅速均匀地混合，以避免因局部过浓过热而导致其他副反应发生或有机物的分解；以及有时反应产物是固体，如不搅拌将影响反应顺利进行，在这些情况下均需进行搅拌操作。在许多合成实验中若使用搅拌装置，不但可以较好地控制反应温度，同时也能缩短反应时间和提高产率。如图 2-4 所示，图 2-4(a) 是可同时进行搅拌、回流和测量反应温度的装

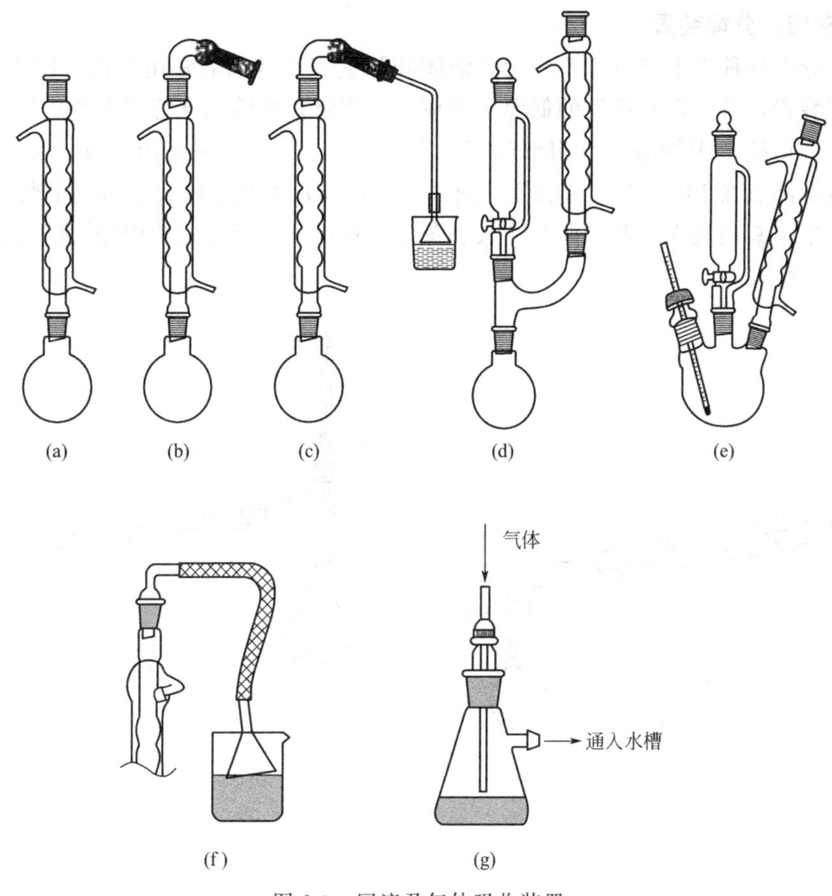


图 2-3　回流及气体吸收装置

置，图 2-4(b) 是同时进行搅拌、回流和自滴液漏斗加入液体的装置，图 2-4(c) 是还可同时测量反应温度的搅拌回流滴加装置，图 2-4(d) 是磁力搅拌回流装置。

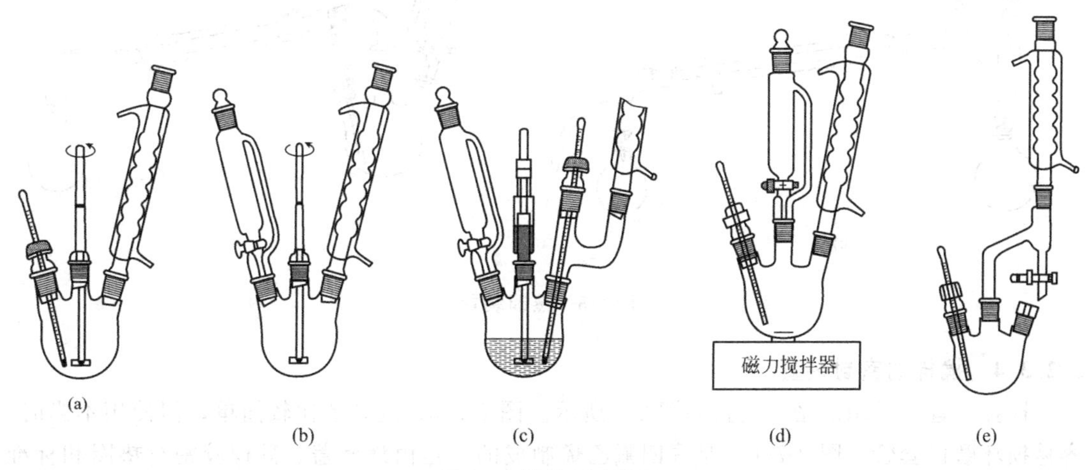


图 2-4　搅拌回流装置

进行一些可逆平衡反应时，为了使正向反应进行彻底，可将产物之一的水不断从反应混合体系中除去，此时，可以用回流分水装置。如图 2-4(e)，回流下来的蒸汽冷凝液进入分水器，分层后，有机层自动流回到反应烧瓶，生成的水从分水器中放出去。

#### 2.2.3.3 蒸馏、分馏装置

蒸馏是分离两种以上沸点相差较大的液体和除去有机溶剂的常用方法。图 2-5(a) 是最常用的蒸馏装置，若蒸馏易挥发的低沸点液体时，需将接液管的支管连上橡皮管，通向水槽或室外。支管口接上干燥管，可用作防潮的蒸馏。图 2-5(b) 是应用空气冷凝管的蒸馏装置，用于蒸馏沸点在 140℃以上的液体。图 2-5(c)，(d) 为蒸除较大量溶剂的装置，液体可自滴液漏斗中不断地加入，既可调节滴入和蒸出的速度，又可避免使用较大的蒸馏瓶。分馏装置如图 2-6 所示。

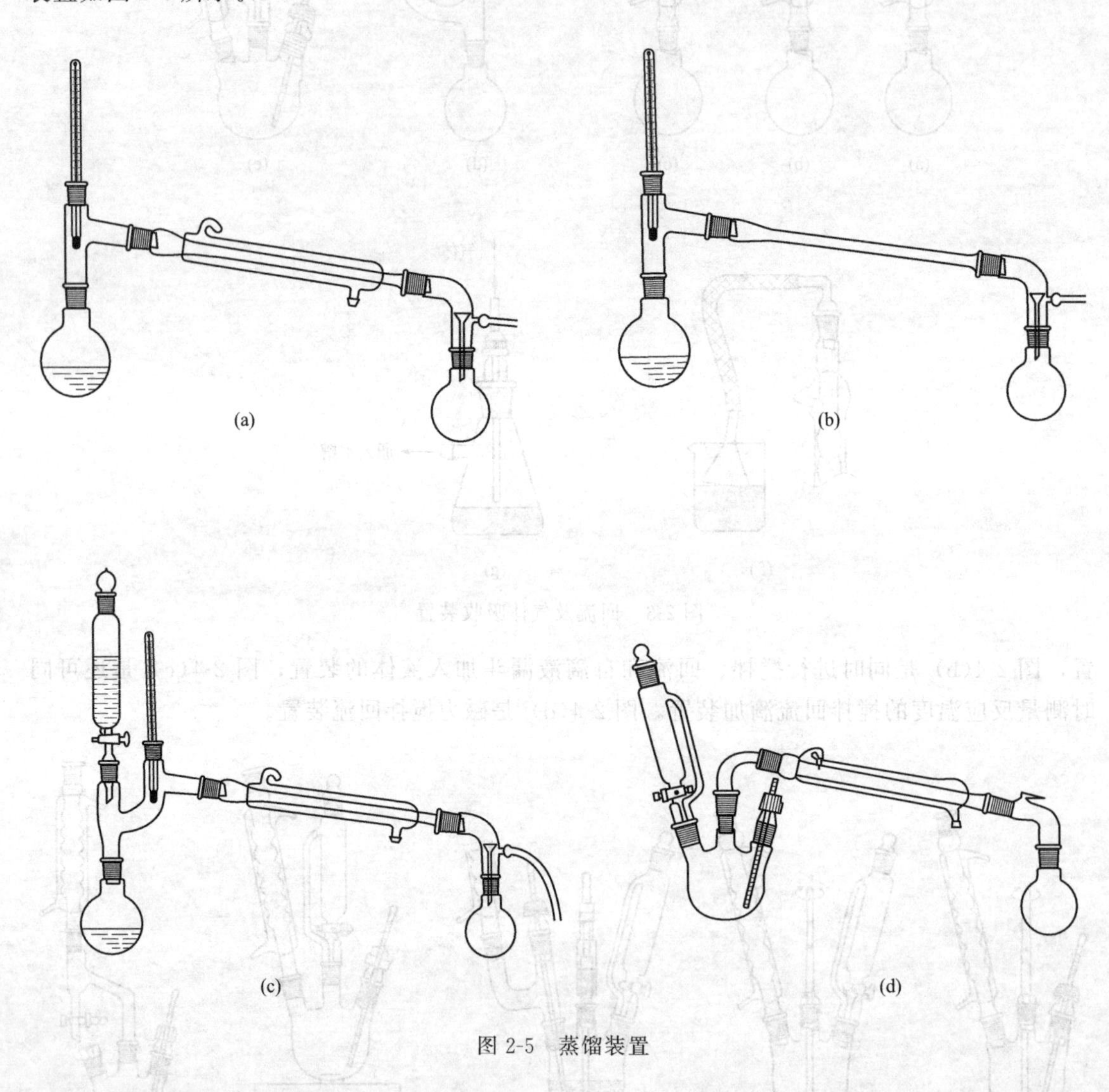

图 2-5 蒸馏装置

#### 2.2.3.4 搅拌的密封装置

搅拌装置中常用的密封装置如图 2-7 所示。图 2-7(a) 的装置比较简单，但使用不当时，容易损坏磨口套管。图 2-7(b) 是聚四氟乙烯制成的，是由螺旋盖、硅橡胶密封垫圈和标准口塞组成，有不同型号，可与各种标准口玻璃仪器匹配，使用方便可靠。图 2-7(c) 是一种液封装置，常用液体石蜡（或其他惰性液体）进行密封。

在进行搅拌时，依据需要可选择不同形状的搅拌棒，常用的搅拌棒如图 2-8 所示。还可以使用磁力搅拌器。

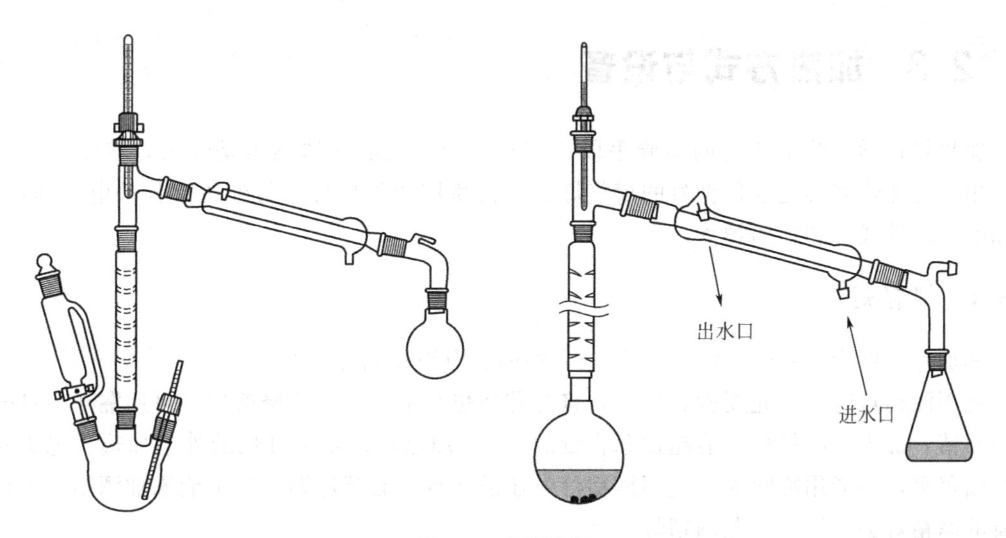


图 2-6 分馏装置

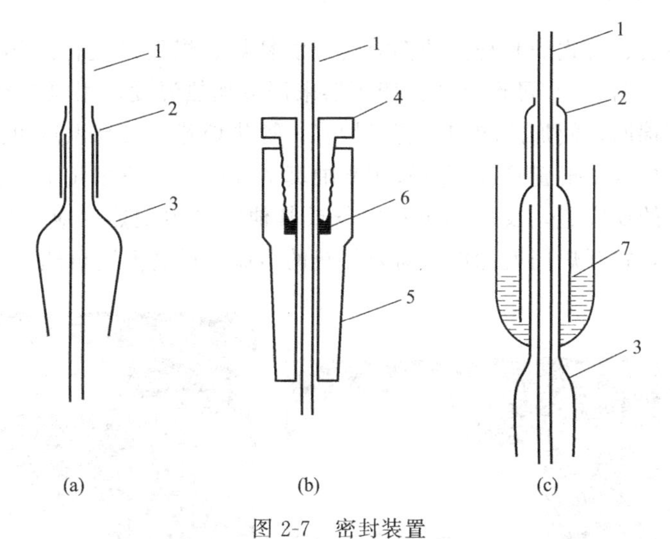


图 2-7 密封装置

1—搅拌棒；2—橡皮管；3—磨口套管；4—聚四氟乙烯螺丝盖；
5—聚四氟乙烯标准口塞；6—密封垫；7—密封液

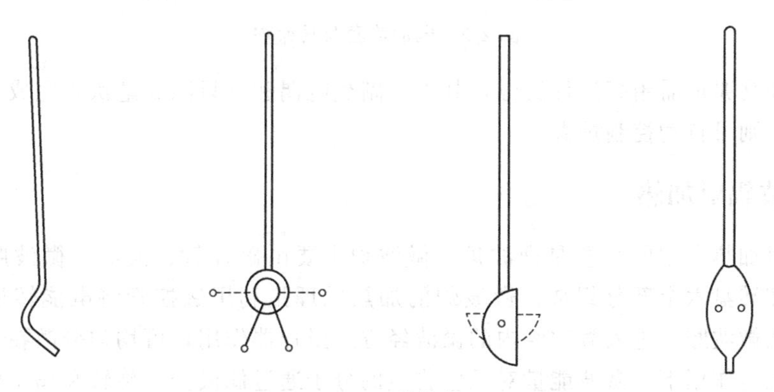

图 2-8 搅拌棒

## 2.3 加热方式与设备

加热是化学实验中常用的实验手段。实验室中常用的气体燃料是煤气，液体燃料是酒精；相应的加热器具是各种型号的煤气灯、酒精喷灯和酒精灯。另外还有各种电加热设备。例如电炉、管式炉和马弗炉等。

### 2.3.1 酒精灯

其加热温度为400～500℃。灯焰分为外焰、内焰和焰心三部分。

使用酒精灯时，首先要检查灯芯，将灯芯烧焦和不齐的部分修剪掉，再用漏斗向灯壶内添加酒精，加入的酒精量不能超过总容量的2/3。加热时，要用灯焰的外焰加热。熄灭时要用灯帽盖灭，不能用嘴吹灭。使用酒精灯时还需注意，酒精灯燃着时不能添加酒精，不要用燃着的酒精灯去点燃另一盏酒精灯。

### 2.3.2 常用电加热装置

电炉、电加热套、管式炉和马弗炉都能代替酒精灯、煤气灯进行加热，属电加热装置。电炉和电加热套（见图2-9）可通过外接变压器来调节加热温度，用电炉时，需在加热容器和电炉间垫一块石棉网，使加热均匀。管式炉有一管状炉膛，最高温度可达950℃，加热温度可调节，炉膛中插入一根瓷管或石英管用来抽真空或通入保护性气体以利于反应进行，管内放入盛有反应物的反应釜，反应物可在空气或其他气氛中受热反应。马弗炉（见图2-9）有一长方形的炉膛，打开炉门就能放入需要加热的器皿，最高温度可达950～1300℃。

电加热套

马弗炉

图2-9 电加热套及马弗炉

管式炉和马弗炉需用高温计测温，其由一副热电偶和一只测温毫伏表组成。如再连一只温度控制器，则可自动控制炉温。

### 2.3.3 微波辐射加热

微波辐射加热常用的装置是微波炉。微波炉主要由磁控管、波导、微波腔、方式搅拌器、循环器和转盘六个部分组成。微波炉的加热原理是利用磁控管将电能转换成高频电磁波，经波导入微波腔，进入微波腔内的微波经方式搅拌器作用，可均匀分散在各个方向。

在微波辐射作用下，微波能量对反应物质的分子通过偶极分子旋转和离子传导两种机理来实现，极性分子接受微波辐射的能量，通过分子偶极以每秒数十亿次的高速旋转产生热效应，此瞬间变化是在反应物质内部进行的，因此微波炉加热叫做内加热（传统靠热传导和热对流过程的加热叫外加热），内加热具有加热速度快、反应灵敏、受热体系均匀以及高效节能等优点。

不同类型的材料对微波加热反应有所不同。

（1）金属导体　金属因反射微波能量而不被加热。

（2）绝缘材料　许多绝缘材料如玻璃塑料等能被微波透过，故能被加热。

（3）介质体　吸收微波并被加热，如水、甲醇等。

因此，反应物质常装在瓷质锅、玻璃器或聚四氟乙烯制作的容器中放入微波炉内加热。微波炉加热物质的温度不能用一般的水银温度计或热电偶温度计来测量，微波炉的使用注意事项如下：

① 当微波炉运行时，请勿于门缝置入任何物品，特别是金属物体；

② 不要在炉内烘干布类、纸制品类，因其含有容易引起电弧和着火的杂质；

③ 微波炉工作时，切勿贴近炉门或从门缝观看，以防止微波辐射损坏眼睛；

④ 若设定的加热时间短于 4min，则将定时计扭转至超过 4min，再转到所需要的时间；

⑤ 切勿使用密封的容器置于微波炉内，以防容器爆炸；

⑥ 如果炉内着火，请紧闭炉门，并按停止键，再关掉计时，然后拔下电源；

⑦ 经常清洁炉内，使用温和洗涤液清理炉门及绝缘孔网，切勿使用腐蚀性清洁剂。

### 2.3.4 水浴、油浴或砂浴加热

（1）水浴　加热在 100℃以下温度容易分解的溶液，或维持一定的温度来进行各种实验时，需用水浴加热，将容器浸入水浴后，浴面应略高于容器中的液面。切勿使容器触及水浴底部，以免破裂。也可把容器置于水浴锅的金属环上，利用水蒸气来加热。如长时间加热，可用电热恒温水浴或采用附有自动添水装置的水浴。涉及钠或钾的操作，切勿在水浴中进行，以免发生事故。

水浴一般用铜制的水浴锅，水浴锅上面可以放置大小不同的铜圈，以承受各种器皿（水浴也可以用盛有水的烧杯来代替）。实验室中有一种带有温度控制器的电热恒温水浴，电热丝安装在槽底的金属管盘内，槽身中间有一块多孔隔板，槽的盖板上有两孔或四孔，每个孔上均有几个可以移动的直径不同的同心圈盖子，可以根据要加热仪器的大小选择使用。做完实验后，槽内的水可从槽身的水龙头放出，防止锈蚀、损坏仪器。

使用水浴锅时，应注意以下两点：

① 水浴锅内盛水的量不要超过总容量的 2/3，并应随时补充少量的热水，以保持其中有占总容量 2/3 左右的水量，防止烧坏水浴锅；

② 当不慎将水浴锅内的水烧干时（此时煤气灯上的火焰呈绿色），应立即停止加热，待水浴锅冷却后，再加水继续使用。

（2）油浴　在 100～250℃之间加热要用油浴。油浴传热均匀，容易控制温度。浴油的品种及油浴所能达到的最高温度如下：甘油 140～160℃，聚乙二醇 160～200℃，煤油、棉籽油、蓖麻油等植物油约 220℃，石蜡油约 200℃，硅油 250℃左右。除硅油外，用其他油浴加热时要特别小心，当油冒烟时，表明已接近油的着火点，应立即停止加热，以免自燃着火。硅油是有机硅单体水解缩聚而得的一类线型结构的油状物，尽管价格较贵，但由于加热到 250℃左右仍较稳定，且无色、无味、无毒、不易着火，在实验室中已普遍使用。

油浴中应悬挂温度计，以便随时控制加热温度。若用控温仪控制温度，则效果更好。实验完毕后应把容器提出油浴液面，并仍用铁夹夹住，放置在油浴上面。待附着在容器外壁上的油流完后，用纸和干布把容器擦净。

（3）沙浴　需加热温度较高时往往使用沙浴。将清洁且干燥的细沙平铺在铁盘上，盛有液体的容器埋入沙中，在铁盘下加热，液体就间接受热。由于沙对热的传导能力较差而散热却快，所以容器底部与沙浴接触处的沙层要薄些，使容器容易受热；容器周围与沙接触的部分，可用较厚的沙层，使其不易散热。但沙浴由于散热太快，温度上升较慢，不易控制。

除此之外，作为一种简易措施，还可用空气浴加热，即将烧瓶离开石棉网 1～2mm 利用空气浴进行加热。

## 2.4 冷却方法

有些反应会产生大量热量，如不迅速消除，将使反应物分解或逸出反应容器，甚至引起爆炸。例如，硝化反应、重氮化反应等，这些反应必须在低温下进行。此外，蒸汽的冷凝、结晶的析出也需要冷却。冷却的办法一般是将反应容器置于制冷剂中，通过热传递来达到冷却的目的，有时也可将制冷剂直接加入反应器中降温。

常用的冷却方法如下。

（1）流水冷却　需冷却到室温的溶液，可用此方法，将需冷却的物品直接用流动的自来水冷却。

（2）冰水冷却　需冷却到冰点温度的溶液，可用此方法，将需冷却的物品直接放在冰水中。

（3）冰盐冷却　需冷却到冰点以下温度的溶液，可用此方法，冰盐浴由溶剂和冷却剂（冰盐或水盐混合物）组成（见表 2-2），可致冷至 0℃以下。所能达到的温度由冰盐的比例和盐的品种决定，干冰和有机溶剂混合时，其冷却温度更低。为了保持冰盐浴的效率，要选择绝热较好的容器，如杜瓦瓶等。

表 2-2　制冷剂的配比及致冷温度

| 制冷剂 | 致冷温度/℃ | 制冷剂 | 致冷温度/℃ |
|---|---|---|---|
| 30 份 $NH_4Cl$＋100 份水 | －3 | 125 份 $CaCl_2\cdot6H_2O$＋100 份碎冰 | －40 |
| 4 份 $CaCl_2\cdot6H_2O$＋100 份碎冰 | －9 | 150 份 $CaCl_2\cdot6H_2O$＋100 份碎冰 | －49 |
| 29g $NH_4Cl$＋18g $KNO_3$＋冰水 | －10 | 5 份 $CaCl_2\cdot6H_2O$＋4 份碎冰 | －55 |
| 100 份 $NH_4NO_3$＋100 份水 | －12 | 干冰＋二氯乙烯 | －60 |
| 75g$NH_4SCN$＋15g$KNO_3$＋冰水 | －20 | 干冰＋乙醇 | －72 |
| 1 份 NaCl＋3 份冰水 | －21 | 干冰＋乙醚 | －77 |
| 100 份 $NH_4NO_3$＋100 份 $NaNO_3$＋冰水 | －35 | 干冰＋丙酮 | －78 |

## 2.5 干燥方法及仪器

### 2.5.1 干燥的方法

（1）加热烘干　急需用的仪器可放于烘箱内干燥（控制在 105℃左右），也可倒置在玻璃仪器上烘干，一些常用的烧杯、蒸发皿可置石棉网上小火或用电炉烤干。

(2) 晾干和吹干 不急用的洗净仪器可倒置于干燥处，任其自然晾干。带有刻度的计量器或小体积烧瓶等，可加入少许易挥发的有机溶剂（最常用的是乙醇或丙酮），倾斜并转动仪器，倾出溶剂。溶剂淋洗后的仪器，很快挥发而干燥。如用吹风机，则干得更快。用此法时，玻璃仪器内的水应完全流尽。加入的乙醇或丙酮的量不宜多，用后倒回废液容器中。

(3) 气流烘干器 与烘箱相比具有快速、方便的特点，将洗净的玻璃仪器插到气流管上，使用时打开电源开关即可。常用的烘干设备见图 2-10。

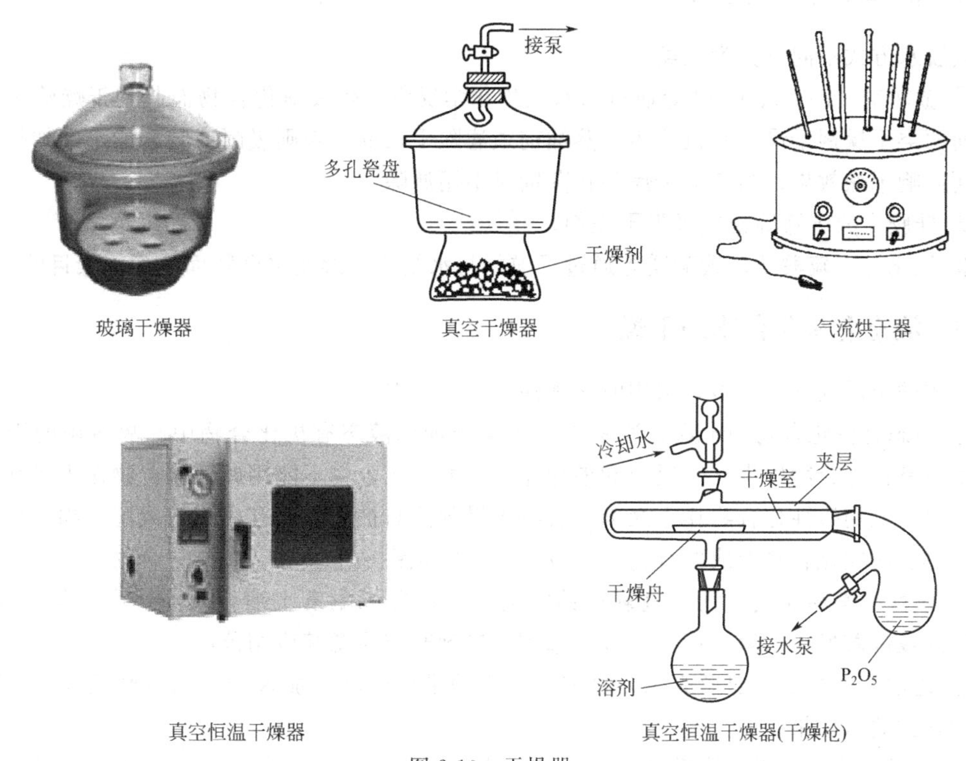


图 2-10 干燥器

### 2.5.2 干燥及干燥剂的使用

干燥是指除去附着在固体或混杂在液体或气体中的少量水分，也包括除去少量溶剂。例如：有机化合物在进行波谱分析或定性、定量化学分析之前以及固体有机物在测熔点前，都必须使其完全干燥，否则将会影响结果的准确性；液体有机物在蒸馏前也常要先进行干燥以除去水分，这样可以使液体沸点以前的馏分大大减少，有时也是为了破坏某些液体有机物与水生成的共沸混合物；另外很多有机化学反应需要在“绝对”无水条件下进行，不但所有的原料及溶剂要干燥，而且要防止空气中潮气浸入反应容器。因此，干燥是最常用且十分重要的基本操作。

有机化合物的干燥方法大致可分为物理方法和化学方法两种。物理方法是不加干燥剂采用吸附、分馏、共沸蒸馏等方法带走水分，近年来还常用离子交换树脂和分子筛等来进行脱水干燥。化学方法，就是用干燥剂来进行脱水，是实验室常用的方法。

### 2.5.3 选用干燥剂的原则

① 充分考虑干燥剂的干燥能力，即吸水容量、干燥效能和干燥速度。吸水容量是指单

位质量干燥剂所吸收的水量，而干燥效能是指达到平衡时仍旧留在溶液中的水量。常先用吸水容量大的干燥剂除去大部分水分，然后再用干燥效能强的干燥剂。

② 干燥剂不能与待干燥的液体发生化学反应。如无水氯化钙与醇、胺类易形成配合物，因而不能用来干燥这两类化合物；又如碱性干燥剂不能干燥酸性有机化合物。

③ 干燥剂不能溶解于所干燥的液体。

### 2.5.4 液体干燥剂的类型

按脱水方式不同可分为三类：

① 金属钠、$P_2O_5$、CaO 等通过与水发生化学反应，生成新化合物而起到干燥除水的作用。前两类干燥剂干燥的有机液体，蒸馏前须滤除干燥剂，否则吸附或结合的水经加热又会放出而影响干燥效果；第三类干燥剂在蒸馏时不用滤除。

② 硅胶、分子筛等物理吸附干燥剂。

③ 氯化钙、硫酸镁、碳酸镁等通过可逆的与水结合，形成水合物而达到干燥目的。

### 2.5.5 液态有机化合物的干燥

常用的干燥剂种类很多，选用时必须注意以下几点。

① 液态有机化合物的干燥，通常是将干燥剂加到液态有机化合物中。故所用的干燥剂必须不与有机化合物发生化学反应和催化作用。酸性化合物不能用碱性化合物作干燥剂、碱性化合物不能用酸性化合物作干燥剂。有些干燥剂能与被干燥的有机物生成配合物，如氯化钙易与醇、胺类化合物形成配合物，所以不能用氯化钙来干燥醇、胺类化合物。

② 碱性干燥剂如氧化钙、氢氧化钠能催化某些醛或酮发生缩合反应、自动氧化反应，也可使酯或酰胺发生水解反应。所以在选用干燥剂时应注意其应用范围。

③ 通常第一类干燥剂形成水合物需要一定的平衡时间、加入干燥剂后必须放置一段时间才能达到脱水效果。

④ 已吸水的干燥剂受热后会脱水，其蒸汽压随着温度的升高而增加。所以，对已干燥的液体在蒸馏之前必须把干燥剂滤去。

### 2.5.6 干燥剂的用量

掌握好干燥剂的用量是很重要的。若用量不足，则不能达到干燥的目的；若用量太多，则由于干燥剂的吸附而造成液体有机物的损失。

干燥剂的理论用量是根据水在液体有机物中的溶解度和干燥剂的吸水容量来计算的。如室温时，水在乙醚中的溶解度约为1%～1.5%，若用无水氯化钙来干燥100mL含水的乙醚，全部转变成 $CaCl_2 \cdot 6H_2O$，其吸水容量为0.97，也就是说1g无水氯化钙可吸收约0.97g水，这样，可以计算出无水氯化钙的理论用量至少为1～15g。若不能查到水在液体有机物中的溶解度，则可以液体有机物在水中的溶解度来推测干燥剂用量，难溶于水的液体有机物，水在它里面的溶解度亦不会大；或根据液体有机物的结构来估计干燥剂的用量，水在极性有机物中的溶解度较大，有机分子中含有亲水性的基团时，水在其中的溶解度亦较大。

干燥剂的实际用量远远超过理论用量。这是因为液体有机物的干燥是一个可逆过程。液体有机物中的水分不可能完全除尽，另外要达到最高水合物需要的时间很长，往往不可能达到应有的吸水容量。所以，干燥100mL含水乙醚时无水氯化钙的实际用量是7～10g。一般对含亲水性基团的有机物（如醇、醚、胺等），所用干燥剂用量要多些；不含亲水性基团的有机物（如烃、卤代烃等），干燥剂用量可过量少些。

一般干燥剂的用量为每10mL液体有机物约需0.5～1g。出于含水量不等、干燥剂质量的差异、干燥剂颗粒大小和干燥时的温度不同等因素，较难规定具体数量，上述数量仅供参考。干燥前，液体呈浑浊状，经干燥后变成澄清。但液体澄清，并不一定表明水分已完全除去，这与水在该液体中的溶解度有关。对于烃类、卤代烃等加干燥剂后变澄清，表明水分基本除去，可不必再加干燥剂。而对于醇、醚、胺等液体经加干燥剂振摇后澄清，通常需再加些干燥剂，并放置一段时间，且不时振摇，最好静置过夜，以确保干燥完全。

### 2.5.7　液态有机化合物干燥的操作

液态有机化合物的干燥操作一般在干燥的锥形瓶内进行，按照条件选定适量的干燥剂投入液体有机物里（干燥剂的颗粒大小要适宜，颗粒太大吸水很慢，且干燥剂内部不起作用；颗粒太小比表面积太大，吸附有机物甚多）。塞紧（用金属钠作干燥剂时例外，此时塞中应插入一个无水氯化钙管，使氢气放空而水气不致进入），振荡片刻，静置，使所有的水分全被吸去。若干燥剂用量太少，致使部分干燥剂溶解于水时，可将干燥剂滤出，用吸管吸出水层，再加入新的干燥剂，放置一定时间。至澄清为止，过滤后，进行蒸馏精制。

### 2.5.8　固体有机化合物的干燥

固体有机化合物的干燥，主要是除去残留在固体上的少量水分和有机溶剂。由于固体有机化合物的挥发性较溶剂小，所以可采用蒸发和吸附的方法来达到干燥的目的。蒸发的方法有自然晾干和加热干燥。吸附的方法是使用装有各种类型干燥剂的干燥器进行干燥。

（1）自然晾干　这是最简便、最经济的干燥方法。把待干燥的固体有机物放在表面皿或其他敞口容器中，摊开成薄层，上面用滤纸覆盖，以防灰尘落入，让其在空气中慢慢晾干，应注意的是被干燥的固体有机物应该是稳定、不分解、不吸潮的。

（2）加热干燥　为了加快干燥，对于熔点较高、遇热不分解的固体有机物，可使用烘箱或红外灯干燥。加热温度应低于固体有机化合物的熔点，随时加以翻动，不能有结块现象。

（3）干燥器干燥　对易分解或升华的固体有机化合物，不能用上述方法干燥，应放在干燥器内干燥。干燥器有普通干燥器、真空干燥器和真空恒温干燥器。

① 普通干燥器。盖与缸身之间的平面经过磨砂处理，在磨砂处涂以润滑脂，使之密闭。缸中有多孔瓷板，瓷板下面放置干燥剂，上面放置盛有待干燥样品的表面皿等。由于干燥样品所费时间较长，干燥效率不高，一般用于保存易吸潮固体。

② 真空干燥器。它的干燥效率比普通干燥器高。它与普通干燥器不同之处是干燥器的顶部有玻璃活塞，与抽气泵相连抽真空。干燥器内压力降低，提高了干燥效率。新干燥器使用前必须试压，检验是否耐压，试压时用铁丝网或布包住干燥器，以备玻璃炸裂时不会飞溅伤人。真空度不宜太高，以防干燥器炸裂。抽完真空后，关上干燥器的玻璃活塞。开启干燥器取样时，先解除干燥器内真空，打开玻璃活塞放入空气的速度宜慢不宜快，以免吹散被干燥的物质。

③ 真空恒温干燥器。干燥效率高，尤其用于除去结晶水或结晶醇，此法更好。但这种方法只能适用于小量样品的干燥（如被干燥化合物数量多，可采用真空恒温干燥箱）。使用时，将盛有样品的小瓶放在夹层内，连接盛有 $P_2O_5$ 的曲颈瓶，然后减压至可能的最高真空

度时，停止抽气，关闭活塞。加热溶剂（溶剂的沸点切勿超过样品的熔点），回流，令溶剂的蒸气充满夹层的外层。这时，夹层内的样品就在减压恒温情况下被干燥。在干燥过程中，每隔一定时间应抽气保持应有的真空度。

### 2.5.9 几种常用气体的干燥

在有机分析和合成中，常用的气体有氮、氧、氢、氯、氨、二氧化碳等。有时对这些气体的纯度要求很严，需用干燥剂吸收气体中的水分。盛放干燥剂的仪器有干燥管、U形管、干燥塔和各种不同形式的洗气瓶。前三种用来装固体干燥剂，后者装液体干燥剂。根据被干燥气体的性质、用量、潮湿程度以及反应条件选择不同的仪器。

化学干燥剂可分为两类：一类是与水可生成水合物，如硫酸、氯化钙、硫酸铜、硫酸钠、硫酸镁和氯化镁等；另一类是与水反应后生成其他化合物，如五氧化二磷、氯化钙、金属钠、金属镁、金属钙和碳化钙等。必须注意的是有些化学干燥剂是一种酸或与水作用后变为酸的物质，也有一些化学干燥剂是碱或与水作用后变为碱的物质，在使用这些干燥剂时应考虑到被干燥物的酸碱性质。应用中性盐类作干燥剂时，如氯化钙能与多种有机物形成分子复合物，也要加以考虑。因此在选择干燥剂时，首先应了解干燥剂和被干燥物的化学性质是否相容。干燥剂及干燥适用条件见表 2-3～表 2-6。

表 2-3 液体适用的干燥剂

| 序号 | 液体名称 | 适用的干燥剂 |
|---|---|---|
| 1 | 饱和烃类 | $P_2O_5$,$CaCl_2$,$H_2SO_4$(浓),NaOH,KOH,Na,$Na_2SO_4$,$MgSO_4$,$CaSO_4$,$CaH_2$,$LiAlH_4$,分子筛 |
| 2 | 不饱和烃类 | $P_2O_5$,$CaCl_2$,NaOH,KOH,$Na_2SO_4$,$MgSO_4$,$CaSO_4$,$CaH_2$,$LiAlH_4$ |
| 3 | 卤代烃类 | $P_2O_5$,$CaCl_2$,$H_2SO_4$(浓),$Na_2SO_4$,$MgSO_4$,$CaSO_4$ |
| 4 | 醇　类 | BaO,CaO,$K_2CO_3$,$Na_2SO_4$,$MgSO_4$,$CaSO_4$,硅胶 |
| 5 | 酚　类 | $Na_2SO_4$,硅胶 |
| 6 | 醛　类 | $CaCl_2$,$Na_2SO_4$,$MgSO_4$,$CaSO_4$,硅胶 |
| 7 | 酮　类 | $K_2CO_3$,$Na_2SO_4$,$MgSO_4$,$CaSO_4$,硅胶 |
| 8 | 醚　类 | BaO,CaO,NaOH,KOH,Na,$CaCl_2$,$CaH_2$,$LiAlH_4$,$Na_2SO_4$,$MgSO_4$,$CaSO_4$,硅胶 |
| 9 | 酸　类 | $P_2O_5$,$Na_2SO_4$,$MgSO_4$,$CaSO_4$,硅胶 |
| 10 | 酯　类 | $K_2CO_3$,$CaCl_2$,$Na_2SO_4$,$MgSO_4$,$CaSO_4$,$CaH_2$,硅胶 |
| 11 | 胺　类 | BaO,CaO,NaOH,KOH,$K_2CO_3$,$Na_2SO_4$,$MgSO_4$,$CaSO_4$,硅胶 |
| 12 | 肼　类 | NaOH,KOH,$Na_2SO_4$,$MgSO_4$,$CaSO_4$,硅胶 |
| 13 | 腈　类 | $P_2O_5$,$K_2CO_3$,$CaCl_2$,$Na_2SO_4$,$MgSO_4$,$CaSO_4$,硅胶 |
| 14 | 硝基化合物 | $CaCl_2$,$Na_2SO_4$,$MgSO_4$,$CaSO_4$,硅胶 |
| 15 | 二硫化碳 | $P_2O_5$,$CaCl_2$,$Na_2SO_4$,$MgSO_4$,$CaSO_4$,硅胶 |
| 16 | 碱　类 | NaOH,KOH,BaO,CaO,$Na_2SO_4$,$MgSO_4$,$CaSO_4$,硅胶 |

表 2-4 气体适用的干燥剂

| 序号 | 气体名称 | 适用干燥剂 |
|---|---|---|
| 1 | $H_2$ | $P_2O_5$,$CaCl_2$,$H_2SO_4$(浓),$Na_2SO_4$,$MgSO_4$,$CaSO_4$,CaO,BaO,分子筛 |
| 2 | $O_2$ | $P_2O_5$,$CaCl_2$,$Na_2SO_4$,$MgSO_4$,$CaSO_4$,CaO,BaO,分子筛 |
| 3 | $N_2$ | $P_2O_5$,$CaCl_2$,$H_2SO_4$(浓),$Na_2SO_4$,$MgSO_4$,$CaSO_4$,CaO,BaO,分子筛 |

续表

| 序号 | 气体名称 | 适用干燥剂 |
| --- | --- | --- |
| 4 | $O_3$ | $P_2O_5$,$CaCl_2$ |
| 5 | $Cl_2$ | $CaCl_2$,$H_2SO_4$(浓) |
| 6 | CO | $P_2O_5$,$CaCl_2$,$H_2SO_4$(浓),$Na_2SO_4$,$MgSO_4$,$CaSO_4$,CaO,BaO,分子筛 |
| 7 | $CO_2$ | $P_2O_5$,$CaCl_2$,$H_2SO_4$(浓),$Na_2SO_4$,$MgSO_4$,$CaSO_4$, 分子筛 |
| 8 | $SO_2$ | $P_2O_5$,$CaCl_2$,$Na_2SO_4$,$MgSO_4$,$CaSO_4$,分子筛 |
| 9 | $CH_4$ | $P_2O_5$,$CaCl_2$,$H_2SO_4$(浓),$Na_2SO_4$,$MgSO_4$,$CaSO_4$,CaO,BaO,NaOH,KOH,Na,$CaH_2$,$LiAlH_4$,分子筛 |
| 10 | $NH_3$ | $Mg(ClO_4)_2$,NaOH,KOH,CaO,BaO,$Mg(ClO_4)_2$,$Na_2SO_4$,$MgSO_4$,$CaSO_4$,分子筛 |
| 11 | HCl | $CaCl_2$,$H_2SO_4$(浓) |
| 12 | HBr | $CaBr_2$ |
| 13 | HI | $CaI_2$ |
| 14 | $H_2S$ | $CaCl_2$ |
| 15 | $C_2H_4$ | $P_2O_5$ |
| 16 | $C_2H_2$ | $P_2O_5$,NaOH |

**表 2-5 干燥适用条件**

| 序号 | 名称 | 适用物质 | 不适用物质 | 备注 |
| --- | --- | --- | --- | --- |
| 1 | 碱石灰 BaO、CaO | 中性和碱性气体,胺类,醇类,醚类 | 醛类,酮类,酸性物质 | 特别适用于干燥气体,与水作用生成$Ba(OH)_2$、$Ca(OH)_2$ |
| 2 | $CaSO_4$ | 普遍适用 | — | 常先用 $Na_2SO_4$ 作预干燥剂 |
| 3 | NaOH、KOH | 氨,胺类,醚类,烃类(干燥器),肼类,碱类 | 醛类,酮类,酸性物质 | 容易潮解,因此一般用于预干燥 |
| 4 | $K_2CO_3$ | 胺类,醇类,丙酮,一般的生物碱类,酯类,腈类,肼类,卤素衍生物 | 酸类,酚类及其他酸性物质 | 容易潮解 |
| 5 | $CaCl_2$ | 烷烃类,链烯烃类,醚类,酯类,卤代烃类,腈类,丙酮,醛类,硝基化合物类,中性气体,氯化氢 HCl,$CO_2$ | 醇类,氨 $NH_3$,胺类,酸类,酸性物质,某些醛,酮类与酯类 | 一种价格便宜的干燥剂,可与许多含氮、含氧的化合物生成溶剂化物、配合物或发生反应;一般含有 CaO 等碱性杂质 |
| 6 | $P_2O_5$ | 大多数中性和酸性气体,乙炔,二硫化碳,烃类,各种卤代烃,酸溶液,酸与酸酐,腈类 | 碱性物质,醇类,酮类,醚类,易发生聚合的物质,氯化氢 HCl,氟化氢 HF,氨气 $NH_3$ | 使用其干燥气体时必须与载体或填料(石棉绒、玻璃棉、浮石等)混合;一般先用其他干燥剂预干燥;本品易潮解,与水作用生成偏磷酸、磷酸等 |
| 7 | 浓 $H_2SO_4$ | 大多数中性与酸性气体(干燥器、洗气瓶),各种饱和烃,卤代烃,芳烃 | 不饱和的有机化合物,醇类,酮类,酚类,碱性物质,硫化氢 $H_2S$,碘化氢 HI,氨气 $NH_3$ | 不适宜升温干燥和真空干燥 |
| 8 | 金属 Na | 醚类,饱和烃类,叔胺类,芳烃类 | 氯代烃类(会发生爆炸危险),醇类,伯、仲胺类及其他易和金属钠起作用的物质 | 一般先用其他干燥剂预干燥;与水作用生成 NaOH 与 $H_2$ |
| 9 | $Mg(ClO_4)_2$ | 含有氨的气体(干燥器) | 易氧化的有机物质 | 大多用于分析目的,适用于各种分析工作,能溶于多种溶剂中;处理不当有发生爆炸危险 |

续表

| 序号 | 名称 | 适用物质 | 不适用物质 | 备注 |
| --- | --- | --- | --- | --- |
| 10 | $Na_2SO_4$、$MgSO_4$ | 普遍适用，特别适用于酯类、酮类及一些敏感物质溶液 | — | 一种价格便宜的干燥剂；$Na_2SO_4$ 常作预干燥剂 |
| 11 | 硅胶 | 置于干燥器中使用 | 氟化氢 | 加热干燥后可重复使用 |
| 12 | 分子筛 | 温度100℃以下的大多数流动气体；有机溶剂（干燥器） | 不饱和烃 | 一般先用其他干燥剂预干燥；特别适用于低分压的干燥 |
| 13 | $CaH_2$ | 烃类，醚类，酯类，$C_4$ 及 $C_4$ 以上的醇类 | 醛类，含有活泼羰基的化合物 | 作用比 $LiAlH_4$ 慢，但效率相近，且较安全，是最好的脱水剂之一，与水作用生成 $Ca(OH)_2$、$H_2$ |
| 14 | $LiAlH_4$ | 烃类，芳基卤化物，醚类 | 含有酸性 H，卤素，羰基及硝基等的化合物 | 使用时要小心。过剩的话可以慢慢加乙酸乙酯将其破坏；与水作用生成 LiOH、$Al(OH)_3$ 与 $H_2$ |

**表 2-6 常用干燥剂**

| 序号 | 名称 | 分子式 | 吸水能力 | 干燥速度 | 酸碱性 | 再生方式 |
| --- | --- | --- | --- | --- | --- | --- |
| 1 | 硫酸钙 | $CaSO_4$ | 小 | 快 | 中性 | 在163℃（脱水温度）下脱水再生 |
| 2 | 氧化钡 | BaO | — | 慢 | 碱性 | 不能再生 |
| 3 | 五氧化二磷 | $P_2O_5$ | 大 | 快 | 酸性 | 不能再生 |
| 4 | 氯化钙（熔融过的） | $CaCl_2$ | 大 | 快 | 含碱性杂质 | 200℃下烘干再生 |
| 5 | 高氯酸镁 | $Mg(ClO_4)_2$ | 大 | 快 | 中性 | 烘干再生（251℃分解） |
| 6 | 三水合高氯酸镁 | $Mg(ClO_4)_2 \cdot 3H_2O$ | — | 快 | 中性 | 烘干再生（251℃分解） |
| 7 | 氢氧化钾（熔融过的） | KOH | 大 | 较快 | 碱性 | 不能再生 |
| 8 | 活性氧化铝 | $Al_2O_3$ | 大 | 快 | 中性 | 在110～300℃下烘干再生 |
| 9 | 浓硫酸 | $H_2SO_4$ | 大 | 快 | 酸性 | 蒸发浓缩再生 |
| 10 | 硅胶 | $SiO_2$ | 大 | 快 | 酸性 | 120℃下烘干再生 |
| 11 | 氢氧化钠（熔融过的） | NaOH | 大 | 较快 | 碱性 | 不能再生 |
| 12 | 氧化钙 | CaO | — | 慢 | 碱性 | 不能再生 |
| 13 | 硫酸铜 | $CuSO_4$ | 大 | — | 微酸性 | 150℃下烘干再生 |
| 14 | 硫酸镁 | $MgSO_4$ | 大 | 较快 | 中性、有的微酸性 | 200℃下烘干再生 |
| 15 | 硫酸钠 | $Na_2SO_4$ | 大 | 慢 | 中性 | 烘干再生 |
| 16 | 碳酸钾 | $K_2CO_3$ | 中 | 较慢 | 碱性 | 100℃下烘干再生 |
| 17 | 金属钠 | Na | — | — | — | 不能再生 |
| 18 | 分子筛 | 结晶的铝硅酸盐 | 大 | 较快 | 酸性 | 烘干，温度随型号而异 |

## 2.6 其他常用仪器

### 2.6.1 旋转蒸发仪

旋转蒸发仪（rotary evaporator），如图 2-11 所示，主要用于在减压条件下连续蒸馏大量易挥发性溶剂。尤其对萃取液的浓缩和色谱分离时接收液的蒸馏，可以分离和纯化反应产物。旋转蒸发仪的基本原理就是减压蒸馏，也就是在减压情况下，当溶剂蒸馏时，蒸馏烧瓶在连续转动。结构：蒸馏烧瓶是一个带有标准磨口接口的梨形或圆底烧瓶，通过一高度回流蛇形冷凝管与减压泵相连，回流冷凝管另一开口与带有磨口的接收烧瓶相连，用于接收被蒸发的有机溶剂。在冷凝管与减压泵之间有一三通活塞，当体系与大气相通时，可以将蒸馏烧瓶、接液烧瓶取下，转移溶剂；当体系与减压泵相通时，则体系应处于减压状态。使用时，应先减压，再开动电动机转动蒸馏烧瓶，结束时，应先停机，再通大气，以防蒸馏烧瓶在转动中脱落。作为蒸馏的热源，常配有相应的恒温水槽。

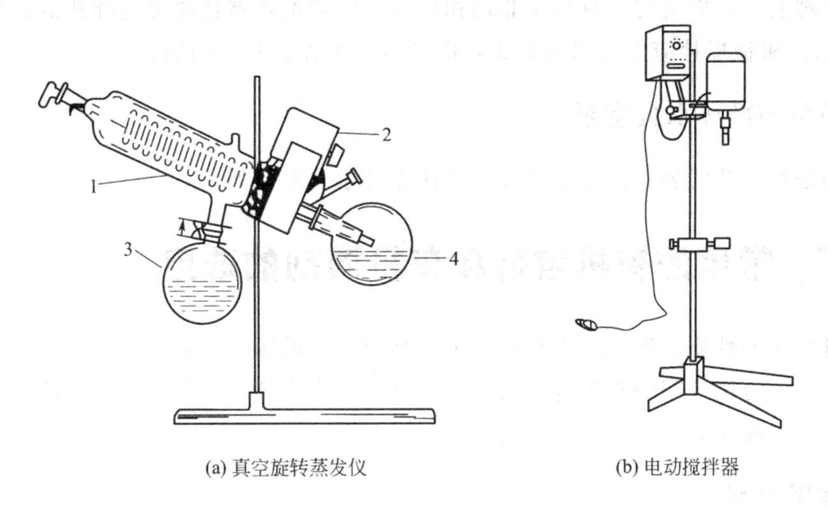


(a) 真空旋转蒸发仪　　(b) 电动搅拌器

图 2-11　真空旋转蒸发仪和电动机械搅拌器

1—冷凝器；2—电机；3—溶剂瓶；4—旋转瓶

构成部件如下：

① 旋转马达，通过马达的旋转带动盛有样品的蒸发瓶；

② 蒸发管，蒸发管有两个作用，首先起到样品旋转支撑轴的作用，其次通过蒸发管，真空系统将样品吸出；

③ 真空系统，用来降低旋转蒸发仪系统的气压；

④ 流体加热锅，通常情况下都是用水加热样品；

⑤ 冷凝管，使用双蛇形冷凝管或者其他冷凝剂如干冰、丙酮冷凝样品；

⑥ 冷凝样品收集瓶，样品冷却后进入收集瓶。

实验室回收溶剂、浓缩溶液常用的快速蒸馏仪器，可减压蒸馏。工作时，烧瓶不停地旋转，故蒸发不会暴沸，而且液体蒸发的表面积大，蒸发速度快，比一般蒸发装置的效率高。

使用旋转蒸发仪的注意事项如下。

① 玻璃零件接装应轻拿轻放，装前应洗干净，擦干或烘干。

② 各磨口、密封面密封圈及接头安装前都需要涂一层真空脂。

③ 加热槽通电前必须加水，不允许无水干烧。

④ 如真空抽不上来需检查：

a. 各接头、接口是否密封；

b. 密封圈、密封面是否有效；

c. 主轴与密封圈之间真空脂是否涂好；

d. 真空泵及其皮管是否漏气。

⑤ 真空度是旋转蒸发器最重要的工艺参数，而用户经常会碰到真空度打不上的问题。这常常和使用的溶剂性质有关，生化制药等行业常常用水、乙醇、乙酸、石油醚、氯仿等作溶剂，而一般真空泵不能耐强有机溶剂，可选用耐强腐蚀特种真空泵。

### 2.6.2 电动搅拌器

使反应物混合得更均匀，有利于非均相反应，电动搅拌器比磁力搅拌器的搅拌剧烈，见图 2-10 所示。机械搅拌应由三部分组成：电动机、搅拌棒和封闭器。

### 2.6.3 油泵与循环水真空泵

它们都是真空抽气装置。油泵的真空度比循环水真空泵低。

## 2.7 常用的有机溶剂和有机溶剂的选用

溶剂对溶质的性质、反应速率和反应平衡都有一定的影响，因此选择合适的溶剂是极为重要的。目前，可供使用的常见溶剂约有 300 种，现在介绍一些常用的有机溶剂，以及在萃取、重结晶提纯操作时如何选用合适的溶剂。

### 2.7.1 常用溶剂

表 2-7 中按极性递减的次序列出一些常用的有机溶剂及其物理常数。有机溶剂中最常遇到的杂质是水，除去溶剂中水分，通常是在该溶剂中加入干燥剂。对于介电常数小于 15 的有机溶剂，将它通过装有氧化铝（活度 1）或硅胶（活度 1）的色谱柱（一般直径 2～5cm，长 40～150cm），杂质被吸附，可得到几乎无水、无醇、无过氧化物的溶剂。

**表 2-7 常用的有机溶剂**

| 化合物名称 | 极性/$\times10^{-30}$C·m | 黏度/cP | 沸点/℃ | 吸收波长/nm |
|---|---|---|---|---|
| 异戊烷(*i*-pentane) | 0 | — | 30 | — |
| 正戊烷(*n*-pentane) | 0 | 0.23 | 36 | 210 |
| 石油醚(petroleum ether) | 0.01 | 0.3 | 30～60 | 210 |
| 己烷(hexane) | 0.06 | 0.33 | 69 | 210 |
| 环己烷(cyclohexane) | 0.1 | 1 | 81 | 210 |
| 异辛烷(isooctane) | 0.1 | 0.53 | 99 | 210 |
| 三氟乙酸(trifluoroacetic acid) | 0.1 | — | 72 | — |
| 三甲基戊烷(trimethylpentane) | 0.1 | 0.47 | 99 | 215 |
| 环戊烷(cyclopentane) | 0.2 | 0.47 | 49 | 210 |
| 庚烷(*n*-heptane) | 0.2 | 0.41 | 98 | 200 |
| 丁基氯；丁酰氯(butyl chloride) | 1 | 0.46 | 78 | 220 |
| 三氯乙烯；乙炔化三氯(trichloroethylene) | 1 | 0.57 | 87 | 273 |
| 四氯化碳(carbon tetrachloride) | 1.6 | 0.97 | 77 | 265 |

续表

| 化合物名称 | 极性/×10⁻³⁰C·m | 黏度/cP | 沸点/℃ | 吸收波长/nm |
|---|---|---|---|---|
| 三氯三氟代乙烷(trichlorotrifluoroethane) | 1.9 | 0.71 | 48 | 231 |
| 丙基醚;丙醚(*i*-propyl ether) | 2.4 | 0.37 | 68 | 220 |
| 甲苯(toluene) | 2.4 | 0.59 | 111 | 285 |
| 对二甲苯(*p*-xylene) | 2.5 | 0.65 | 138 | 290 |
| 氯苯(chlorobenzene) | 2.7 | 0.8 | 132 | — |
| 邻二氯苯(*o*-dichlorobenzene) | 2.7 | 1.33 | 180 | 295 |
| 二乙醚;醚(ethyl ether) | 2.9 | 0.23 | 35 | 220 |
| 苯(benzene) | 3 | 0.65 | 80 | 280 |
| 异丁醇(isobutyl alcohol) | 3 | 4.7 | 108 | 220 |
| 二氯甲烷(methylene chloride) | 3.4 | 0.44 | 240 | 245 |
| 二氯化乙烯(ethylene dichloride) | 3.5 | 0.78 | 84 | 228 |
| 正丁醇(*n*-butanol) | 3.7 | 2.95 | 117 | 210 |
| 醋酸丁酯;乙酸丁酯(*n*-butyl acetate) | 4 | — | 126 | 254 |
| 丙醇(*n*-propanol) | 4 | 2.27 | 98 | 210 |
| 甲基异丁酮(methyl isobutyl ketone) | 4.2 | — | 119 | 330 |
| 四氢呋喃(tetrahydrofuran) | 4.2 | 0.55 | 66 | 220 |
| 乙酸乙酯(ethyl acetate) | 4.30 | 0.45 | 77 | 260 |
| 异丙醇(*i*-propanol) | 4.3 | 2.37 | 82 | 210 |
| 氯仿(chloroform) | 4.4 | 0.57 | 61 | 245 |
| 甲基乙基酮(methyl ethyl ketone) | 4.5 | 0.43 | 80 | 330 |
| 二噁烷;二氧六环;二氧杂环己烷(dioxane) | 4.8 | 1.54 | 102 | 220 |
| 吡啶(pyridine) | 5.3 | 0.97 | 115 | 305 |
| 丙酮(acetone) | 5.4 | 0.32 | 57 | 330 |
| 硝基甲烷(nitromethane) | 6 | 0.67 | 101 | 330 |
| 乙酸(acetic acid) | 6.2 | 1.28 | 118 | 230 |
| 乙腈(acetonitrile) | 6.2 | 0.37 | 82 | 210 |
| 苯胺(aniline) | 6.3 | 4.40 | 184 | — |
| 二甲基甲酰胺(dimethyl formamide) | 6.4 | 0.92 | 153 | 270 |
| 甲醇(methanol) | 6.6 | 0.6 | 65 | 210 |
| 乙二醇(ethylene glycol) | 6.9 | 19.9 | 197 | 210 |
| 二甲基亚砜(DMSO,dimethyl sulfoxide) | 7.2 | 2.24 | 189 | 268 |
| 水(water) | 10.2 | 1 | 100 | 268 |

注：1cP=$10^{-3}$Pa·s。

## 2.7.2 萃取溶剂的选用

萃取是利用物质在两种互不混溶的溶剂中的分配系数不同而进行分离的操作。通过萃取，能从固体或液体混合物中提取出所需要的化合物。萃取所选用的溶剂，不仅要考虑溶剂对被萃取物质和对杂质的溶解度的差别要大，而且还要注意，溶剂的沸点不宜过高，否则回收溶剂困难。同时也有可能产物在回收溶剂时被破坏；一般来讲，极性小的物质用石油醚、苯或乙醚萃取；极性较大的物质用乙酸乙酯或氯仿、二氯甲烷等溶剂来萃取。例如，从水中提取草酸用乙醚效果较差，使用乙酸乙酯则效果较好。另外萃取所选用的溶剂还需考虑相分离要快，溶剂的毒性要小，以及没有形成乳状液的倾向等。事实上。这些条件都要达到最优化是困难的，只要其中主要的条件合乎要求，即可采用。

### 2.7.3 重结晶溶剂的选用

进行重结晶时，可根据“相似相溶”这一经验规律来选择溶剂。化合物易溶解于结构与其相似的溶剂中，即极性化合物溶于极性溶剂，而难溶于非极性溶剂中。例如极性有机化合物一般易溶于水、醇、酮和酯等极性溶剂；而在非极性溶剂如苯、四氯化碳中，则难溶解。

如果不能选出单一的溶剂进行重结晶时，则可使用混合溶剂。当某一化合物在某种溶剂中极易溶解，而在另一种溶剂中却不大溶解时，则此两种溶剂的二元混合物可能是重结晶的有效溶剂。乙酸/水、乙醇/水、乙醇/苯、丙酮/石油醚、三氯甲烷/石油醚等，都是一些常用的混合溶剂。

### 2.7.4 反应介质溶剂的选用

有机化学反应常在介质中进行，选择作为介质使用的溶剂要考虑以下因素：

① 反应物和产物要有良好的溶解性（有时也要考虑产物的不溶性）。

② 反应温度要低于介质的沸点，在此温度时有良好的化学稳定性和热稳定性。此外，也要适当考虑价格、可燃性、爆炸性、毒性、黏度及回收的难易等因素。

必须注意，大多数有机溶剂具有毒性，可通过皮肤和呼吸器官进入人体，其蒸气不仅影响肺而且也影响整个循环系统，急性中毒时会出现中枢神经系统错乱、眩晕、不昏迷等；慢性中毒，开始没有任何明显症状，只是到后期才出现症状。因此使用有机溶剂时要特别小心。

在有机合成中，均使用大量的有机溶剂。这些溶剂在产品的制造和加工过程中，大多数仅仅是为了提高反应物的溶解度以加快反应速率。在最终产品中，这些溶剂必须排除干净，因而形成有机废气。有机合成中用的酒精、乙醚、丙酮、乙酸乙酯等，这些有机溶剂大量排放到大气中不回收，不仅造成生产成本提高、大气污染，还会成为火灾及爆炸事故的起因。对这类有机废气的回收处理，一般有吸附法、吸收法、直接燃烧法与催化氧化法等。实际生产中应根据具体情况进行选择，多数采用吸附法。

### 2.7.5 溶剂的处理

一些溶剂因为种种原因总是含有杂质，这些杂质如果对溶剂的使用目的没有什么影响的话，可直接使用。可是在进行化学实验和进行一些特殊的化学反应时，必须将杂质除去。虽然除去全部杂质是有困难的，但至少应该将杂质减少到对使用目的没有妨碍的限度。除去杂质的操作称为溶剂的精制，溶剂的精制几乎都要进行脱水，其次再除去其他的杂质。

#### 2.7.5.1 溶剂的脱水干燥

溶剂中水的混入往往是由于在溶剂制造、处理或者由于副反应时作为副产物带入的，其次在保存的过程中吸潮也会混入水分。水的存在不仅对许多化学反应，就是对重结晶、萃取、洗涤等一系列的化学实验操作都会带来不良的影响。因此溶剂的脱水和干燥在化学实验中是重要的，且是经常进行的操作步骤。尽管在除去溶剂中的其他杂质时有时往往加入水分，但最好还是要进行脱水、干燥。精制后充分干燥的溶剂在保存过程中往往还必须加入适当的干燥剂，以防止溶剂吸潮。溶剂脱水的方法有下列几种。

（1）干燥剂脱水　是液体溶剂在常温下脱水干燥最常使用的方法。干燥剂有固体、液体和气体，分为酸性物质、碱性物质、中性物质以及金属和金属氢化物。干燥剂的性质各有不同，在使用时要充分考虑干燥剂的特性和欲干燥物质的性质，这样才能有效达到干燥的目的。

在选择干燥剂时首先要确保进行干燥的物质与干燥剂不发生任何反应；干燥剂兼作催化剂时，应不使溶剂发生分解、聚合，并且干燥剂与溶剂之间不形成加合物。此外，还要考虑到干燥速度、干燥效果和干燥剂的吸水量。在具体使用时，酸性物质的干燥最好选用酸性物质干燥剂，碱性物质的干燥选用碱性干燥剂，中性物质的干燥选用中性干燥剂。溶剂中有大量水分存在时，应避免选用与水接触着火（如金属钠等）或者发热猛烈的干燥剂，可以先选用氯化钙一类缓和的干燥剂进行干燥脱水，使水分减少后再使用金属钠干燥。加入干燥剂后应搅拌，放置一夜。温度可以根据干燥剂的性质、对干燥速度的影响加以考虑。干燥剂的用量应稍有过剩。在水分多的情况下，干燥剂因吸收水分发生部分或全部溶解生成液状或泥状分为两层，此时应进行分离并加入新的干燥剂。溶剂与干燥剂的分离一般采用倾析法，将残留物进行过滤，但过滤时间太长或周围的湿度过大会再次吸湿而使水分混入，因此，有时可采用与大气隔绝的特殊的过滤装置。有的干燥剂操作危险时，可在安全箱内进行。安全箱置有干燥剂，使箱内充分干燥（如无水五氧化二磷），或吹入干燥空气或氮气。使用分子筛或活性氧化铝等干燥剂时应添加在玻璃管内，溶剂自上向下流动进行脱水，不与外界接触，效果较好。大多数溶剂都可以用这种脱水方法，而且干燥剂还可以回收使用。常用的干燥剂有如下种类。

① 金属，金属氢化物

Al、Ca、Mg：常用于醇类溶剂的干燥。

Na、K：适用于烃、醚、环己胺、液氨等溶剂的干燥。注意用于卤代烃时有爆炸危险，绝对不能使用。也不能用于干燥甲醇、酯、酸、酮、醛与某些胺等。醇中含有微量的水分可加入少量金属钠直接蒸馏。

CaH：1g 氢化钙定量与 0.85g 水反应，因此比碱金属、五氧化二磷干燥效果好。适用于烃、卤代烃、醇、胺、醚等，特别是四氢呋喃等环醚以及二甲基亚砜、六甲基磷酰胺等溶剂的干燥。有机反应常用的极性非质子溶剂也是用此法进行干燥的。

$LiAlH_4$：常用醚类等溶剂的干燥。

② 中性干燥剂

$CaSO_4$、$NaSO_4$、$MgSO_4$：适用于烃、卤代烃、醚、酯、硝基甲烷、酰胺、腈等溶剂的干燥。

$CuSO_4$：无水硫酸铜为白色，含有 5 个分子的结晶水时变成蓝色，常用于检测溶剂中的微量水分。$CuSO_4$ 适用于醇、醚、酯、低级脂肪酸的脱水，甲醇与 $CuSO_4$ 能形成加成物，故不宜使用。

$CaC_2$：适用于醇干燥。注意使用纯度差的碳化钙时，会产生硫化氢和磷化氢等恶臭气体。

$CaCl_2$：适用于干燥烃、卤代烃、醚、硝基化合物、环己胺、腈、二硫化碳等。$CaCl_2$ 能与伯醇、甘油、酚、某些类型的胺、酯等形成加成物，故不适用。

活性氧化铝：适用于烃、胺、酯、甲酰胺的干燥。

分子筛：分子筛在水蒸气分压低和味素高时吸湿容量都很显著，与其他干燥剂相比，吸湿能力非常大。分子筛在各种干燥剂中，其吸湿能力仅次于五氧化二磷。由于各种溶剂几乎都可以用分子筛脱水，故在实验室和工业上获得广泛的应用。

③ 碱性干燥剂

KOH、NaOH：适用于干燥胺等碱性物质和四氢呋喃一类环醚。酸、酚、醛、酮、醇、酯、酰胺等不适用。

$K_2CO_3$：适用于碱性物质、卤代烃、醇、酮、酯、腈等溶剂的干燥。不适用于酸性物质。

BaO、CaO：适用于干燥醇、碱性物质、腈、酰胺。不适用于酮、酸性物质和酯类。

④ 酸性干燥剂

$H_2SO_4$：适用于干燥饱和烃、卤代烃、硝酸、溴等。醇、酚、酮、不饱和烃等不适用。

$P_2O_5$：适用于烃、卤代烃、酯、乙酸、腈、二硫化碳、液态二氧化硫的干燥。醚、酮、醇、胺等不适用。

(2) 分馏脱水　沸点与水的沸点相差较大的溶剂可以用分馏效率高的蒸馏塔（精馏塔）进行脱水，这是一般常用的脱水方法。

(3) 共沸蒸馏脱水　与水生成共沸物的溶剂不能采用分馏脱水的方法。如果是含有极微量水分的溶剂，通过共沸蒸馏，虽然溶剂有少量的损失，但却能脱去大部分水。一般多数溶剂都能与水组成共沸混合物。

(4) 蒸发，蒸馏干燥　进行干燥的溶剂很难挥发而不能与水组成共沸混合物的，可以通过加热或减压蒸馏使水分优先除去。例如，乙二醇、乙二醇-丁醚、二甘醇-乙醚、聚乙二醇、聚丙二醇、甘油等溶剂都适用。

(5) 用干燥的气体进行干燥　将难挥发的溶剂进行干燥时，一面慢慢回流，一面吹入充分干燥的空气或氮气，气体带走溶剂中的水分，从冷凝器末端的干燥管中放出。此法适用于乙二醇、甘油等溶剂的干燥。

(6) 其他　在特殊情况下，乙酸脱水可采用在乙酸中加入与所含水等摩尔的乙酐，或者直接加入乙酐干燥。甲酸的脱水可用硼酸经高温加热熔融，冷却粉碎后得到的无水硼酸进行脱水干燥。此外还有冷却干燥的方法。如烃类用冷冻剂冷却，其中水分结成冰而达到脱水目的。

**2.7.5.2　溶剂的精制方法**

一般通过蒸馏或精馏可得到几乎接近纯品的溶剂。然而对于一些用精馏塔难以将杂质分离的溶剂，必须将这些杂质预先除去，方法之一是分子筛法。分子筛的种类按照分子筛的有效直径进行分类，例如有效直径为 0.3nm 的分子筛称 3A 分子筛，0.4nm 的称 4A 分子筛，0.5nm 的称 5A 分子筛，0.9nm 的称 10X 分子筛，1nm 的称 13X 分子筛。例如，用 5A 分子筛可以从丁醇异构体混合物中吸附分离丁醇，用 4A 分子筛分离甲胺和二甲胺。适用方法与干燥剂脱水方法相同，用填充层装置较好。

溶剂进行精制时，其装置、器皿等材料的选择对溶剂的纯度有影响，一般使用玻璃仪器较好。常用溶剂的沸点、溶解性以及毒性见表 2-8。

**表 2-8　常用溶剂的沸点、溶解性以及毒性**

| 溶剂名称 | 沸点(101.3kPa)/℃ | 溶解性 | 毒性 |
| --- | --- | --- | --- |
| 液氨 | −33.35 | 特殊溶解性：能溶解碱金属和碱土金属 | 剧毒性、腐蚀性 |
| 液态二氧化硫 | −10.08 | 溶解胺、醚、醇、苯酚、有机酸、芳香烃、溴、二硫化碳，多数饱和烃不溶 | 剧毒 |

续表

| 溶剂名称 | 沸点(101.3kPa)/℃ | 溶解性 | 毒性 |
|---|---|---|---|
| 甲胺 | −6.3 | 是多数有机物和无机物的优良溶剂,液态甲胺与水、醚、苯、丙酮、低级醇混溶,其盐酸盐易溶于水,不溶于醇、醚、酮、氯仿、乙酸乙酯 | 中等毒性,易燃 |
| 二甲胺 | 7.4 | 是有机物和无机物的优良溶剂,溶于水、低级醇、醚、低极性溶剂 | 强烈刺激性 |
| 石油醚 | | 不溶于水,与丙酮、乙醚、乙酸乙酯、苯、氯仿及甲醇以上高级醇混溶 | 与低级烷相似 |
| 乙醚 | 34.6 | 微溶于水,易溶于盐酸,与醇、醚、石油醚、苯、氯仿等多数有机溶剂混溶 | 麻醉性 |
| 戊烷 | 36.1 | 与乙醇、乙醚等多数有机溶剂混溶 | 低毒性 |
| 二氯甲烷 | 39.75 | 与醇、醚、氯仿、苯、二硫化碳等有机溶剂混溶 | 低毒,麻醉性强 |
| 二硫化碳 | 46.23 | 微溶于水,与多种有机溶剂混溶 | 麻醉,强刺激性 |
| 丙酮 | 56.12 | 与水、醇、醚、烃混溶 | 低毒,类似乙醇,但毒性较大 |
| 1,1-二氯乙烷 | 57.28 | 与醇、醚等大多数有机溶剂混溶 | 低毒、局部刺激性 |
| 氯仿 | 61.15 | 与乙醇、乙醚、石油醚、卤代烃、四氯化碳、二硫化碳等混溶 | 中等毒性,强麻醉性 |
| 甲醇 | 64.5 | 与水、乙醚、醇、酯、卤代烃、苯、酮混溶 | 中等毒性,麻醉性 |
| 四氢呋喃 | 66 | 优良溶剂,与水混溶,很好地溶解乙醇、乙醚、脂肪烃、芳香烃、氯化烃 | 吸入微毒,经口低毒 |
| 己烷 | 68.7 | 甲醇部分溶解,与比乙醇高的醇、醚、丙酮、氯仿混溶 | 低毒,麻醉性,刺激性 |
| 三氟代乙酸 | 71.78 | 与水、乙醇、乙醚、丙酮、苯、四氯化碳、己烷混溶,溶解多种脂肪族、芳香族化合物 | |
| 1,1,1-三氯乙烷 | 74.0 | 与丙酮、甲醇、乙醚、苯、四氯化碳等有机溶剂混溶 | 低毒 |
| 四氯化碳 | 76.75 | 与醇、醚、石油醚、石油脑、冰醋酸、二硫化碳、氯代烃混溶 | 氯化甲烷中,毒性最强 |
| 乙酸乙酯 | 77.112 | 与醇、醚、氯仿、丙酮、苯等大多数有机溶剂混溶,能溶解某些金属盐 | 低毒,麻醉性 |
| 乙醇 | 78.3 | 与水、乙醚、氯仿、酯、烃类衍生物等有机溶剂混溶 | 微毒类,麻醉性 |
| 丁酮 | 79.64 | 与丙酮相似,与醇、醚、苯等大多数有机溶剂混溶 | 低毒,毒性强于丙酮 |
| 苯 | 80.10 | 难溶于水,与甘油、乙二醇、乙醇、氯仿、乙醚、四氯化碳、二硫化碳、丙酮、甲苯、二甲苯、冰醋酸、脂肪烃等大多数有机物混溶 | 强烈毒性 |
| 环己烷 | 80.72 | 与乙醇、高级醇、醚、丙酮、烃、氯代烃、高级脂肪酸、胺类混溶 | 低毒,中枢抑制作用 |
| 乙腈 | 81.60 | 与水、甲醇、乙酸甲酯、乙酸乙酯、丙酮、醚、氯仿、四氯化碳、氯乙烯及各种不饱和烃混溶,但是不与饱和烃混溶 | 中等毒性,大量吸入蒸气,引起急性中毒 |
| 异丙醇 | 82.40 | 与乙醇、乙醚、氯仿、水混溶 | 微毒,类似乙醇 |
| 1,2-二氯乙烷 | 83.48 | 与乙醇、乙醚、氯仿、四氯化碳等多种有机溶剂混溶 | 高毒性、致癌 |
| 乙二醇二甲醚 | 85.2 | 溶于水,与醇、醚、酮、酯、烃、氯代烃等多种有机溶剂混溶,能溶解各种树脂,还是二氧化硫、氯化甲烷、乙烯等气体的优良溶剂 | 吸入和经口低毒 |
| 三氯乙烯 | 87.19 | 不溶于水,与乙醇、乙醚、丙酮、苯、乙酸乙酯、脂肪族氯代烃、汽油混溶 | 有毒性 |

续表

| 溶剂名称 | 沸点(101.3kPa)/℃ | 溶解性 | 毒性 |
|---|---|---|---|
| 三乙胺 | 89.6 | 与水混溶,易溶于氯仿、丙酮,溶于乙醇、乙醚 | 易爆,皮肤黏膜刺激性强 |
| 丙腈 | 97.35 | 溶解醇、醚、DMF、乙二胺等有机物,与多种金属盐形成加成有机物 | 高毒性,与氢氰酸相似 |
| 庚烷 | 98.4 | 与己烷类似 | 低毒,刺激性、麻醉性 |
| 水 | 100 |  | — |
| 硝基甲烷 | 101.2 | 与醇、醚、四氯化碳、DMF 等混溶 | 麻醉性,刺激性 |
| 1,4-二氧六环 | 101.32 | 能与水及多数有机溶剂混溶,溶解能力很强 | 微毒,强于乙醚 2～3 倍 |
| 甲苯 | 110.63 | 不溶于水,与甲醇、乙醇、氯仿、丙酮、乙醚、冰醋酸、苯等有机溶剂混溶 | 低毒类,麻醉作用 |
| 硝基乙烷 | 114.0 | 与醇、醚、氯仿混溶,溶解多种树脂和纤维素衍生物 | 局部刺激性较强 |
| 吡啶 | 115.3 | 与水、醇、醚、石油醚、苯、油类混溶,能溶解多种有机物和无机物 | 低毒,皮肤黏膜刺激性 |
| 4-甲基-2-戊酮 | 115.9 | 能与乙醇、乙醚、苯等大多数有机溶剂和动植物油相混溶 | 毒性和局部刺激性较强 |
| 乙二胺 | 117.26 | 溶于水、乙醇、苯和乙醚,微溶于庚烷 | 刺激皮肤、眼睛 |
| 丁醇 | 117.7 | 与醇、醚、苯混溶 | 低毒,大于乙醇 3 倍 |
| 乙酸 | 118.1 | 与水、乙醇、乙醚、四氯化碳混溶,不溶于二硫化碳及 $C_{12}$ 以上高级脂肪烃 | 低毒,浓溶液毒性强 |
| 乙二醇-甲醚 | 124.6 | 与水、醛、醚、苯、乙二醇、丙酮、四氯化碳、DMF 等混溶 | 低毒类 |
| 辛烷 | 125.67 | 几乎不溶于水,微溶于乙醇,与醚、丙酮、石油醚、苯、氯仿、汽油混溶 | 低毒性,麻醉性 |
| 乙酸丁酯 | 126.11 | 优良有机溶剂,广泛应用于医药行业,还可以用作萃取剂 | 一般条件毒性不大 |
| 吗啉 | 128.94 | 溶解能力强,超过二氧六环、苯和吡啶,与水混溶,溶解丙酮、苯、乙醚、甲醇、乙醇、乙二醇、2-己酮、蓖麻油、松节油、松脂等 | 腐蚀皮肤,刺激眼和结膜,蒸气引起肝肾病变 |
| 氯苯 | 131.69 | 能与醇、醚、脂肪烃、芳香烃和有机氯化物等多种有机溶剂混溶 | 低于苯,损害中枢系统 |
| 乙二醇-乙醚 | 135.6 | 与乙二醇-甲醚相似,但是极性小,与水、醇、醚、四氯化碳、丙酮混溶 | 低毒类,二级易燃液体 |
| 对二甲苯 | 138.35 | 不溶于水,与醇、醚和其他有机溶剂混溶 | 一级易燃液体 |
| 二甲苯 | 138.5～141.5 | 不溶于水,与乙醇、乙醚、苯、烃等有机溶剂混溶,乙二醇、甲醇、2-氯乙醇等极性溶剂部分溶解 | 一级易燃液体,低毒类 |
| 间二甲苯 | 139.10 | 不溶于水,与醇、醚、氯仿混溶,室温下溶解乙腈、DMF 等 | 一级易燃液体 |
| 醋酸酐 | 140.0 | — | — |
| 邻二甲苯 | 144.41 | 不溶于水,与乙醇、乙醚、氯仿等混溶 | 一级易燃液体 |
| *N*,*N*-二甲基甲酰胺 | 153.0 | 与水、醇、醚、酮、不饱和烃、芳香烃等混溶,溶解能力强 | 低毒 |
| 环己酮 | 155.65 | 与甲醇、乙醇、苯、丙酮、己烷、乙醚、硝基苯、石油脑、二甲苯、乙二醇、乙酸异戊酯、二乙胺及其他多种有机溶剂混溶 | 低毒类,有麻醉性,中毒概率比较小 |
| 环己醇 | 161 | 与醇、醚、二硫化碳、丙酮、氯仿、苯、脂肪烃、芳香烃、卤代烃混溶 | 低毒,无血液毒性,刺激性 |

续表

| 溶剂名称 | 沸点(101.3kPa)/℃ | 溶解性 | 毒性 |
|---|---|---|---|
| *N*,*N*-二甲基乙酰胺 | 166.1 | 溶解不饱和脂肪烃,与水、醚、酯、酮、芳香族化合物混溶 | 微毒类 |
| 糠醛 | 161.8 | 与醇、醚、氯仿、丙酮、苯等混溶,部分溶解低沸点脂肪烃,无机物一般不溶 | 有毒品,刺激眼睛,催泪 |
| *N*-甲基甲酰胺 | 180～185 | 与苯混溶,溶于水和醇,不溶于醚 | 一级易燃液体 |
| 苯酚(石炭酸) | 181.2 | 溶于乙醇、乙醚、乙酸、甘油、氯仿、二硫化碳和苯等,难溶于烃类溶剂,65.3℃以上与水混溶,65.3℃以下分层 | 高毒类,对皮肤、黏膜有强烈腐蚀性,可经皮肤吸收中毒 |
| 1,2-丙二醇 | 187.3 | 与水、乙醇、乙醚、氯仿、丙酮等多种有机溶剂混溶 | 低毒,吸湿,不宜静注 |
| 二甲基亚砜 | 189.0 | 与水、甲醇、乙醇、乙二醇、甘油、乙醛、丙酮、乙酸乙酯、吡啶、芳烃混溶 | 微毒,对眼有刺激性 |
| 邻甲酚 | 190.95 | 微溶于水,能与乙醇、乙醚、苯、氯仿、乙二醇、甘油等混溶 | 参照甲酚 |
| *N*,*N*-二甲基苯胺 | 193 | 微溶于水,能随水蒸气挥发,与醇、醚、氯仿、苯等混溶,能溶解多种有机物 | 抑制中枢和循环系统,经皮肤吸收中毒 |
| 乙二醇 | 197.85 | 与水、乙醇、丙酮、乙酸、甘油、吡啶混溶,与氯仿、乙醚、苯、二硫化碳等难溶,对烃类、卤代烃不溶,溶解食盐、氯化锌等无机物 | 低毒类,可经皮肤吸收中毒 |
| 对甲酚 | 201.88 | 参照甲酚 | 参照甲酚 |
| *N*-甲基吡咯烷酮 | 202 | 与水混溶,除低级脂肪烃外,可以溶解大多无机物、有机物、极性气体、高分子化合物 | 毒性低,不可内服 |
| 间甲酚 | 202.7 | 参照甲酚 | 与甲酚相似,参照甲酚 |
| 苄醇 | 205.45 | 与乙醇、乙醚、氯仿混溶,20℃在水中溶解3.8%(质量分数) | 低毒,黏膜刺激性 |
| 甲酚 | 210 | 微溶于水,能与乙醇、乙醚、苯、氯仿、乙二醇、甘油等混溶 | 低毒类,腐蚀性,与苯酚相似 |
| 甲酰胺 | 210.5 | 与水、醇、乙二醇、丙酮、乙酸、二氧六环、甘油、苯酚混溶,几乎不溶于脂肪烃、芳香烃、醚、卤代烃、氯苯、硝基苯等 | 皮肤、黏膜刺激性,经皮肤吸收 |
| 硝基苯 | 210.9 | 几乎不溶于水,与醇、醚、苯等有机物混溶,对有机物溶解能力强 | 剧毒,可经皮肤吸收 |
| 乙酰胺 | 221.15 | 溶于水、醇、吡啶、氯仿、甘油、热苯、丁酮、丁醇、苄醇,微溶于乙醚 | 毒性较低 |
| 六甲基磷酸三酰胺(HMTA) | 233 | 与水混溶,与氯仿络合,溶于醇、醚、酯、苯、酮、烃、卤代烃等 | 较大毒性 |
| 喹啉 | 237.10 | 溶于热水、稀酸、乙醇、乙醚、丙酮、苯、氯仿、二硫化碳等 | 中等毒性,刺激皮肤和眼 |
| 乙二醇碳酸酯 | 238 | 与热水、醇、苯、醚、乙酸乙酯、乙酸混溶,干燥醚、四氯化碳、石油醚中不溶 | 毒性低 |
| 二甘醇 | 244.8 | 与水、乙醇、乙二醇、丙酮、氯仿、糠醛混溶,与乙醚、四氯化碳等不混溶 | 微毒,经皮肤吸收,刺激性小 |
| 丁二腈 | 267 | 溶于水,易溶于乙醇和乙醚,微溶于二硫化碳、己烷 | 中等毒性 |
| 环丁砜 | 287.3 | 几乎能与所有有机溶剂混溶,除脂肪烃外能溶解大多数有机物 | |
| 甘油 | 290.0 | 与水、乙醇混溶,不溶于乙醚、氯仿、二硫化碳、苯、四氯化碳、石油醚 | 食用对人体无毒 |

#### 2.7.5.3 溶剂的混溶

溶剂的混溶性见表 2-9。

**表 2-9 溶剂混溶性**

| | | 1 乙酸 | 2 丙酮 | 3 乙腈 | 4 苯 | 5 正丁醇 | 6 四氯化碳 | 7 氯仿 | 8 环己烷 | 9 环戊烷 | 10 二氯乙烷 | 11 二氯甲烷 | 12 二甲基甲酰胺 | 13 二甲基亚砜 | 14 二氧六环 | 15 乙酸乙酯 | 16 乙醇 | 17 乙醚 | 18 正庚烷 | 19 正己烷 | 20 甲醇 | 21 甲乙酮 | 22 异辛烷 | 23 戊烷 | 24 异丙醇 | 25 二丙醚 | 26 四氯乙烷 | 27 四氢呋喃 | 28 甲苯 | 29 三氯乙烷 | 30 水 | 31 二甲苯 | |
|---|---|---|---|---|---|---|---|---|---|---|---|---|---|---|---|---|---|---|---|---|---|---|---|---|---|---|---|---|---|---|---|---|---|
| 1 | 乙醚 | | | | | | | | | | | | | | | | | | | | | | | | | | | | | | | | 乙酸 |
| 2 | 丙酮 | | | | | | | | | | | | | | | | | | | | | | | | | | | | | | | | 丙酮 |
| 3 | 乙腈 | | | | | | | | ■ | ■ | | | | | | | | | ■ | ■ | | | ■ | ■ | | | | | | | | | 乙腈 |
| 4 | 苯 | | | | | | | | | | | | | | | | | | | | | | | | | | | | | | ■ | | 苯 |
| 5 | 正丁醇 | | | | | | | | | | | | | | | | | | | | | | | | | | | | | | ■ | | 正丁醇 |
| 6 | 四氯化碳 | | | | | | | | | | | | | | | | | | | | | | | | | | | | | | ■ | | 四氯化碳 |
| 7 | 氯仿 | | | | | | | | | | | | | | | | | | | | | | | | | | | | | | ■ | | 氯仿 |
| 8 | 环己烷 | | | ■ | | | | | | | | | ■ | ■ | | | | | | | ■ | | | | | | | | | | ■ | | 环己烷 |
| 9 | 环戊烷 | | | ■ | | | | | | | | | ■ | ■ | | | | | | | ■ | | | | | | | | | | ■ | | 环戊烷 |
| 10 | 二氯乙烷 | | | | | | | | | | | | | | | | | | | | | | | | | | | | | | ■ | | 二氯乙烷 |
| 11 | 二氯甲烷 | | | | | | | | | | | | | | | | | | | | | | | | | | | | | | ■ | | 二氯甲烷 |
| 12 | 二甲基甲酰胺 | | | | | | | | ■ | ■ | | | | | | | | | ■ | ■ | | | ■ | ■ | | ■ | | | | | | ■ | 二甲基甲酰胺 |
| 13 | 二甲基亚砜 | | | | | | | | ■ | ■ | | | | | | | | ■ | ■ | ■ | | | ■ | ■ | | ■ | | | | | | ■ | 二甲基亚砜 |
| 14 | 二氧六环 | | | | | | | | | | | | | | | | | | | | | | | | | | | | | | | | 二氧六环 |
| 15 | 乙酸乙酯 | | | | | | | | | | | | | | | | | | | | | | | | | | | | | | ■ | | 乙酸乙酯 |
| 16 | 乙醇 | | | | | | | | | | | | | | | | | | | | | | | | | | | | | | | | 乙醇 |
| 17 | 乙醚 | | | | | | | | | | | | | ■ | | | | | | | | | | | | | | | | | ■ | | 乙醚 |
| 18 | 正庚烷 | | | ■ | | | | | | | | | ■ | ■ | | | | | | | ■ | | | | | | | | | | ■ | | 正庚烷 |
| 19 | 正己烷 | | | ■ | | | | | | | | | ■ | ■ | | | | | | | ■ | | | | | | | | | | ■ | | 正己烷 |
| 20 | 甲醇 | | | | | | | | ■ | ■ | | | | | | | | | ■ | ■ | | | ■ | ■ | | | | | | | | | 甲醇 |
| 21 | 甲乙酮 | | | | | | | | | | | | | | | | | | | | | | | | | | | | | | ■ | | 甲乙酮 |
| 22 | 异辛烷 | | | ■ | | | | | | | | | ■ | ■ | | | | | | | ■ | | | | | | | | | | ■ | | 异辛烷 |
| 23 | 戊烷 | | | ■ | | | | | | | | | ■ | ■ | | | | | | | ■ | | | | | | | | | | ■ | | 戊烷 |
| 24 | 异丙醇 | | | | | | | | | | | | | | | | | | | | | | | | | | | | | | | | 异丙醇 |
| 25 | 二丙醚 | | | | | | | | | | | | ■ | ■ | | | | | | | | | | | | | | | | | ■ | | 二丙醚 |
| 26 | 四氯乙烷 | | | | | | | | | | | | | | | | | | | | | | | | | | | | | | ■ | | 四氯乙烷 |
| 27 | 四氢呋喃 | | | | | | | | | | | | | | | | | | | | | | | | | | | | | | | | 四氢呋喃 |
| 28 | 甲苯 | | | | | | | | | | | | | | | | | | | | | | | | | | | | | | ■ | | 甲苯 |
| 29 | 三氯乙烷 | | | | | | | | | | | | | | | | | | | | | | | | | | | | | | ■ | | 三氯乙烷 |
| 30 | 水 | | | | ■ | ■ | ■ | ■ | ■ | ■ | ■ | ■ | | | | ■ | | ■ | ■ | ■ | | ■ | ■ | ■ | | ■ | ■ | | ■ | ■ | | ■ | 水 |
| 31 | 二甲苯 | | | | | | | | | | | | ■ | ■ | | | | | | | | | | | | | | | | | ■ | | 二甲苯 |

■ 不互溶　□ 可互溶

## 2.7.6 常用溶剂

#### 2.7.6.1 乙醇（ethyl alcohol，ethanol）

（1）理化性质　分子式：$C_2H_6O$；相对分子质量：46.07；结构式：$CH_3CH_2OH$；外观与性状：无色液体，有酒香；熔点：－114.1℃；沸点：78.3℃；相对密度（水＝1）：0.79；相对密度（空气＝1）：1.59；溶解性：与水混溶，可混溶于醚、氯仿、甘油等多数有机溶剂；禁忌物：强氧化剂、酸类、酸酐、碱金属、胺类。

（2）健康危害　侵入途径：吸入、食入、经皮吸收。健康危害如下。为中枢神经系统抑制剂，首先引起兴奋，然后抑制；急性中毒：多发生于口服。一般可分为兴奋、催眠、麻醉、窒息四个阶段。患者进入第三阶段或第四阶段，出现意识丧失、瞳孔扩大、呼吸不规律、休克、心力循环衰竭及呼吸停止。慢性影响：长期接触高浓度本品可引起鼻、眼、黏膜刺激症状，以及头痛、头晕、疲乏、易激动、震颤、恶心等。长期酗酒可引起多发性神经病、慢性胃炎、脂肪肝、肝硬化、心肌损害及器质性精神病等。皮肤长期接触可引起干燥、脱屑、皲裂和皮炎。

(3) 急救措施　皮肤接触：脱去被污染的衣物，用流动的清水冲洗。眼睛接触：提起眼睑，用流动清水或生理盐水冲洗。吸入：迅速脱离现场至空气新鲜处，就医。食入：饮足量温水，催吐，就医。

(4) 防护措施　呼吸系统防护：一般不需防护，高浓度接触时可佩戴过滤式防毒面具(半面罩)。眼睛防护：一般不需防护。身体防护：穿防静电工作服。手防护：戴一般作业防护手套。

(5) 危险类别　燃烧性：易燃；闪点：12℃；引燃温度：363℃；爆炸下限：3.3%；爆炸上限：19.0%。危险特性：易燃，其蒸气与空气可形成爆炸性混合物。遇明火、高热能引起燃烧爆炸。与氧化剂接触发生化学反应或引起燃烧。在火场中，受热的容器有爆炸危险。其蒸气比空气密度大，能在较低处扩散到相当远的地方，遇明火会引着回燃。灭火方法：尽可能将容器从火场移至空旷处，喷水保持火场容器冷却，直至灭火结束。灭火剂：抗溶性泡沫、干粉、二氧化碳、砂土。

(6) 储运注意事项　储藏：存于阴凉、通风仓库内。远离火种、热源。储存温度不宜超过 30℃。防止阳光直射。保持容器密封。应与氧化剂分开存放。

**2.7.6.2　甲醇** (methyl alcohol，methanol)

(1) 理化性质　分子式：$CH_4O$；相对分子质量：32；结构式：$CH_3OH$；外观与性状：无色澄清液体，有刺激性气味；熔点：−97.8℃；沸点：64.8℃；相对密度（水=1）：0.79；相对密度（空气=1）：1.11；溶解性：与水混溶，可混溶于醇、醚等多数有机溶剂；禁忌物：强氧化剂、酸类、酸酐、碱金属。

(2) 健康危害　侵入途径：吸入、食入、经皮吸收。健康危害如下。对中枢神经有麻醉作用；对视神经和视网膜有特殊选择作用，引起病变；可致代谢性酸中毒。急性中毒：短时大量吸入出现轻度眼及上呼吸道刺激症状（口服有胃肠道刺激症状）；经一段时间潜伏期后出现头痛、头晕、乏力、眩晕、酒醉感、意识蒙眬、谵妄，甚至昏迷。视神经和视网膜病变，可有视物模糊、复视等，重者失明。代谢性酸中毒时出现二氧化碳结合力下降、呼吸加速等。慢性影响：神经衰弱综合征、自主神经功能失调、黏膜刺激、视力减退等，皮肤长期出现脱脂、皮炎等。

(3) 急救措施　皮肤接触：脱去被污染的衣物，用肥皂水和清水彻底冲洗皮肤。眼睛接触：提起眼睑，用流动清水或生理盐水冲洗，就医。吸入：迅速脱离现场至空气新鲜处，保持呼吸道通畅，如呼吸困难，给予输氧；如呼吸停止，立即进行人工呼吸，就医。食入：饮足量温水，催吐，用清水或1%硫代硫酸钠溶液洗胃，就医。

(4) 防护措施　呼吸系统防护：呼吸道可能接触其蒸气时可佩戴过滤式防毒面具（半面罩），紧急事态抢救或撤离时建议佩戴空气呼吸器。眼睛防护：戴化学安全防护眼镜。身体防护：穿防静电工作服。手防护：戴橡胶防护手套。

(5) 危险类别　燃烧性：易燃；闪点：11℃；引燃温度：385℃；爆炸下限：5.5%；爆炸上限：44.0%。危险特性：易燃，其蒸气与空气可形成爆炸性混合物。遇明火、高热能引起燃烧爆炸。与氧化剂接触发生化学反应或引起燃烧。在火场中，受热的容器有爆炸危险。其蒸气比空气密度大，能在较低处扩散到相当远的地方，遇明火会引着回燃。灭火方法：尽可能将容器从火场移至空旷处，喷水保持火场容器冷却，直至灭火结束。处在火场中的容器若已变色或从安全泄压中发生声音，必须马上撤离。灭火剂：抗溶性泡沫、干粉、二氧化碳、砂土。

(6) 储运注意事项　储藏：存于阴凉、通风仓库内，远离火种、热源。储存温度不宜超过30℃，防止阳光直射。保持容器密封。应与氧化剂分开存放。搬运要轻装轻卸，防止包装及容器损坏。

**2.7.6.3 乙腈，甲基氰**（acetonitrile，methyl cyanide）

(1) 理化性质　分子式：$C_2H_3N$；相对分子质量：41.05；结构式：$CH_3CN$；外观与性状：无色液体，有刺激性气味；熔点：－45.7℃；沸点：81.1℃；相对密度（水＝1）：0.79；相对密度（空气＝1）：1.42；溶解性：与水混溶，可混溶于醇等多数有机溶剂；禁忌物：强氧化剂、强还原剂、酸类、碱类、碱金属。

(2) 健康危害　侵入途径：吸入、食入、经皮吸收。健康危害如下。急性中毒发病较氢氰酸慢，可有数小时潜伏期。主要症状为衰弱、无力、面色灰白、恶心、呕吐、腹痛、腹泻、胸闷、胸痛；严重者呼吸及循环系统紊乱，呼吸浅、慢而不规则，血压下降，脉搏细而慢，体温下降，阵发性抽搐，昏迷。可有尿频、蛋白尿等。

(3) 急救措施　皮肤接触：脱去被污染的衣物，用肥皂水和清水彻底冲洗皮肤。眼睛接触：提起眼睑，用流动清水或生理盐水冲洗，就医。吸入：迅速脱离现场至空气新鲜处，保持呼吸道通畅，如呼吸困难，给予输氧；如呼吸停止，立即进行人工呼吸，就医。食入：饮足量温水，催吐，用1∶5000高锰酸钾或5%硫代硫酸钠溶液洗胃，就医。

(4) 防护措施　呼吸系统防护：呼吸道可能接触时必须佩戴过滤式防毒面具（全面罩），自给式呼吸器或通风式呼吸器，紧急事态抢救或撤离时建议佩戴空气呼吸器。眼睛防护：在进行呼吸系统防护时已做防护。身体防护：穿胶布防毒衣。手防护：戴橡胶防护手套。

(5) 危险类别　燃烧性：易燃；闪点：2℃；引燃温度：524℃；爆炸下限：3.0%；爆炸上限：16.0%。危险特性：易燃，其蒸气与空气可形成爆炸性混合物。遇明火、高热或与氧化剂接触，有引起燃烧爆炸的危险。与氧化剂能发生强烈反应。燃烧时有发光火焰。与硫酸、发烟硫酸、氯磺酸、过氯酸盐等反应剧烈。灭火方法：喷水冷却容器，可能的话将容器从火场移至空旷处。灭火剂：抗溶性泡沫、干粉、二氧化碳、砂土。用水灭火无效。

(6) 储运注意事项　储藏：存于阴凉、通风仓库内。远离火种、热源。储存温度不宜超过30℃。防止阳光直射。要注意包装完整，防止渗透引起中毒。应与氧化剂、酸类分开存放。

**2.7.6.4 乙酸乙酯，醋酸乙酯**（ethyl acetate，acetic ester）

(1) 理化性质　分子式：$C_4H_8O_2$；相对分子质量：88.10；结构式：$CH_3COOCH_2CH_3$；外观与性状：无色澄清液体，有芳香气味，易挥发；熔点：－83.6℃；沸点：77.2℃；相对密度（水＝1）：0.90；相对密度（空气＝1）：3.04；溶解性：微溶于水，可混溶于醇、酮、醚、氯仿等多数有机溶剂；禁忌物：强氧化剂、酸类、碱类。

(2) 健康危害　侵入途径：吸入、食入、经皮吸收。健康危害如下。对眼、鼻、咽喉有刺激作用。高浓度吸入可产生进行性麻醉作用，急性肺水肿，肝、肾损害。持续大量吸入，可致呼吸麻痹。误服者可产生恶心、呕吐、腹痛、腹泻等。有致敏作用，因血管神经障碍而致牙龈出血；可致湿疹样皮炎；慢性影响：长期接触本品有时可致角膜混浊、继发性贫血、白细胞增多等。

(3) 急救措施 皮肤接触：脱去被污染的衣物，用肥皂水和清水彻底冲洗皮肤。眼睛接触：提起眼睑，用流动清水或生理盐水冲洗，就医。吸入：迅速脱离现场至空气新鲜处，保持呼吸道通畅，如呼吸困难，给予输氧；如呼吸停止，立即进行人工呼吸，就医。食入：饮足量温水，催吐，就医。

(4) 防护措施 呼吸系统防护：可能接触其蒸气时可佩戴自吸过滤式防毒面具（半面罩），紧急事态抢救或撤离时建议佩戴空气呼吸器。眼睛防护：戴化学安全防护眼镜。身体防护：穿防静电工作服。手防护：戴乳胶手套。

(5) 危险类别 燃烧性：易燃；闪点：－4℃；引燃温度：426℃；爆炸下限：2.0%；爆炸上限：11.5%。危险特性：易燃，其蒸气与空气可形成爆炸性混合物。遇明火、高热能引起燃烧爆炸。与氧化剂接触会猛烈反应。其蒸气比空气密度大，能在较低处扩散到相当远的地方，遇明火会引着回燃。灭火剂：抗溶性泡沫、干粉、二氧化碳、砂土。用水灭火无效，但可用水保持火场中容器冷却。

(6) 储运注意事项 储藏：存于阴凉、通风仓库内。远离火种、热源。储存温度不宜超过30℃。防止阳光直射。保持容器密封。应与氧化剂分开存放。搬运要轻装轻卸，防止包装及容器损坏。

**2.7.6.5 二氯甲烷**（dichloromethane）

(1) 理化性质 分子式：$CH_2Cl_2$；相对分子质量：84.94；结构式：$H_2CCl_2$；外观与性状：无色透明液体，有芳香气味；熔点：－96.7℃；沸点：39.8℃；相对密度（水＝1）：1.33；相对密度（空气＝1）：2.93；溶解性：微溶于水，溶于乙醇、乙醚；禁忌物：碱金属、铝。

(2) 健康危害 侵入途径：吸入、食入、经皮吸收。健康危害如下。本品有麻醉作用，主要损害中枢神经和呼吸系统；急性中毒：轻者可有眩晕、头痛、呕吐以及眼和上呼吸道黏膜刺激症状；较重者则出现易激动、步态不稳、共济失调、嗜睡，可引起化学性支气管炎。重者昏迷，可有肺水肿。血中碳氧血红蛋白含量增高。慢性影响：长期接触主要有头痛、乏力、眩晕、食欲减退、动作迟钝、嗜睡等。对皮肤有脱脂作用，引起干燥、脱屑和皲裂（皮肤因寒冷干燥而开裂）等。

(3) 急救措施 皮肤接触：脱去被污染的衣物，用肥皂水和清水彻底冲洗皮肤。眼睛接触：提起眼睑，用流动清水或生理盐水冲洗，就医。吸入：迅速脱离现场至空气新鲜处，保持呼吸道通畅，如呼吸困难，给予输氧；如呼吸停止，立即进行人工呼吸，就医。食入：饮足量温水，催吐，就医。

(4) 防护措施 呼吸系统防护：可能接触其蒸气时可佩戴直接式防毒面具（半面罩），紧急事态抢救或撤离时建议佩戴空气呼吸器。眼睛防护：必要时戴化学安全防护眼镜。身体防护：穿防静电工作服。手防护：戴防化学品防护手套。

(5) 危险类别 燃烧性：可燃；引燃温度：615℃；爆炸下限：12%；爆炸上限：19%；危险特性：与明火或灼热的物体接触时能产生剧毒的光气。遇潮湿空气能水解生成微量的氯化氢，光照亦能促进水解进而使对金属的腐蚀性增强。灭火方法：消防人员需佩戴防毒面具、穿全身消防服；喷水冷却容器，可能的话将容器从火场移至空旷处。灭火剂：雾状水、泡沫、二氧化碳、砂土。

(6) 储运注意事项 储藏：存于阴凉、通风仓库内。远离火种、热源，防止阳光曝晒。保持容器密封。应与氧化剂、酸类分开存放，不可混储。搬运要轻装轻卸，防止包装及容器损坏。

**2.7.6.6 丙酮、阿西通**（acetone）

(1) 理化性质、分子式：$C_3H_6O$；相对分子质量：58.08；结构式：$H_3CCOCH_3$；外观与性状：无色透明易流动液体，有芳香气味，极易挥发；熔点：−94.6℃；沸点：56.5℃；相对密度（水=1)：0.80；相对密度（空气=1)：2.00；溶解性：与水混溶，可混溶于乙醇、乙醚、氯仿、油类、烃类等多数有机溶剂；禁忌物：碱、强氧化剂、强还原剂。

(2) 健康危害 侵入途径：吸入、食入、经皮吸收。健康危害如下。急性中毒主要表现为对中枢神经系统的麻醉作用，出现乏力、恶心、头痛、头晕、易激动。重者发生呕吐、气急、痉挛，甚至昏迷。对眼、鼻、喉有刺激性。口服后，口唇、咽喉有烧灼感，然后出现口干、呕吐、昏迷、酸中毒和酮症。慢性影响：长期接触出现眩晕、烧灼感、咽炎、支气管炎、乏力、易激动等。皮肤长期接触可致皮炎。

(3) 急救措施 皮肤接触：脱去被污染的衣物，用肥皂水和清水彻底冲洗皮肤。眼睛接触：提起眼睑，用流动清水或生理盐水冲洗，就医。吸入：迅速脱离现场至空气新鲜处，保持呼吸道通畅，如呼吸困难，给予输氧；如呼吸停止，立即进行人工呼吸，就医。食入：饮足量温水，催吐，就医。

(4) 防护措施 呼吸系统防护：空气中浓度超标时佩戴过滤式防毒面具（半面罩)。眼睛防护：一般不需要防护，高浓度接触时戴安全防护眼镜。身体防护：穿防静电工作服。手防护：戴橡胶手套。

(5) 危险类别 燃烧性：易燃；闪点：−20℃；引燃温度：465℃；爆炸下限：2.5%；爆炸上限：13.0%。危险特性：易燃，其蒸气与空气可形成爆炸性混合物。遇明火、高热极易燃烧爆炸。与氧化剂能发生剧烈反应。其蒸气比空气密度大，能在较低处扩散到相当远的地方，遇明火会引着回燃。若遇高热，容器内压增大，有开裂和爆炸的危险。灭火方法：尽可能将容器由火场移至空旷处，喷水保持火场容器冷却，直到灭火结束。处在火场中的容器若已变色或从安全泄压装置中产生声音，必须马上撤离。灭火剂：抗溶性泡沫、干粉、二氧化碳、砂土。用水灭火无效。

(6) 储运注意事项 储藏：存于阴凉、通风仓库内。远离火种、热源。储存温度不宜超过30℃。防止阳光直射，保持容器密封，应与氧化剂分开存放。搬运要轻装轻卸，防止包装及容器损坏。

**2.7.6.7 正己烷、己烷**（*n*-hexane，hexyl hydride）

(1) 理化性质 分子式：$C_6H_{14}$；相对分子质量：86.17；结构式：$H_3C(CH_2)_4CH_3$；外观与性状：无色液体，有微弱的特殊气味。熔点：−95.6℃；沸点：68.7℃；相对密度（水=1)：0.66；相对密度（空气=1)：2.97；溶解性：不溶于水，可溶于乙醇、乙醚等多数有机溶剂；禁忌物：强氧化剂。

(2) 健康危害 侵入途径：吸入、食入、经皮吸收。健康危害如下。本品有麻醉和刺激作用，长期接触可致周围神经炎。急性中毒：吸入高浓度本品出现恶心、头痛、头晕、共济失调等，重者引起神志丧失甚至死亡。对眼和上呼吸道有刺激作用。慢性影响：长期接触出现头痛、头晕、乏力、胃纳减退，其后四肢远端逐渐发展为感觉异常，麻木，触、痛、震动和位置等感觉减退，尤以下肢为甚，上肢较少受累。进一步发展为下肢无力、肌肉疼痛、肌肉畏缩及运动障碍。神经-肌电图检查显示感觉神经及运动神经传导速度减慢。

(3) 急救措施 皮肤接触：脱去被污染的衣物，用肥皂水和清水彻底冲洗皮肤。眼睛接触：提起眼睑，用流动清水或生理盐水冲洗，就医。吸入：迅速脱离现场至空气新鲜处，保持呼吸道通畅，如呼吸困难，给予输氧；如呼吸停止，立即进行人工呼吸，就医。食入：饮足量温水，催吐，就医。

(4) 防护措施 呼吸系统防护：空气中浓度超标时佩戴自吸过滤式防毒面具（半面罩）。眼睛防护：必要时戴化学安全防护眼镜。身体防护：穿防静电工作服。手防护：戴防护手套。

(5) 危险类别 燃烧性：易燃；闪点：−25.5℃；引燃温度：244℃；爆炸下限：1.2%；爆炸上限：6.9%。危险特性：极易燃，其蒸气与空气可形成爆炸性混合物，遇明火、高热极易燃烧爆炸。与氧化剂接触发生强烈反应，甚至引起燃烧。在火场中，受热的容器有爆炸危险。其蒸气比空气密度大，能在较低处扩散到相当远的地方，遇明火会引着回燃。灭火方法：喷水冷却容器，如有可能将容器由火场移至空旷处。处在火场中的容器若已变色或从安全泄压装置中产生声音，必须马上撤离。灭火剂：泡沫、干粉、二氧化碳、砂土。用水灭火无效。

(6) 储运注意事项 储藏：存于阴凉、通风仓库内。远离火种、热源。储存温度不宜超过30℃。防止阳光直射，保持容器密封，应与氧化剂分开存放。搬运要轻装轻卸，防止包装及容器损坏。

**2.7.6.8 石油醚、石油精**(petroleum ether)

(1) 理化性质 主要成分：戊烷、己烷；外观与性状：无色透明液体，有煤油气味；熔点：<−73℃；沸点：40～80℃；相对密度（水=1)：0.64～0.66；相对密度（空气=1)：2.50；溶解性：不溶于水，可溶于无水乙醇、苯、氯仿、油类等多数有机溶剂；禁忌物：强氧化剂。

(2) 健康危害 侵入途径：吸入、食入。健康危害如下。其蒸气或雾对眼睛、黏膜和呼吸道有刺激性。中毒表现可有烧灼感、咳嗽、喘息、喉炎、气短、头痛、恶心和呕吐。本品可引起周围神经炎。对皮肤有强烈刺激性。

(3) 急救措施 皮肤接触：脱去被污染的衣物，用肥皂水和清水彻底冲洗皮肤，就医。眼睛接触：提起眼睑，用流动清水或生理盐水彻底冲洗至少15min，就医。吸入：迅速脱离现场至空气新鲜处，保持呼吸道通畅。如呼吸困难，给予输氧；如呼吸停止，立即进行人工呼吸，就医。食入：误服者用水漱口，饮牛奶或蛋清，就医。

(4) 防护措施 呼吸系统防护：空气中浓度超标时佩戴过滤式防毒面具（半面罩）。眼睛防护：戴化学安全防护眼镜。身体防护：穿防静电工作服。手防护：戴乳胶手套。

(5) 危险类别 燃烧性：易燃；闪点：<−20℃；引燃温度：280℃；爆炸下限：1.1%；爆炸上限：8.7%。危险特性：其蒸气与空气可形成爆炸性混合物。遇明火、高热能引起燃烧爆炸，燃烧时产生大量烟雾。与氧化剂能发生强烈反应。高速冲击、流动、激荡后可因产生静电火花放电引起燃烧爆炸。其蒸气比空气密度大，能在较低处扩散到相当远的地方，遇明火会引着回燃。灭火方法：喷水冷却容器，如有可能将容器由火场移至空旷处。处在火场中的容器若已变色或从安全泄压装置中产生声音，必须马上撤离。灭火剂：泡沫、干粉、二氧化碳、砂土。用水灭火无效。

(6) 储运注意事项 储藏：存于阴凉、通风仓库内。远离火种、热源。储存温度不宜超过30℃。防止阳光直射。应与氧化剂、酸类分开存放。搬运要轻装轻卸，防止包装及容器损坏。

**2.7.6.9 苯**（benzene）

（1）理化性质　分子式：$C_6H_6$；相对分子质量：78.11；结构式：（苯环）；外观与性状：无色透明液体，有强烈芳香气味；熔点：5.5℃；沸点：80.1℃；相对密度（水=1）：0.88；相对密度（空气=1）：2.77；溶解性：不溶于水，可溶于醇、醚、丙酮等多数有机溶剂；禁忌物：强氧化剂。

（2）健康危害　侵入途径：吸入、食入、经皮吸收。健康危害如下。高浓度苯对中枢神经系统有麻醉作用，引起急性中毒；长期接触苯对造血系统有损害，引起慢性中毒。急性中毒：轻者有恶心、头痛、头晕、呕吐、轻度兴奋、步态蹒跚等酒醉状态等；严重者发生昏迷、抽搐、血压下降，以致呼吸和循环衰竭。慢性影响：主要表现有神经衰弱综合征；造血系统改变，白细胞、血小板减少，重者出现障碍性贫血，少数病例在慢性中毒后可发生白血病（以急性粒细胞性白血病为多见）。皮肤损害有脱脂、干燥、皲裂、皮炎。可致月经量增多与经期延长。

（3）急救措施　皮肤接触：脱去被污染的衣物，用肥皂水和清水彻底冲洗皮肤。眼睛接触：提起眼睑，用流动清水或生理盐水冲洗，就医。吸入：迅速脱离现场至空气新鲜处，保持呼吸道通畅，如呼吸困难，给予输氧；如呼吸停止，立即进行人工呼吸，就医。食入。饮足量温水，催吐，就医。

（4）防护措施　呼吸系统防护：空气中浓度超标时佩戴自吸过滤式防毒面具（半面罩），紧急事态抢救或撤离时建议佩戴空气呼吸器或氧气呼吸器。眼睛防护：戴化学安全防护眼镜。身体防护：穿防毒物渗透工作服。手防护：戴橡胶手套。

（5）危险类别　燃烧性：易燃；闪点：−11℃；引燃温度：560℃；爆炸下限：1.2%；爆炸上限：8.0%。危险特性：易燃，其蒸气与空气可形成爆炸性混合物。遇明火、高热极易燃烧爆炸。与氧化剂能发生强烈反应。易产生和聚集静电，有燃烧爆炸危险。其蒸气比空气密度大，能在较低处扩散到相当远的地方，遇明火会引着回燃。灭火方法：喷水冷却容器，如有可能将容器由火场移至空旷处。处在火场中的容器若已变色或从安全泄压装置中产生声音，必须马上撤离。灭火剂：泡沫、干粉、二氧化碳、砂土。用水灭火无效。

（6）储运注意事项　储藏：存于阴凉、通风仓库内。远离火种、热源。储存温度不宜超过30℃。防止阳光直射。应与氧化剂分开存放；搬运要轻装轻卸，防止包装及容器损坏。

**2.7.6.10 甲苯**（methylbenzene，toluene）

（1）理化性质　分子式：$C_7H_8$；相对分子质量：92.14；结构式：（苯环）—$CH_3$；外观与性状：无色透明液体，有类似苯的芳香气味；熔点：−94.9℃；沸点：110.6℃；相对密度（水=1）：0.87；相对密度（空气=1）：3.14；溶解性：不溶于水，可溶于苯、醇、醚等多数有机溶剂；禁忌物：强氧化剂。

（2）健康危害　侵入途径：吸入、食入、经皮吸收。健康危害如下。对皮肤、黏膜有刺激性，对中枢神经系统有麻醉作用。急性中毒：短时间内吸入较高浓度本品可出现眼及上呼吸道明显的刺激症状，眼结膜及咽部充血，头晕、头痛、恶心、呕吐、胸闷、四肢无力、步态蹒跚、意识模糊。重症者可有躁动、抽搐、昏迷。慢性影响：长期接触可发生神经衰弱综合征、肝肿大、女工月经异常等，皮肤干燥、皲裂、皮炎。

（3）急救措施 皮肤接触：脱去被污染的衣物，用肥皂水和清水彻底冲洗皮肤。眼睛接触：提起眼睑，用流动清水或生理盐水冲洗，就医。吸入：迅速脱离现场至空气新鲜处，保持呼吸道通畅，如呼吸困难，给予输氧；如呼吸停止，立即进行人工呼吸，就医。食入：饮足量温水，催吐，就医。

（4）防护措施 呼吸系统防护：空气中浓度超标时佩戴自吸过滤式防毒面具（半面罩），紧急事态抢救或撤离时建议佩戴空气呼吸器或氧气呼吸器。眼睛防护：戴化学安全防护眼镜。身体防护：穿防毒物渗透工作服。手防护：戴乳胶手套。

（5）危险类别 燃烧性：易燃；闪点：4℃；引燃温度：535℃；爆炸下限：1.2%；爆炸上限：7.0%。危险特性：易燃，其蒸气与空气可形成爆炸性混合物。遇明火、高热极易燃烧爆炸。与氧化剂能发生强烈反应。流速过快，易产生和聚集静电。其蒸气比空气密度大，能在较低处扩散到相当远的地方，遇明火会引着回燃。灭火方法：喷水冷却容器，如有可能将容器由火场移至空旷处。处在火场中的容器若已变色或从安全泄压装置中产生声音，必须马上撤离。灭火剂：泡沫、干粉、二氧化碳、砂土。用水灭火无效。

（6）储运注意事项 储藏：存于阴凉、通风仓库内。远离火种、热源。储存温度不宜超过30℃。防止阳光直射，应与氧化剂分开存放。搬运要轻装轻卸，防止包装及容器损坏。

**2.7.6.11** 乙醚（ethyl ether）

（1）理化性质 分子式：$C_4H_{10}O$；相对分子质量：74.12；结构式：$CH_3CH_2OCH_2CH_3$；外观与性状：无色透明液体，有芳香气味，极易挥发；熔点：－116.2℃；沸点：34.6℃；相对密度（水＝1）：0.71；相对密度（空气＝1）：2.56；溶解性：微溶于水，溶于乙醇、苯、氯仿等多数有机溶剂；禁忌物：强氧化剂、氧、氯、过氯酸。

（2）健康危害 侵入途径：吸入、食入、经皮吸收。健康危害如下。本品的主要作用为全身麻醉。急性大量接触，早期出现兴奋，继而嗜睡、呕吐、面色苍白、脉缓、体温下降和呼吸不规则，且有生命危险。急性接触后期有头痛、易激动或抑郁、流涎、呕吐、食欲下降和多汗等。液体的高浓度蒸气对眼睛有刺激作用。慢性影响：长期低浓度吸入，有头痛、头晕、疲倦、嗜睡、蛋白尿、红细胞增多症。长期皮肤接触，可发生皮肤干燥、皲裂。

（3）急救措施 皮肤接触：脱去被污染的衣物，用肥皂水和清水彻底冲洗皮肤。眼睛接触：提起眼睑，用流动清水或生理盐水冲洗，就医。吸入：迅速脱离现场至空气新鲜处，保持呼吸道通畅，如呼吸困难，给予输氧；如呼吸停止，立即进行人工呼吸，就医。食入：饮足量温水，催吐，就医。

（4）防护措施 呼吸系统防护：空气中浓度超标时佩戴自吸过滤式防毒面具（半面罩）。眼睛防护：必要时戴化学安全防护眼镜。身体防护：穿防静电工作服。手防护：戴橡胶手套。

（5）危险类别 燃烧性：易燃；闪点：－45℃；引燃温度：160℃；爆炸下限：1.9%；爆炸上限：36.0%。危险特性：易燃，其蒸气与空气可形成爆炸性混合物。遇明火、高热极易燃烧爆炸。与氧化剂能发生强烈反应。在空气中久置后能生成具有爆炸性的过氧化物。火场中，受热的容器有爆炸危险。其蒸气比空气密度大，能在较低处扩散到相当远的地方，遇明火会引着回燃。灭火方法：尽可能将容器由火场移至空旷处。喷水保持火场容器冷却，直至灭火结束。处在火场中的容器若已变色或从安全泄压装置中产生声音，必须马上撤离。灭火剂：抗溶性泡沫、干粉、二氧化碳、砂土。用水灭火无效。

（6）储运注意事项 储藏：存于阴凉、通风仓库内。远离火种、热源。储存温度不宜超过28℃。防止阳光直射。包装要求密封，不可与空气接触。不宜大量或久存。应与氧化剂、氟、氯等分开存放。搬运要轻装轻卸，防止包装及容器损坏。

**2.7.6.12 氯仿，三氯甲烷**（trichloromethane，chloroform）

（1）理化性质　分子式：$CHCl_3$；相对分子质量：119.39；结构式：$HCCl_3$；外观与性状：无色透明重质液体，极易挥发，有特殊气味；熔点：－63.5℃；沸点：61.3℃；相对密度（水＝1）：1.50；相对密度（空气＝1）：4.12；溶解性：不溶于水，溶于醇、醚、苯；禁忌物：碱类、铝。

（2）健康危害　侵入途径：吸入、食入、经皮吸收。健康危害如下。主要作用于中枢神经和呼吸系统，具有麻醉作用，对心、肝、肾有损害。急性中毒：吸入或经皮肤吸收引起急性中毒。初期有头痛、头晕、恶心、呕吐、兴奋、皮肤湿热和黏膜刺激症状，而后呈现精神紊乱、呼吸表浅、反射消失、昏迷等，重者发生呼吸麻痹、心室纤维性颤动。同时可伴有肝、肾损害。误服中毒时，胃有烧灼感，伴恶心、呕吐、腹痛、腹泻。以后出现麻醉症状。液态可致皮炎、湿疹，甚至皮肤灼伤。慢性影响：主要引起肝脏损害，并有消化不良、乏力、头痛、失眠等症状，少数有肾损害及嗜氯仿癖。

（3）急救措施　皮肤接触：脱去被污染的衣物，用大量流动清水冲洗皮肤，至少15min，就医。眼睛接触：提起眼睑，用大量流动清水或生理盐水彻底冲洗至少15min，就医。吸入：迅速脱离现场至空气新鲜处，保持呼吸道通畅，如呼吸困难，给予输氧；如呼吸停止，立即进行人工呼吸，就医。食入：饮足量温水，催吐，就医。

（4）防护措施　呼吸系统防护：可能接触其蒸气时可佩戴直接式防毒面具（半面罩），紧急事态抢救或撤离时建议佩戴空气呼吸器。眼睛防护：戴化学安全防护眼镜。身体防护：穿防毒物渗透工作服。手防护：戴防护手套。

（5）危险类别　燃烧性：不燃。危险特性：遇明火或灼热的物体接触时能产生剧毒的光气。在空气、水分和光的作用下，酸度增加，因而对金属有强烈的腐蚀性。灭火方法：消防人员需佩戴过滤式防毒面具（全面罩）或隔离式呼吸器、穿全身防火防毒服，在上风处灭火。灭火剂：雾状水、二氧化碳、砂土。

（6）储运注意事项　储藏：存于阴凉、通风仓库内。远离火种、热源。避免光照。保持容器密封。应与氧化剂、食用化学品分开存放，不可混储。搬运要轻装轻卸，防止包装及容器损坏。

**2.7.6.13 四氯化碳**（carbon tetrachloride，tetrachloromethane）

（1）理化性质　分子式：$CCl_4$；相对分子质量：153.84；结构式：$CCl_4$；外观与性状：无色有特臭的透明液体，极易挥发；熔点：－22.6℃；沸点：76.8℃；相对密度（水＝1）：1.60；相对密度（空气＝1）：5.3；溶解性：微溶于水，易溶于多数有机溶剂；禁忌物：强氧化剂、活性金属粉末。

（2）健康危害 侵入途径：吸入、食入、经皮吸收。健康危害如下。高浓度本品蒸气对黏膜有轻度刺激作用，对中枢神经有麻醉作用，对肝、肾有严重损害。急性中毒：吸入较高浓度本品蒸气，最初出现眼及上呼吸道刺激症状，随后可出现中枢神经系统抑制和胃肠道症状。较严重病例数小时和数天后出现中毒性肝肾损伤。重者甚至发生肝坏死、肝昏迷或急性肾功能衰竭。吸入极高浓度可迅速出现昏迷、抽搐，可因室颤和呼吸中枢麻痹而猝死。口服中毒肝肾损害明显。少数病例发生周围神经炎、球后视神经炎。皮肤直接接触可致损害。慢性影响：神经衰弱综合征、肝肾损害、皮炎。

（3）急救措施　皮肤接触：脱去被污染的衣物，用肥皂水或清水彻底冲洗皮肤，就医。眼睛接触：提起眼睑，用流动清水或生理盐水冲洗，就医。吸入：迅速脱离现场至空气新鲜处，保持呼吸道通畅，如呼吸困难，给予输氧；如呼吸停止，立即进行人工呼吸，就医。食入：饮足量温水，催吐，洗胃，就医。

（4）防护措施　呼吸系统防护：可能接触其蒸气时可佩戴直接式防毒面具（半面罩），紧急事态抢救或撤离时建议佩戴空气呼吸器。眼睛防护：戴安全护目镜。身体防护：穿防毒物渗透工作服。手防护：戴防化学品手套。

（5）危险类别　燃烧性：不燃。危险特性：不会燃烧，但遇明火或高温易产生剧毒的光气和氯化氢烟雾。在潮湿的空气中逐渐分解成光气和氯化氢。灭火方法：消防人员需佩戴过滤式防毒面具（全面罩）或隔离式呼吸器、穿全身防火防毒服，在上风处灭火。灭火剂：雾状水、二氧化碳、砂土。

（6）储运注意事项　储藏：存于阴凉、通风仓库内。远离火种、热源。避免光照。保持容器密封。应与食用化学品、金属粉末等分开存放，不可混储。搬运要轻装轻卸，防止包装及容器损坏。

# 第3章 有机化合物的分离和提纯

经过任一反应所合成的有机化合物，一般总是与许多其他物质（其中包括进行反应的原料、副产物、溶剂等）共存于反应中，因此在有机药物的制备中，常常需要从复杂的混合物中分离出所需要的物质，随着有机合成技术的发展，分离提纯的技术将越发显示出它的重要性。对于药物合成工作者来说，具有熟练的分离和提纯的操作技术是必需的。

## 3.1 重结晶

重结晶是提纯固体有机化合物常用的方法之一。

固体有机化合物在任一溶剂中的溶解度，大多随温度的升高而增加，所以将一个有机化合物在某溶剂中，在较高温度时制成饱和溶液，再使其冷却到室温或降至室温以下，即有一部分成结晶析出。利用溶剂与被提纯物质和杂质的溶解度不同，让杂质全部或大部分留在溶液中从而达到提纯目的。显然选择合适的溶剂对于重结晶是非常重要的。

### 3.1.1 溶剂的选择

被提纯的化合物，在不同溶剂中的溶解度与化合物本身性质和溶剂性质有关，通常是极性化合物易溶于极性溶剂，反之，非极性化合物则易溶于非极性溶剂。借助资料、手册也可以了解已知化合物在某种溶剂中的溶解度。但最主要的是通过实验方法进行选择。

所选溶剂必须具备的条件如下。

① 不与被提纯化合物发生化学反应。

② 温度高时，化合物在溶剂中溶解度大，在室温或低温下溶解度很小，而杂质的溶解度应该非常大或非常小（这样可使杂质留在母液中，不随提纯物析出或使杂质在热滤时滤出）。

③ 溶剂沸点较低，易挥发，易与被提纯物分离除去。

④ 价格便宜、毒性小，回收容易，操作安全。

具体方法是：取约 0.15g（或更少）的待重结晶的样品，放入一小试管中，滴入约 1mL（或更少）某种溶剂，振荡下，观察是否溶解。若很快全溶，表明此溶剂不宜作重结晶的溶剂，若不溶加热后观察是否全溶，如仍不溶，可小心加热分批加入溶剂至3～4mL，若沸腾下仍不溶解，说明此溶剂也不适用。反之，如能使样品溶在1～4mL沸腾的溶剂中，室温下或冷却后能自行析出较多结晶，则此溶剂适用。这仅仅是一般的方法，实际实验中要同时选择几个溶剂，用同样方法比较收率，选择其中最优者。

### 3.1.2 混合溶剂的选择

有些化合物，在许多溶剂中，不是溶解度太大就是很小，很难选择一种合适的溶剂。这时，可考虑使用混合溶剂。方法是：选用一对能互相溶解的溶剂，样品易溶于其中之一，而难溶或几乎不溶于另一个溶剂之中。先将样品溶于沸腾的易溶溶剂中，滤去不溶杂质或经活性炭脱色，趁热滴入难溶的溶剂，至溶液变混浊，再加热使之变澄清，或逐滴滴入前一易溶溶剂至溶液变澄清，放置冷却，使结晶析出。如冷却后析出油状物，则需调整两溶剂的比例，再进行实验，或另换一对溶剂。有时也可以将两种溶剂按比例预先混合好，再进行重结晶。

常用的混合溶剂有：水-乙醇、水-丙醇、水-乙酸、乙醚-丙酮、乙醇-乙醚-乙酸乙酯、甲醇-水、甲醇-乙醚、甲醇-二氯乙烷、氯仿-醇、石油醚-苯、石油醚-丙酮、氯仿-醚、苯-醇。

注意：当使用苯-乙醇混合溶剂时，是指苯-无水乙醇，因为苯与含水乙醇不能任意混溶，在冷却时会引起溶剂分层。

### 3.1.3 重结晶的操作方法

选好溶剂即可进行较大量产品的重结晶。用水作溶剂时，可在烧杯或锥形瓶中进行重结晶。而用有机溶剂时，则必须用锥形瓶或圆底烧瓶作容器，同时，还必须安装回流冷凝管，防止溶剂挥发造成火灾。特别是乙醚作溶剂时，必须先把水浴加热到一定温度，熄灭加热火源后再开始操作。溶解产品时，保持溶剂在沸腾下，逐渐加入溶剂，使溶剂量刚好将全部产品溶解，此时再使其过量约20%～30%，以免热过滤时因温度的降低和溶剂的挥发，结晶在滤纸上析出而造成损失。但溶剂过量太多，会使结晶析出量太少或根本不能析出，遇此情况，需将过多的溶剂蒸出。

当有较多产品不溶时，先将热溶液倾出或过滤，剩余物中再加溶剂加热溶解，如仍不溶，过滤，滤液单独放置或冷却，观察是否有结晶析出，如加热后慢慢溶解，说明产品需要较长时间的回流后才能全部溶解。

当重结晶的产品带有颜色时，可加入适量的活性炭脱色。活性炭的脱色效果和溶液的极性、杂质的多少有关，活性炭在水溶液及极性有机溶剂中脱色效果较好，而在非极性溶剂中效果则不甚显著。活性炭的用量一般为固体的1%～5%左右，不可过多。若用非极性溶剂时，也可在溶液中加入适量氧化铝，振荡脱色。加活性炭时，应待产品全部溶解后，溶液稍冷再加，切不可趁热加入活性炭，以免暴沸，严重时甚至会有溶液冲出的危险。

(1) 热过滤　热过滤的方法有两种，即常压热过滤和减压热过滤。重结晶溶液是一种热的饱和溶液，常需要进行热过滤。常压热过滤就是用重力过滤的方法除去不溶性杂质（包括活性炭等）。由于溶液为热的饱和溶液，遇冷即会析出结晶，因此需要趁热过滤。而且重结晶所用的漏斗和滤纸须事先用热溶剂润湿温热，或者把仪器放入烘箱预热后使用，有时还需要将漏斗放入铜质热保温套中，在保温情况下过滤。

① 常压热过滤。常用短颈的玻璃漏斗，以免溶液在漏斗下部管颈遇冷而析出结晶，影响过滤（如图 3-1 所示）。为了过滤的快，经常采用扇形折叠滤纸，滤纸的折叠方法如图 3-2 所示，将滤纸对折，然后再对折成四份，将边 2 与边 3 相折得边 4，1 与 3 相折得边 5［见图 3-2(a)］。再将 2、5 对折得边 6，1、4 再对折得边 7［见图 3-2(b)］；依次再将 2、4 相折得边 8，1、5 相折得边 9［见图 3-2(c)］，这时折得的滤纸外形见图 3-2(d)，再将滤纸以反方向在 1 和 9、9 和 5、5 和 7 之间再折一次，做成扇形［见图 3-2(e)］，将图 3-2(e) 打开呈图 3-2(f)，然后再在 1 和 2 处分别以反方向折一次就可以得到一个完好的折叠滤纸。

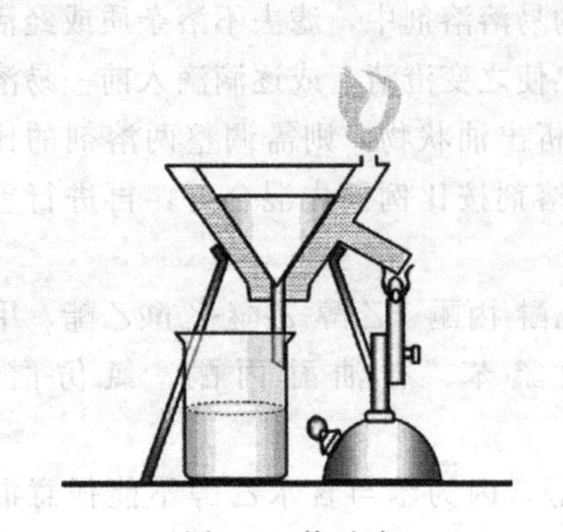

图 3-1　热过滤

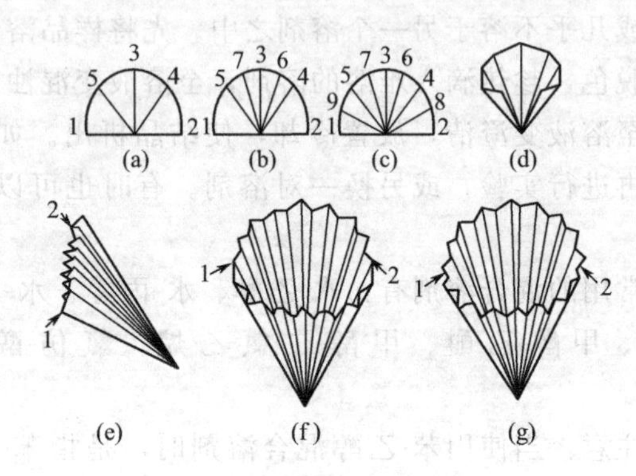


图 3-2　滤纸的折叠方法

注意：折叠时，所有折叠方向要一致。滤纸中央圆心部位不得用力折叠过紧，以免打开过滤时，由于磨损使滤纸牢固度减小而破裂

② 减压热过滤。也叫抽滤，其特点是过滤快，但缺点是遇有沸点较低的溶液时，会因减压而使热溶剂蒸发导致溶液浓度改变，使结晶有过早析出的可能。

减压过滤使用布氏漏斗（见图 3-3）。所用滤纸大小应和布氏漏斗底部恰好合适，然后用水湿润滤纸，使滤纸与漏斗底部贴紧。如果所要抽滤样品需要在无水条件下过滤时，需先用水贴紧滤纸，用无水溶剂洗去纸上水分（例如用乙醇或丙酮洗），确信已将水分除净后再行过滤。减压抽紧滤纸后，迅速将热溶液倒入布氏漏斗中，在过滤过程中漏斗里应一直保持有较多的溶液。在未过滤完以前不要抽干，同时压力不易抽得过低，为防止由于压力低，溶液沸腾而沿抽气管跑掉，可用手稍稍捏住抽气管，使吸滤瓶中仍保持一定的真空度，而能继续迅速过滤。

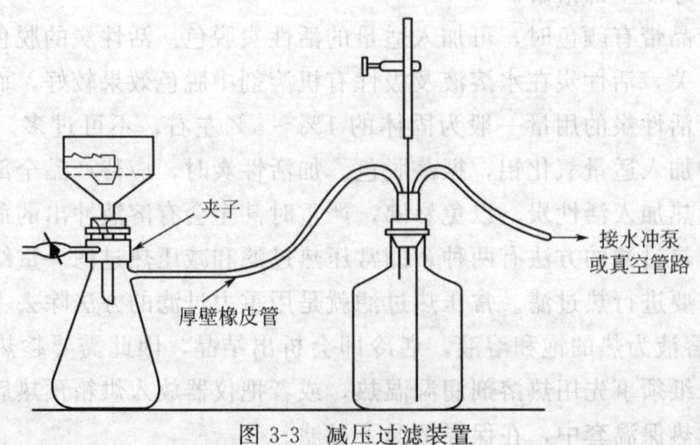


图 3-3　减压过滤装置

（2）结晶的析出　将滤液室温放置冷却，使其慢慢析出结晶。切不要将滤液置于冷水中迅速冷却，因为这样形成的结晶较细，而且容易夹有杂质；但也不要结晶过大（超过 2mm 以上），这往往会在结晶中包藏有溶液，给干燥带来一定困难，同时也会有杂质夹杂在其中，使产品纯度降低。

有时，滤液虽经冷却但仍无结晶析出，对此可用玻璃棒摩擦瓶壁促使晶体形成，一旦有了晶核，结晶即会逐渐析出，也可以取出一点溶液，使溶剂挥发得到结晶，再将该晶体作为晶种加入溶液中，使结晶析出。鉴于上述情况，在重结晶时，可保留极少量的样品，以便结晶析不出时，作为晶种，但应注意晶种不能加多，而且加入后不要搅动溶液，以免很快析出结晶，影响产品纯度。

有时从溶液中不是析出结晶，而是油状物，这时可用玻璃棒摩擦器壁促使其结晶或固化，否则需改换溶剂及其用量，再行结晶。

（3）结晶的过滤和洗涤　将析出结晶的冷溶液和结晶的混合物，用抽滤法分出结晶，瓶中残留的结晶可用少量滤液冲洗数次一并移至布氏漏斗中，把母液尽量抽尽，必要时可用玻璃铲（或镍刮刀）或玻璃塞把结晶压紧，以便抽干结晶吸附的含杂质的母液。然后打开安全瓶活塞停止减压，滴入少量的洗涤液，如果结晶较多而且又用玻璃塞压紧，在加入洗涤液后，可用镍刮刀将结晶轻轻掀起并加以搅动，使全部结晶润湿，然后再抽干以增加洗涤效果。用刮刀将结晶移至干净的表面皿上进行干燥。

（4）结晶的干燥　为了保证产品的纯度，需要把溶剂除去。若产品不吸水，可以在空气中放置，使溶剂自然挥发，不易挥发的溶剂，可根据产品性质（熔点高低、吸水性等），采用红外灯烘干或用真空恒温干燥器干燥，特别是在制备标准样品和分析样品以及产品易吸水时，需将产品放入真空恒温器中干燥。

## 3.2　升华

升华是提纯某些固体化合物的方法之一。升华往往可以得到很纯的化合物。基本原理是利用固体的不同蒸气压，将不纯的物质在其熔点温度以下加热，不经过液态而直接把蒸气变成固态，也就是说只有具有相当高的蒸气压的物质，才可以应用升华来提纯。

物质的固态、液态、气态的三相图如图 3-4 所示。*O* 点为三相点，在三相点 *O* 点以下不存在液态。*OA* 曲线表示固相和气相之间平衡时的温度和压力。因此，升华都是在三相点温度以下进行操作。表 3-1 列出了几种固体物质在其熔点时的蒸气压。

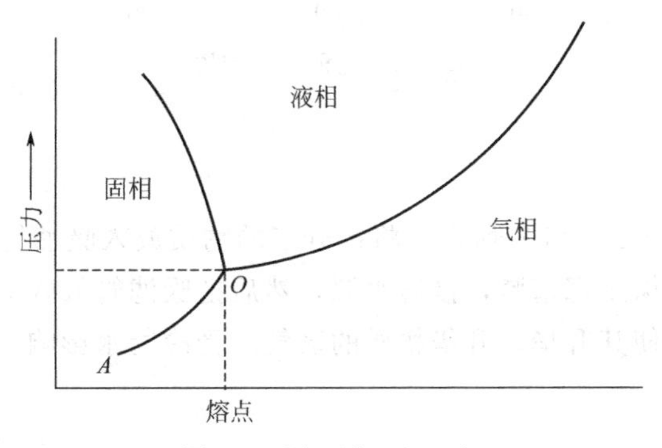


图 3-4　固、液、气三相

表 3-1 固体物质在其熔点时的蒸气压

| 化合物 | 固体在熔点时的蒸气压/mmHg | 熔点/℃ |
|---|---|---|
| 樟脑 | 370 | 179 |
| 碘 | 90 | 114 |
| 萘 | 7 | 80 |
| 苯甲酸 | 6 | 122 |
| 硝基苯甲醛 | 0.009 | 106 |

注：1mmHg=133.322Pa。

例如，樟脑在160℃时的蒸气压为218.8mmHg[1]，也就是说在未达到其熔点（179℃）以前就有很高的蒸气压。这时只要慢慢加热，使温度不要超过其熔点而在熔点以下，樟脑就可以不经过熔化而直接变成蒸气，蒸气遇到冷的表面就凝结成固体，这样的蒸气压可以长时期维持在370mmHg以下，直至樟脑蒸发完为止，这就是樟脑的升华。

当用升华的办法精制固体化合物时，应该满足以下两个必要的条件，即：①被纯制的固体要有较高的蒸气压；②固体中杂质的蒸气压应与被纯制固体的蒸气压有比较明显的差异。

### 3.2.1 常压升华

最简单的常压升华装置是用一蒸发皿在其中放入要升华的物质，蒸发皿口上盖一张穿有密集小孔的滤纸，滤纸上再倒扣一个与蒸发皿口径合适的玻璃漏斗，漏斗的颈部塞一点棉花或玻璃毛以防蒸气逸出。在砂浴上缓缓加热，使温度控制在被提纯物的熔点以下，使其慢慢升华，此时被升华的物质就会黏附在滤纸上，或是黏附在小孔四周甚至于凝结在漏斗壁上。然后将产品用刮刀从滤纸上轻轻刮下，放在干净的表面皿上，即是纯净产品。

在常压下除上述装置外也可以使用图3-5中的（c）、（d）、（e）装置，都可以得到满意的结果。

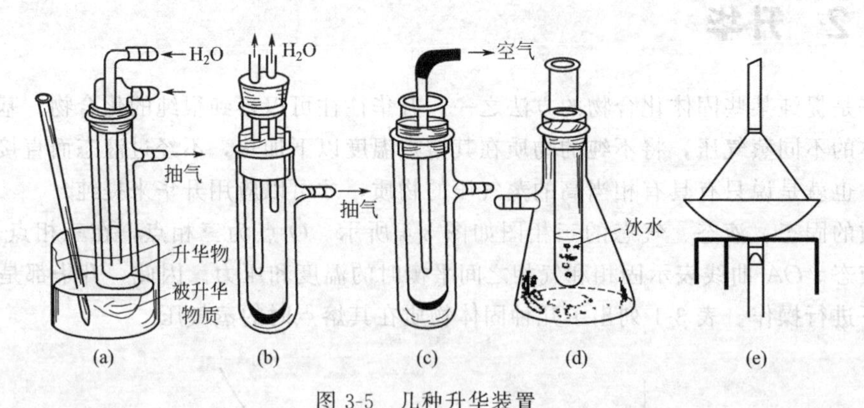


图 3-5 几种升华装置

### 3.2.2 减压升华

装置如图3-5中的（a）、（b）所示，将欲升华的物质放入吸油管底部，然后在吸油管中装一"指形冷凝管"用橡皮塞塞紧，接通水源，然后把吸滤管放入油浴或水浴中，加热，利用水泵或油泵进行抽气使其升华。升华物质的蒸气因受冷凝水影响，会凝结在指形冷凝管的

[1] 1mmHg=133.322Pa，全书余同。

底部。

## 3.3 蒸馏

### 3.3.1 常压蒸馏

把一个液体化合物加热，其蒸气压升高，当与外界大气压相等时，液体沸腾变为蒸气，再通过冷凝使蒸气变为液体的过程叫做蒸馏。蒸馏可以将易挥发组分与非挥发组分分离开来，也可以将沸点不同的液体混合物分开。

当一个非挥发性杂质加入到一个纯液体中时，非挥发性杂质会降低液体的蒸气压。如图3-6所示，曲线1是纯液体的蒸气压与温度的关系，曲线2是含有非挥发性杂质的同一液体的蒸气压与温度的关系。由于杂质的存在，使任一温度的蒸气压都以相同的数值下降，导致液体化合物沸点升高。但在蒸馏时，蒸气的温度与纯液体的沸点一致，因为温度计所指示的是化合物的蒸气与其冷凝液平衡时的温度，而不是沸腾的液体的温度。经过蒸馏可以得到纯粹的液体化合物。从而将非挥发性杂质分离。

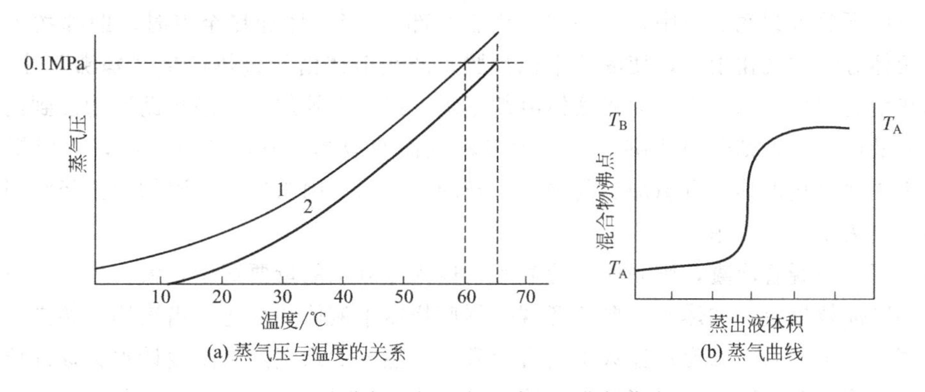


图 3-6 蒸气压与温度的关系及蒸气曲线

对于一个均相液体混合物来说，如果是一个理想溶液（即相同分子间的相互作用与不同分子间的相互作用相同。各组分在混合时无体积变化、也无热效应产生），则其组成与蒸气压之间的关系服从拉乌尔定律：

$$p_A = p_A^* x_A$$

式中，$p_A$ 为组分A的分压；$p_A^*$ 为在相同温度下纯化合物A的蒸气压；$x_A$ 为A在混合液中所占的摩尔分数。

如果组成混合液的各组分都是挥发性的，则总的蒸气压等于每个组分的分压之和（道尔顿定律）：

$$p_{总} = p_A + p_B + p_C + \cdots$$

这种混合溶液的气相组成就含有易挥发的每个组分，显然用简单蒸馏不能得到纯的化合物。但在气相中沸点越低的成分含量越高。对于一个二元混合液（A+B），如果A、B的沸点相差很大（如大于100℃），且体积相近，经过小心蒸馏可以将其较好地分离，得到如图3-6(b) 所示的蒸馏曲线。当温度恒定时，收集到的蒸出液是原来混合物中沸点较低的纯组分，第一个组分被蒸出后，继续加热，蒸气温度将上升，随后第二个组分又以恒定温度被蒸

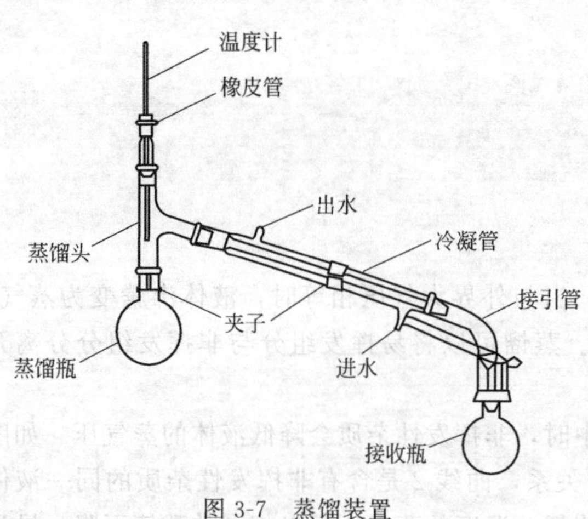


图 3-7　蒸馏装置

出。如果A中所含的B组分很少，且沸点相差30℃以上，也可以将二者较好地分离。当沸点相差不大时，要很好地分离，必须采用分馏的方法。常压蒸馏（简单蒸馏）常用于除去挥发性溶剂，或从离子型化合物或其他非挥发性物质中分离挥发性液体，或分离沸点相差较大的液体混合物。

### 3.3.2　蒸馏操作

将待蒸液体通过玻璃漏斗小心地倒入蒸馏瓶中（注意不要使液体从蒸馏头支管流出），如果是含有干燥剂的液体，则应先用扇形滤纸过滤，然后加入助沸物（沸石等），塞好温度计，并检查仪器接口是否严密。见图 3-7。

助沸物是一些多孔性物质，如素瓷片、沸石，或一端封闭的具有足够长度的毛细管（毛细管开口向下放入圆底烧瓶中，上端位于烧瓶颈部）。当液体加热至沸时，助沸物中的小气泡成为液体分子的气化中心，使液体平稳沸腾，防止液体由于过热产生“暴沸”冲出瓶外。如果加热前忘记放入助沸物，应将液体冷却至沸点以下再补加。切忌将助沸物加到已受热接近沸腾的液体中，否则会由于突然放出大量蒸气而使液体从蒸馏瓶口喷出，造成损失和危险。如果中途停止加热，重新加热前须加入新的助沸物，因为这时助沸物中已经吸附了冷却的液体，失去了助沸作用。

如果用水冷凝管冷凝，则先通入冷凝水。通入冷凝水的量要适中，太大容易造成跑水事故，太小冷凝效果差。加热时，要注意观察圆底烧瓶中液体的变化。当液体开始沸腾时，可以看到蒸气逐渐上升，温度计读数也略有上升，当蒸气的顶端达到温度计水银球部位时，温度计读数急剧上升，这时应适当调小火焰，使加热速度略为减慢，蒸气顶端停留在原处，让水银球上的蒸气和冷凝的液滴达到平衡，然后再稍稍加大火焰，进行蒸馏。在蒸馏过程中应使水银球上总保持有液滴，此时温度计所指示的温度就是该化合物的沸点。如果蒸气过热，水银球上的液滴就会消失，温度计指示的温度高于化合物的沸点，蒸馏速度加快。但蒸馏速度也不能太慢，否则馏出液的蒸气不能完全包围浸润温度计水银球，使其读数偏低或不规则。所以，加热速度的快慢是蒸馏效果好坏的关键，通常以每秒1～2滴为宜。

在达到化合物沸点之前，常有一些低沸点液体蒸出，这部分液体称为“前馏分”或“馏头”。前馏分蒸完，温度计读数上升并趋于稳定，更换接收瓶，记下开始接收该馏分和最后一滴的温度，这就是该馏分的沸程（沸点范围）。一般蒸馏液中或多或少含有一些高沸点杂质，在需要的馏分蒸出后，若继续升高温度，温度计读数就会显著升高，若维持原来的加热温度，温度会突然下降，不会再有馏出液，这时应停止蒸馏。即使瓶中剩余的少量液体仍然是所需的化合物，也不能蒸干。特别是蒸馏硝基化合物及容易产生过氧化物的溶剂时，切忌蒸干，以免发生蒸馏瓶破裂、爆炸等意外事故。蒸馏完毕，应先停止加热，然后停止通水。待仪器冷却后，拆下仪器。拆除仪器的顺序和安装时相反，先取下接收瓶，并注意保护好产品。拆除水冷凝管时，应先将与水龙头连接的橡皮管一端拔下，抬高出水管的橡皮管，将冷凝管中的水放净。

### 3.3.3 减压蒸馏

（1）基本原理 化合物的沸点随外界压力的改变而改变，外界压力减小，沸点下降。一些化合物在常压下蒸馏会发生分解、氧化、聚合等反应。降低外界压力，使化合物在较低温度下蒸馏，从而达到提纯的目的。

（2）减压蒸馏装置与操作 在蒸馏瓶中放入待蒸馏液体（不超过容积的 1/2），装置如图 3-8 所示。旋紧毛细管上的螺旋夹 D，打开安全瓶上的二通活塞 G，然后开泵抽气，逐渐关闭二通活塞 G，从压力计 F 上观察所达到的真空度。如果漏气，仔细检查各部分的塞子、接口及橡皮管连接是否严密。调节毛细管上的螺旋夹 D，使液体中有连续不断的小气泡冒出。调节二通活塞 G，以达到所需要的真空度。通入冷凝水，开始加热。加热时，蒸馏瓶至少应有 2/3 没入浴液中，在浴液中插入一支温度计，控制浴液温度比待蒸液体的沸点高出 20～30℃，使蒸馏速度保持 1～2 滴/s。在蒸馏过程中，应密切注意蒸馏头上的温度计和压力计的变化，及时收集不同沸点范围的馏分。蒸馏完毕，先撤掉热源，待稍冷后，打开毛细管上的螺旋夹 D（防止放气时吸入残液），然后慢慢打开安全瓶上的二通活塞 G（一定要小心打开，否则封闭式压力计中汞急剧上升，有冲破压力计的危险），使系统内外压力平衡，取下接收瓶，拆除仪器。有些情况下，蒸馏过程中由毛细管进入的气体通入热的溶液中容易引起化合物的氧化，这时可在毛细管上连一充氮的气球。蒸馏前，先用氮气“冲洗”整套装置，然后再调节螺旋夹 D。压力计是减压装置中不可缺少的仪器，实验室常用压力计，如图 3-9 所示。压力计（a）、(b）在减压时，中间粗管中的水银从毛细管处断开，向下移动进入右侧粗管中，该两粗管中的水银柱高度差为所测压力。压力计（c）的原理与前二者相同，但测得结果较前二者准确，一般用于测定较高真空度。

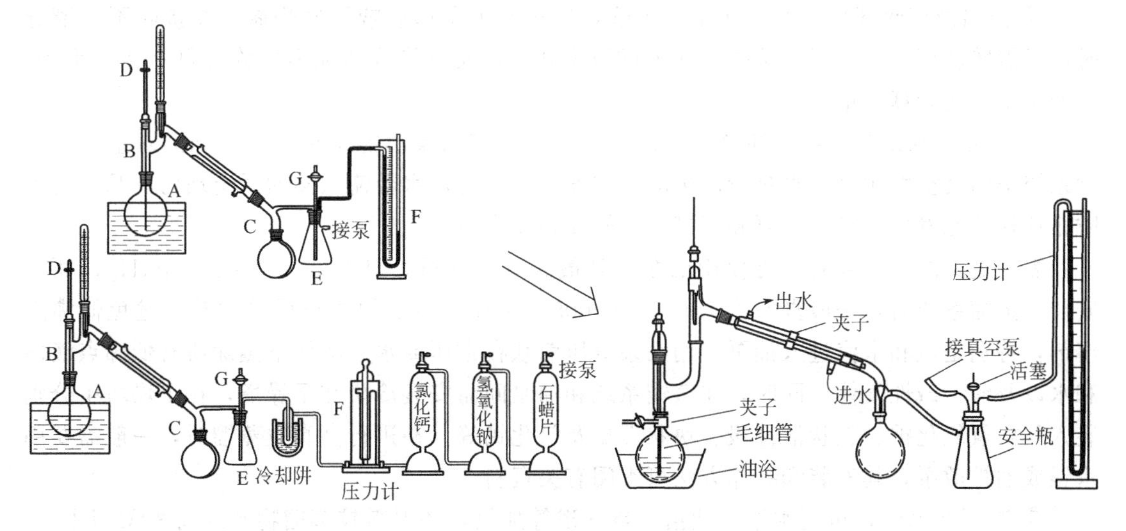


图 3-8 减压蒸馏装置

A—烧瓶；B—克氏蒸馏头；C—抽真空的尾接管；D—温度计；E—安全瓶；F—压力指示计；G—活塞

注意事项如下。

① 在减压蒸馏系统中切勿使用有裂缝的或薄壁的玻璃仪器。不能用不耐压的平底瓶（如锥形瓶）。因为即使用水泵抽真空，装置外部面积受到的压力也较高，不耐压的部分可引起内向爆炸。

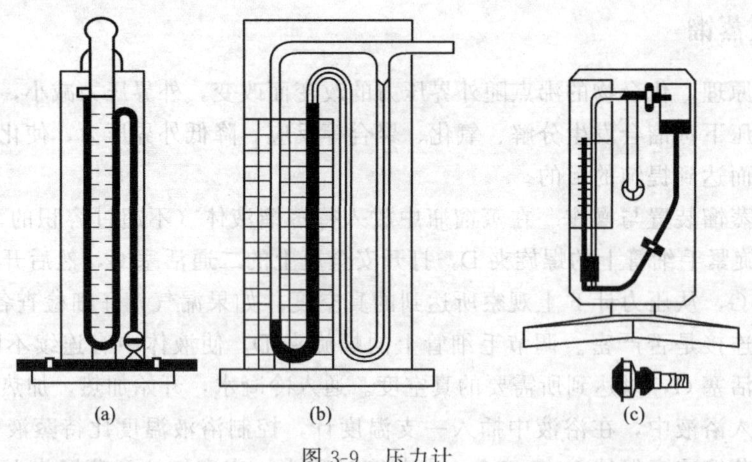

图 3-9　压力计

② 减压蒸馏最重要的是系统不漏气，压力稳定，平稳沸腾。蒸馏时，常用克氏蒸馏头，其优点是可以避免因暴沸或产生泡沫，使液体冲入冷凝管中。为了防止暴沸保持稳定沸腾，常用的方法是拉制一根细而柔软的毛细玻璃管尽量伸到蒸馏瓶底部。空气的细流经过毛细玻璃管引入瓶底，作为气化的中心。而在减压蒸馏中加入沸石一般对防止暴沸是无效的。在蒸馏时，为了控制毛细玻璃管的进气量，可在露于瓶外的毛细玻璃管上套一段软橡皮管，并夹一螺旋夹，最好在橡皮管中插入一段细铁丝，以免因螺旋夹夹紧后不通气，或夹不紧进气量过大。

有些化合物遇空气很容易氧化，在减压时，可由毛细玻璃管通入氮气或二氧化碳气保护。

③ 蒸出液接收部分，通常使用燕尾管，连接两个梨形瓶或圆底烧瓶。在接收不同馏分时，只需转动燕尾管，即可接收不同沸点的馏分。在安装接收瓶前需先称好每个瓶的重量，并做记录以便计算产量。

④ 在使用水泵时应特别注意因水压突然降低，使水泵不能维持已经达到的真空度，蒸馏系统中的真空度比该时水泵所产生的真空度高，因此，水会流入蒸馏系统玷污产品。为了防止这种情况发生，需在水泵和蒸馏系统间安装安全瓶。

需要更高的真空度时，可使用油泵，其最高真空度可达到 0.01～0.0001mmHg，而当安装上蒸馏系统后，一般真空度为 0.5～0.005mmHg，但必须注意保护油泵，避免低沸点溶剂，特别是酸和水汽进入油泵。用油泵减压前须在常压或水泵减压下蒸除所有低沸点液体和水以及酸、碱性气体。同时，在蒸馏系统和油泵间需安装冷阱和干燥塔，在干燥塔中分别装入粒状氢氧化钠、粒状活性炭、块状石蜡及氯化钙等。在进行高真空蒸馏时，一般需要用水银或油扩散泵，其安装和操作方法可查阅有关资料。

⑤ 减压蒸馏时，可用水浴、油浴、空气浴等加热，浴温需较蒸馏物沸点高 30℃以上。

## 3.4　分馏

### 3.4.1　分馏原理

利用简单蒸馏可以分离两种或两种以上沸点相差较大的液体混合物。而对于沸点相差较小的、或沸点接近的液体混合物的分离和提纯则采取分馏的办法。首先讨论二元理想溶液。理想溶液的定义是，在这种溶液中，相同分子间的相互作用与不同分子间的相互作用是一样的。只有理想溶液才严格服从拉乌尔定律，但许多有机溶液只是具有近似于理想溶液的性质。一些与理想情况有很大偏离的重要例子将在非理想溶液的分馏部分讨论，这里只讨论理想溶液的分馏。

由组分 R 和 S 组成的理想溶液，当 $p_{R(气)}+p_{S(气)}=p_{外}$ 时，溶液就开始沸腾，蒸气中易挥发液体的成分较在原混合液中要多。而理想溶液，就是指遵从拉乌尔定律的溶液。这时溶液中每一组分的蒸气压等于此纯物质的蒸气压和它在溶液中的摩尔分数的乘积。即：

$$p_R=p_R^* x_R \quad p_S=p_S^* x_S \tag{3-1}$$

根据道尔顿分压定律，可以得到：

$$x_{R(气)}=\frac{p_R}{p_R+p_S} \qquad x_{S(气)}=\frac{p_S}{p_R+p_S} \tag{3-2}$$

由式(3-1) 和式(3-2) 可以得到：

$$\frac{x_{R(气)}}{x_{S(气)}}=\frac{p_R}{p_S}=\frac{p_R^{\circ}x_R}{p_S^{\circ}x_S}$$

综上所述，分压 $p_R$、$p_S$ 由溶液的组分决定（拉乌尔定律）。当 R 和 S 的分压等于外界压力（$p_{外}$）时溶液就沸腾，所以溶液的沸点也由溶液的组分决定。

图 3-10 是二元理想溶液的气液相组成与温度的关系图即相图。下面一条曲线表示出两个化合物所有混合比例的沸点；上面一条曲线是用拉乌尔定律计算得到的，它表示出在同一温度下与沸腾液相平衡的气相组成。例如在 90℃时沸腾的液体混合物是由 58%苯及 42%甲苯组成的；而与其相平衡的气相则由 78%苯及 22%甲苯组成。由此可以注意到，在任何温度下气相总比与之平衡的沸腾液相有更多的易挥发组分，沸点相近的液体化合物之所以可以进行分馏，就是基于这样的原理。由图 3-10 可以看出，如果蒸馏组成为 A 的混合物，最初的蒸出液的组成将是 B，B 中苯的含量比原始蒸馏物 A 要多得多，而留在蒸馏瓶内液体中的苯的含量降低了，甲苯的含量相对升高了，由此导致混合液沸点升高，比如从 $A$ 到 $A'$，如继续不断地进行蒸馏，混合液的沸点将持续上升，甚至接近或达到甲苯的沸点，伴随混合液沸点的升高，蒸出液的组成也由 $B$ 到 $B'$，再到 $B''$，直至接近纯甲苯的沸点。

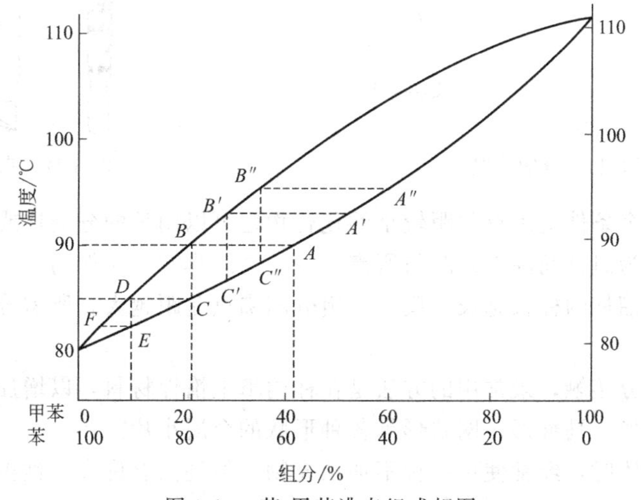


图 3-10 苯-甲苯沸点组成相图

组成为B的最初蒸出液，如果把其分开并再次蒸馏，沸点就变为$C$（85℃）。假如仅收集$C$的最初的蒸出液，则蒸出液的组成为$D$（90%苯，10%甲苯），如此反复蒸馏下去，应该可以得到少量的纯苯。反之如果收集每次蒸馏的残留液，用同样的方法反复蒸馏下去应可得到少量的纯甲苯。

通过分别收集大量的最初蒸出液和残留液，并反复多次进行常压蒸馏，能够分离出一定量的纯物质。但显然这样太烦琐了，而分馏柱就可以把这种重复蒸馏的操作在柱内完成。所以分馏是多次重复的常压蒸馏的改进。

## 3.4.2 分馏柱及分馏柱的效率

分馏柱的种类很多，千变万化，但其作用都是有一个从蒸馏瓶通向冷凝管的垂直通道，这一垂直通道要比简单蒸馏长得多。如图3-11所示，当蒸气从蒸馏瓶沿分馏柱上升时，有些就冷凝下来。一般柱的下端比柱的上端温度高，沿柱流下的冷凝液有一些将重新蒸发，未冷凝的气体与重新蒸发的气体在柱内一起上升，经过一连串凝聚蒸发过程，这些过程就相当于反复的常压蒸馏。在这个过程中，每一步产生的气相都使易挥发的组分增多，沿柱流下的冷凝液体在每一层上要比与之接触的蒸气相含有更多的难挥发组分。这样整个柱内气液相之间建立了众多的气液平衡，在柱顶的蒸气几乎全是易挥发的组分，而蒸馏瓶底部的液体则多为难挥发组分。要达到这一状态的最重要的先决条件是：①在分馏柱内气液相要广泛紧密地进行接触，以利于热量的交换和传递；②分馏柱自下而上保持一定的温度梯度；③分馏柱应有足够高度；④混合液各组分的沸点有一定差距。

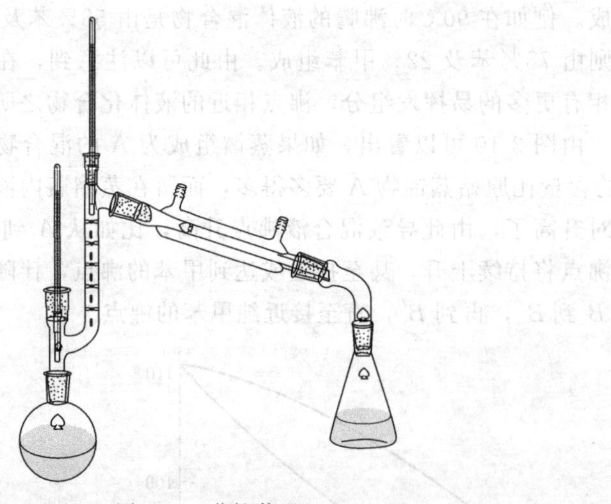

图3-11 分馏装置

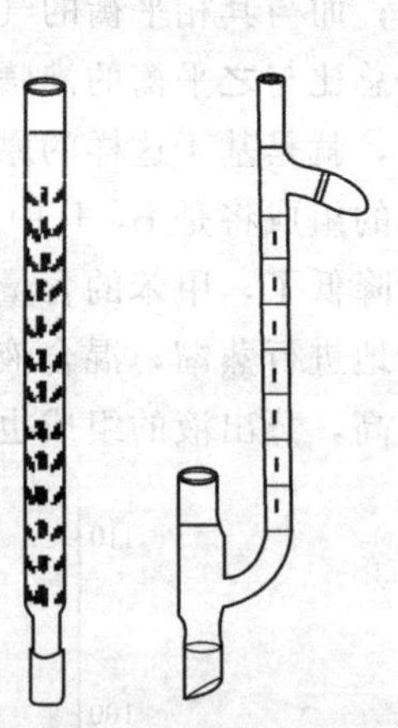

图3-12 韦氏分馏柱

若具备了前两个条件则沸点差距较小的化合物也可以用长的分馏柱或高效率的分馏柱进行满意地分离。因为组分间沸点差距与所需的柱长之间具有反比例的关系。即，组分间沸点差距越小，所需分馏柱的柱长越长；反之，组分间沸点差距越大，所需分馏柱的柱长就可以短一些。

为使气液相充分接触，最常用的方法是在柱内填上惰性材料，以增加表面积。填料包括玻璃、陶瓷或螺旋形、马鞍形、网状形等各种形状的金属小片。

当分馏少量液体时，经常使用一种不加填充物，但柱内有许多“锯齿”的分馏柱叫韦氏分馏柱，如图3-12所示。

韦氏分馏柱的优点是较简单，而且较填充柱黏附的液体少，缺点是较同样长度的填充柱分馏效率低。在分馏过程中，不论使用哪一种柱，都应防止回流液体在柱内聚集，否则会减少液体和蒸气的接触面，或者上升蒸气会把液体冲入冷凝管中，达不到分馏的目的。为了避免这种情况，需在柱外包扎绝缘物保持柱内温度，防止蒸气在柱内很快冷凝。在分馏较低沸点的液体时，柱外缠石棉绳即可；若液体沸点较高，则需安装真空外套或电热外套管，如图3-13所示。当使用填充柱时，也往往由于填料装得太紧或部分过分紧密，造成柱内液体聚集，这时需要重新填装。

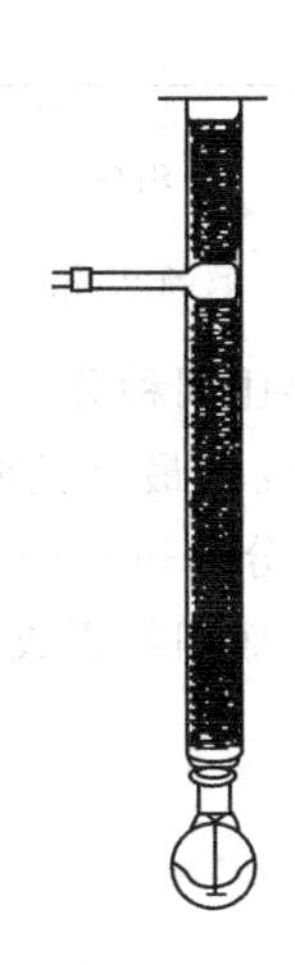

图 3-13 夹套电阻丝加热分馏柱

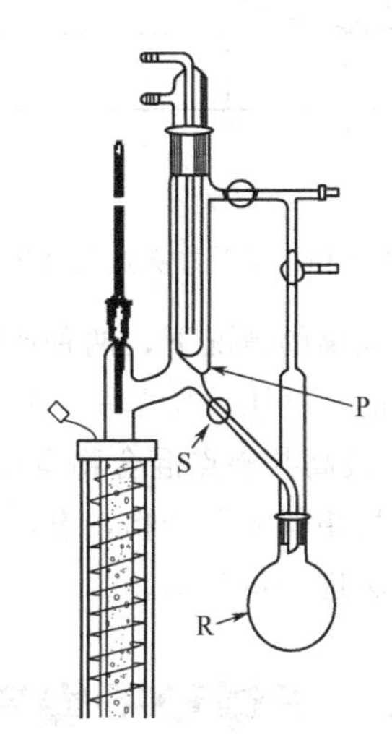


图 3-14 全回流可调蒸馏头

P—冷凝管尖端；S—活塞；R—接收瓶

在柱内保持一定的温度梯度对分馏来说是极为重要的。在理想情况下，柱底部的温度与蒸馏瓶内液体的沸腾温度接近，在柱内自下而上温度不断降低直至柱顶达到易挥发组分的沸点。在大多数分馏中，柱内温度梯度的保持是通过适当调节蒸馏速度建立起来的。若加热太猛，蒸出速度太快，整个柱体自上而下几乎没有温差，这样就达不到分馏的目的。另一方面，如果蒸馏瓶加热太迅猛而柱顶移去蒸气太慢，柱体将被流下来的冷凝液所液阻而发生液泛。如果要避免上述情况的出现可以通过控制加热和回流比来实现。所谓回流比是指在一定时间内冷凝的蒸气以及重新回入柱内的冷凝液数量与从柱顶移去的蒸馏液数量之间的比值。回流比越大分馏效率越好。

在分馏柱上安装全回流可调蒸馏头就可以测量和控制回流比，如图3-14所示。在一定的时间内从冷凝管尖端P滴下的液滴数是全回流的数值，而通过活塞S流入接收瓶R的液滴数是出料量的数值。若全回流中每十滴中有一滴流入接收瓶，则回流比为9∶1。回流比越大，分馏效率越好。对于某些精馏，可采用100∶1回流比的高效分馏柱。

### 3.4.3 非理想溶液的分馏

虽然大多数均相液体的性质接近理想溶液，但还有许多已知的例子是非理想的。在这些溶液中不同分子相互之间的作用是不同的，以致发生对拉乌尔定律的偏离。有些溶液蒸气压较预期的大，即所谓负向偏离。

在正向偏离情况下，两种或两种以上的分子之间的引力要比同种分子间的引力弱，故其合并起来的蒸气压要比单一的易挥发组分的蒸气压大，组成了最低共沸点混合物（图3-15）。这个最低共沸点混合物有一定的组成（$Z$点）。

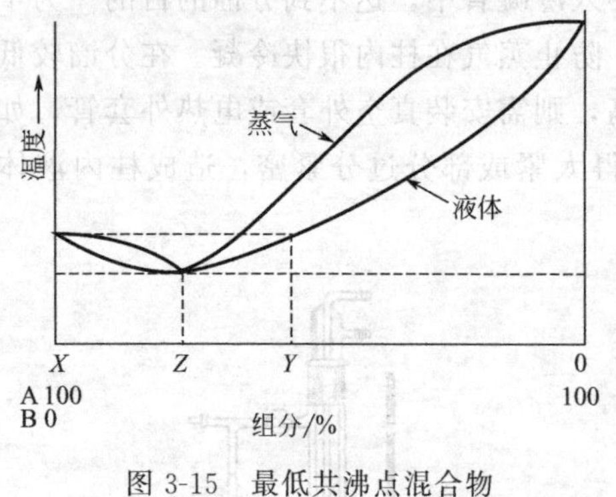

图 3-15 最低共沸点混合物

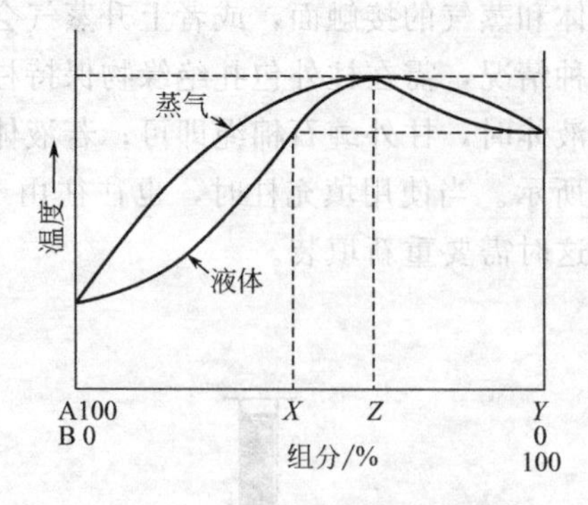

图 3-16 最高共沸点混合物

在负向偏离的情况下，两种或两种以上的分子间的引力，要比同种分子间的引力大，故其合并起来的蒸气压要比单一的难挥发组分的蒸气压低，故组成了最高共沸点混合物（图3-16）。这个最高共沸点混合物也有一定的组成（$Z$点）。因此在分馏过程中，有时可能得到与单纯化合物相似的混合物，有固定沸点和固定组成，其气相和液相的组成也完全相同，故不能用分馏法进一步分离。

## 3.5 干燥和干燥剂

有机化合物在进行定性或定量分析、波谱分析之前均需经干燥才会有准确结果。为防止少量水与液体有机化合物生成共沸混合物，或由于少量水与有机物在加热下发生反应而影响产品纯度，因此在蒸馏前须干燥除去水分。还有许多有机反应要在绝对无水条件下进行，所用原料和溶剂均应干燥处理，反应过程也要用干燥剂防止潮气侵入容器。可见，干燥在有机物纯化中是极普遍且又重要的操作。

干燥方法可分为物理方法和化学方法，属于物理方法的有：加热、真空干燥、冷冻、分馏、共沸蒸馏及吸附等。化学方法是利用干燥剂去除水。干燥剂按其去水作用可分为两类：第一类能与水可逆地生成水合物，如硫酸、氯化钙、硫酸钠、硫酸镁、硫酸钙等；第二类与水反应后生成新的化合物，如金属钠、五氧化二磷等。

选择干燥剂应考虑下列条件：首先，干燥剂必须与被干燥的有机物不发生化学反应，并且易与干燥后的有机物完全分离。其次，使用干燥剂要考虑干燥剂的吸水容量和干燥效能。吸水容量是指单位重量干燥剂所吸收的水量，吸水容量愈大，干燥剂吸收水分愈多。干燥效能指达到平衡时，液体被干燥的程度，对于形成水合物的无机盐干燥剂，常用吸水后结晶水的蒸气压表示。应将干燥剂的吸水容量和干燥效能进行综合考虑。有时对含水较多的体系，常先用吸水容量大的干燥剂干燥，然后再使用干燥效能强的干燥剂。

## 3.6 萃取

萃取是有机化学实验室中用来提取和纯化化合物的手段之一。通过萃取，能从固体或液体混合物中提取出所需要的化合物。

### 3.6.1　萃取的基本原理

利用化合物在两种互不相溶（或微溶）的溶剂中溶解度或分配系数的不同，使化合物从溶剂内转移到另一种溶剂中，经过反复多次萃取，将绝大部分的化合物提取出来。

分配定律是萃取方法的主要理论依据，物质对不同的溶剂有着不同的溶解度。同时，在两种互不相溶的溶剂中加入某种可溶性的物质时，它能分别溶解于此两种溶剂中，在一定温度下，该化合物与此两种溶剂不发生分解、电解、综合和溶剂化等作用时，此化合物在两液层中之比是一个定值。不论所加的物质量是多少，都是如此。用公式表示：

$$c_A/c_B=K$$

式中，$c_A$、$c_B$ 分别表示一种化合物在两种互不相溶的溶剂中的物质的量的浓度；$K$ 为常数，称为“分配系数”。

有机化合物在有机溶剂中一般比在水中溶解度大。用有机溶剂提取溶解于水的化合物是萃取的典型实例。在萃取时，若在水溶液中加入一定量的电解质（如氯化钠），利用“盐桥效应”以降低有机物和萃取溶剂在水溶液中的溶解度，常可提高萃取效果。

要把所需要的化合物从溶液中完全萃取出来，通常萃取一次是不够的，必须重复萃取数次。利用分配定律的关系，可以算出经过萃取后化合物的剩余量。

### 3.6.2　液-液萃取

（1）间歇多次萃取　用分液漏斗进行萃取是纯化过程中经常使用的操作之一，选择一个比被萃取液大1～2倍体积的分液漏斗，在旋塞上涂好润滑脂，塞后旋转数圈，使润滑脂均匀分布，然后将旋塞关闭好。装入待萃取物和溶剂，装入量约占分液漏斗体积的三分之一。盖好塞子（此塞子不能涂油），应旋紧，且封闭气孔，以免漏液。正确地拿好分液漏斗振摇数次，握姿如图3-17所示，使两液相之间充分接触，以提高萃取效率。开始振摇时要慢，每振摇几次后将分液漏斗尾部向上倾斜，立即打开旋塞，以乙醚萃取水溶液中的化合物为例，在振摇后乙醚可产生39.9～66.6kPa（300～500mmHg）的蒸气压。加之原来空气和水的蒸气压，漏斗中压力大大超过了大气压，若不注意放气，塞子可能被顶开而出现漏液。放气后，关好旋塞再次振摇，如此重复数次至放气时有很小压力，再剧烈振摇2～3min，静置，使两液分层。然后旋转上面玻璃塞，对好放气孔，将下面旋塞慢慢旋开，使下层液从旋塞放出，上层液从分液漏斗的上口倒出。切不可从下面旋塞放出，以免被残留在漏斗下部的第一种液体所玷污。分液时一定要尽可能分离干净。

有时在两液相之间可能出现的一些絮状物也应同时放出。然后将水溶液倒回分液漏斗

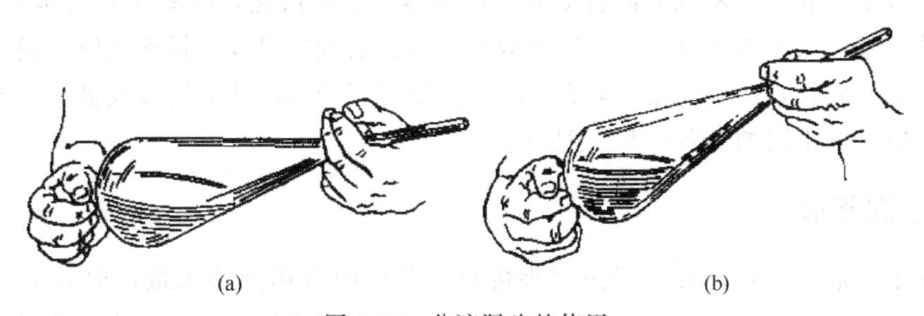

(a)　(b)

图3-17　分液漏斗的使用

中，再用新的萃取溶剂萃取。萃取次数，取决于分配系数，一般为3～5次。将所有萃取液合并，加入适当干燥剂进行干燥，再蒸去溶剂，萃取后所得的有机化合物视其性质确定纯化方法。

应当注意，上述操作方法简便，但如果疏忽了某一操作环节有可能造成实验失败。注意：①分液漏斗不配套或旋塞润滑脂未涂好造成漏液或无法操作。②有时对溶剂和溶液体积估计不准、使分液漏斗装得过满，振摇时不能充分接触，妨碍了该化合物对溶剂的分配过程，因而降低了萃取效果。③忘了把玻璃旋塞关好，即将溶液倒入，待发现后已部分流失。④振摇时，上口气孔未封闭，致使溶液漏出。或者不经常开启旋塞放气，漏斗内压力增大，溶液自玻璃塞缝隙渗出，甚至冲掉塞子，溶液丢失，漏斗损坏，严重时会造成爆炸事故。特别在使用碳酸钠溶液洗涤带有酸性的溶液时，产生二氧化碳，就更应注意经常放气。⑤放气时，尾部不要对着人，以免有害气体造成伤害事故。⑥静置时间不够，未待两液分层清晰，而忙于分出下层，不但没有达到萃取目的，反而使杂质混入。⑦上下两层，由于事先未了解清楚哪一层是需要的产品，误将产品放掉。在未弄明白以前，一般应将两层分别保留下来，待确认后再弃去不需要的液层。以上问题，要求实验者时刻加以注意。只要熟悉仪器和操作，了解溶液的特性，并严格按照操作步骤进行，那么问题是可以避免的。

萃取某些含有碱性或表面活性较强的物质时，常会产生乳化现象。有时由于存在少量轻质沉淀、溶剂部分互溶、两液相相对密度相差较小等，都会使两液相不能很清楚地分开。破坏乳化的方法有：①较长时间静置。②若两种溶剂能部分互溶而发生乳化现象，可加入少量电解质（如氯化钠），利用盐析作用加以破坏。在两相相对密度相差很小时加入氯化钠也可增加水相的相对密度。③若因碱性物质存在而产生乳化现象，常加入少量稀硫酸或采用过滤等方法来消除。④加热以破坏乳状液（注意防止燃烧），或滴加数滴醇改变表面张力，以破坏乳状液。

萃取溶剂的选择，应随被萃取化合物的性质而定。一般来讲，难溶于水的物质用石油醚等萃取，较易溶于水者用苯或乙醚萃取，易溶于水的物质用乙酸乙酯或类似溶剂来萃取。例如，若用乙醚提取水中的草酸效果较差，改用乙酸乙酯则效果较好。选择溶剂不仅要考虑溶剂对被萃取物质的溶解度和对杂质的溶解度要大小相反，而且还要注意溶剂的沸点不宜过高，否则回收溶剂不容易，可能使产品在回收溶剂时被破坏。溶剂的毒性要小，化学稳定性要高。另外溶剂的相对密度也应适当。但事实上不可能所有要求都得到满足，只要其中的主要条件合乎要求，即可采用。

（2）连续萃取　这种方法也常采用，主要是有些化合物在原溶剂中比在萃取溶剂中更易溶解，这就必须使用大量溶剂进行多次的萃取才行，用间断多次萃取效率差，且操作繁琐损失也大。为了提高萃取效率、减少溶剂用量和纯化物的损失，多采用连续萃取装置，如图3-18所示，使溶剂在进行萃取后能自动流入加热器，受热汽化，冷凝变为液体再进行萃取。如此循环即可萃取出大部分物质，此法萃取效率高、溶剂用量少、操作简便、损失较小。唯一缺点是萃取时间长，使用连续萃取方法时，根据所用溶剂的相对密度及被萃取溶液相对密度的条件，应采取不同的装置，其原理相似。

### 3.6.3　液-固萃取

自固体中萃取化合物，多以浸出法来进行，药厂中常用此法萃取，但效率不高，时间长，溶剂量大，实验室不常采用。多采用脂肪提取器（索氏提取器）来提取物质，如图3-19

所示，通过对溶剂加热回流及虹吸现象，使固体物质每次均被新的溶剂所萃取，效率高，节约溶剂。但对受热易分解或变色的物质不宜采用，高沸点溶剂采用此法进行萃取也不合适。

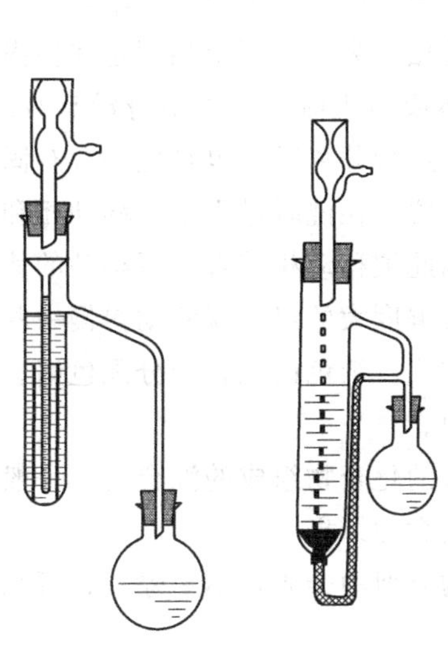
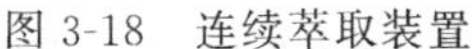

图 3-18 连续萃取装置

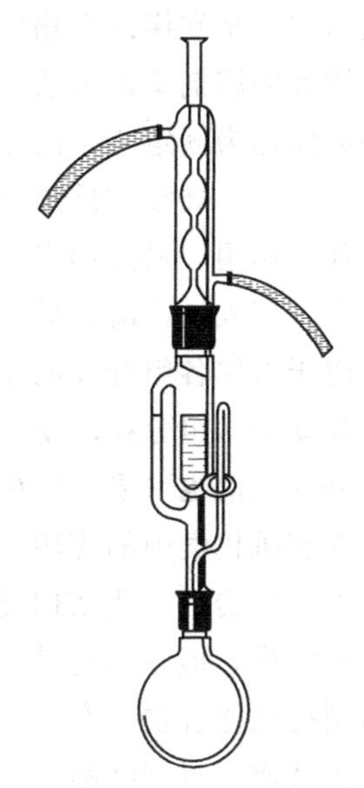

图 3-19 脂肪提取器

萃取前应先将固体物质研细，以增加固-液接触面积，然后将固体物质放入滤纸筒内，(将滤纸卷成圆柱状，直径略小于提取筒的内径，下端用线扎紧）轻轻压实，上盖一小圆滤纸，加入溶剂于烧瓶内，装上冷凝管，开始加热，溶剂沸腾进行回流，溶剂冷凝成液体、滴入提取器中。当液面超过虹吸管顶端时，蒸气通过玻璃管上升后，萃取液自动流入加热烧瓶中。萃取出部分物质，再蒸发溶剂，如此循环，直到被萃取物质大部分被萃取出为止，固体中的可溶性物质富集于烧瓶中，然后用适当方法将萃取物质从溶液中分离出来。

## 3.7 色谱法

自色谱技术问世 80 多年来，特别是气相色谱和高压液相色谱应用以后，色谱技术已成为化学工作者的有力工具。色谱除了提供数目浩繁的有机化合物的分离提纯方法外，还提供了定性鉴定和定量分析的数据。色谱法是分离、纯化和鉴定有机化合物的重要方法之一。开始仅用于分离有色化合物，由于显色方法的引入，现已广泛应用于无色化合物的分离和鉴定。按其分离原理可分为吸附色谱、分配色谱、离子交换色谱及排阻色谱等；根据操作条件的不同，又可分为柱色谱、薄层色谱、纸色谱、气相色谱及高速（压）液相色谱等。

### 3.7.1 色谱法的基本原理

色谱法的基本原理是利用混合物各组分在某一物质中的吸附或溶解性能（分配）的不同，或其亲和性的差异，使混合物的溶液流经该种物质进行反复的吸附或分配作用，从而使各组分分离。

吸附色谱主要是以氧化铝、硅胶等为吸附剂，将一些物质自溶液中吸附到它的表面上，而后用溶剂洗脱或展开，利用不同化合物受到吸附剂的不同吸附作用，和它们在溶剂中不同的溶解度，也就是利用不同化合物在吸附剂上和溶液之间分布情况的不同而得到分离。多种化合物混合在一起，它们的分离原理也是一样，只是更复杂一些，吸附色谱分离可采用柱色谱和薄层色谱两种方式。

分配色谱主要是利用混合物的组分在两种不相溶的液体中分布情况不同而得到分离。相当于一种连续性的溶剂萃取方法。这样的分离不经过吸附程序，仅由溶剂的萃取来完成。固定在柱内的液体称为固定相，用作冲洗的液体叫做流动相。为了使固定相固定在柱内，需要一种固体如纤维素、硅胶或硅藻土等吸住它，称为载体或叫担体。载体本身没有吸附能力，对分离不起什么作用，只是用来使固定相停留在柱内。进行分离时，也是先将含有固定相的载体装在柱内，加入试样溶液后，用适当的溶剂进行洗脱。在洗脱过程中，移动相和固定相进行接触。由于试样各组分在两相之间的分配不同，因此被移动相带着向下移动的速度也不同，易溶于移动相的组分移动得快些，而在固定相中溶解度大的组分就移动得慢一些，因此得到分离。分配色谱也可采用柱色谱和薄层色谱两种方式。纸色谱也属于分配色谱。

色谱法在有机化学中的应用主要包括以下几个方面。

(1) 分离混合物　一些结构类似、理化性质也相似的化合物组成的混合物，一般应用化学方法分离很困难，但应用色谱法分离，有时可得到满意的结果。

(2) 精制提纯化合物　有机化合物中含有少量结构类似的杂质，不易除去，可利用色谱法分离以除去杂质，得到纯品。

(3) 鉴定化合物　在条件完全一致的情况下，纯净的化合物在薄层色谱或纸色谱中都呈现一定的移动距离，称比移值（$R_f$ 值），所以利用色谱法可以鉴定化合物的纯度或确定两种性质相似的化合物是否为同一化合物。但影响比移值的因素很多，如薄层的厚度、吸附剂颗粒的大小、酸碱性、活性等级、外界温度和展开剂的纯度、组成、挥发性等。所以，要获得重现的比移值就比较困难。为此，在测定某一试样时，最好用已知样品进行对照。

(4) 观察一些化学反应是否完成　可以利用薄层色谱或纸色谱观察原料色点的逐步消失，以证明反应完成与否。

### 3.7.2　薄层色谱

薄层色谱常用 TLC 表示。

薄层色谱是吸附色谱的一种，其原理概括起来是：由于混合物中的各个组分对吸附剂（固定相）的吸附能力不同，当展开剂（流动相）流经吸附剂时，发生无数次吸附和解吸过程，吸附力弱的组分随流动相迅速向前移动，吸附力强的组分滞留在后，由于各组分具有不同的移动速率，最终得以在固定相薄层上分离。这一过程可表示为：

$$\text{化合物在固定相} \xrightleftharpoons{K} \text{化合物在流动相}$$

平衡常数 $K$ 的大小取决于化合物吸附能力的强弱。一个化合物愈强烈地被固定相吸附，$K$ 值愈低，那么这个化合物沿着流动相移动的距离就愈小。

TLC 除了用于分离外，更主要的是通过与已知结构的化合物相比较，用来鉴定少量有机混合物的组成。此外 TLC 也经常用于寻找柱色谱的最佳分离条件。

应用 TLC 进行分离鉴定的方法是将被分离鉴定的试样用毛细管点在薄层板的一端，样点干燥后放入盛有少量展开剂的器皿中展开，借吸附剂的毛细作用，展开剂携带着组分沿着薄层板缓慢上升，各个组分在薄层板上上升的高度依赖于组分在展开剂中的溶解能力和被吸附剂吸附的程度。如果各个组分本身带有颜色，那么待薄层板干燥后就会出现一系列的斑点；如果化合物本身不带颜色，那么可以用显色方法使之显色，如用荧光板，可在紫外灯下进行分辨。

一个化合物在薄层板上上升的高度与展开剂上升的高度的比值称为该化合物的 $R_f$ 值：

$$R_f=\frac{化合物移动的距离}{展开剂移动的距离}$$

图 3-20 是三组分混合物展开后各个组分的 $R_f$ 值。

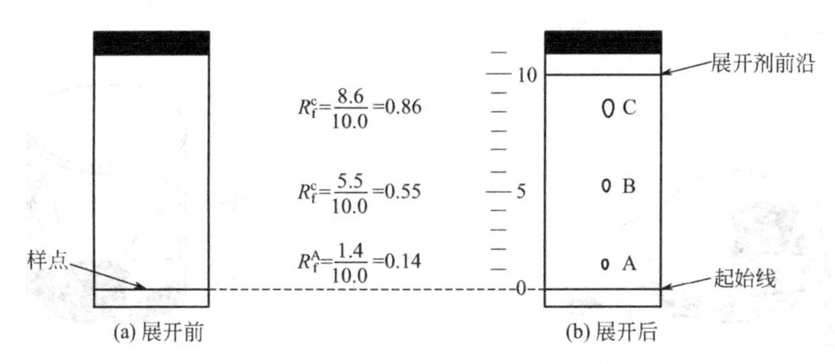


图 3-20　三组分混合物的薄层色谱

### 3.7.3　操作方法

（1）薄层板的制法　薄层色谱常用的吸附剂是硅胶和氧化铝，常用的黏合剂是煅石膏、羧甲基纤维素钠等。硅胶中掺入 13％的煅石膏后称为硅胶 G，没有掺煅石膏的叫硅胶 H，有的含有荧光物质，如硅胶 $HF_{254}$。

氧化铝的极性比硅胶大，比较适用于分离极性较小的化合物（烃、醚、醛、酮、卤代烃等），因为极性化合物被氧化铝较强烈地吸附，分离较差，$R_f$ 值较小；相反，硅胶适用于分离极性较大的化合物（羧酸、醇、胺等），而非极性化合物在硅胶板上吸附较弱，分离较差，$R_f$ 值较大。

薄层板分为“干板”与“湿板”。干板在涂层时不加水，一般用氧化铝作吸附剂时使用。这里主要介绍湿板。湿板的制法有以下几种。

① 涂布法。利用涂布器铺板。

② 浸法。把两块干净玻璃片背靠背贴紧，浸入吸附剂与溶剂调制的浆液中，取出后分开，晾干。

③ 平铺法。把吸附剂与溶剂调制的浆液倒在玻璃片上，用手轻轻振动至平。

最后一种方法简便，本实验采用此法。取 5g 硅胶 G 与 13mL 0.5％～1.0％的羧甲基纤维素钠水溶液，在研钵中调匀，铺在清洁干燥的玻璃片上，大约可铺 10cm×4cm 玻璃片8～10 块，薄层的厚度约 0.25mm。室温晾干后，次日在 110℃烘箱内活化半小时，取出放冷后即可使用。

（2）点样　将样品用低沸点溶剂配成 1％～5％的溶液，用内径小于 1mm 的毛细管点样。点样前，先用铅笔在薄层板上距一端 1cm 处轻轻画一横线作为起始线，然后用毛细管吸取样品，在起始线上小心点样，斑点直径不超过 2mm。如果需要重复点样，则待前一次点样的溶剂挥发后，方可重复再点以防止样点过大，造成拖尾、扩散等现象，影响分离效果。若在同一板上点两个样，样点间距以 1～1.5cm 为宜。待样点干燥后，方可进行展开。如图 3-21 所示。

（3）展开及展开剂　薄层展开要在密闭的器皿中进行，广口瓶或带有橡皮塞的锥形瓶都可作为展开器。加入展开剂的高度为0.5cm，可在展开器中放一张滤纸，以使器皿内的蒸气很快地达到气液平衡，待滤纸被展开剂饱和后，把带有样点的板（样点一端向下）放在展开器内（如图3-22所示），并与器皿成一定的角度，同时使展开剂的水平线应在样点以下，盖上盖子，当展开剂上升到离板的顶部约1cm处时取出，并立即标出展开剂的前沿位置，待展开剂干燥后，观察斑点的位置。若化合物不带色，可用碘熏或喷显色剂后观察，若化合物有荧光，可在紫外灯下观察斑点的位置。

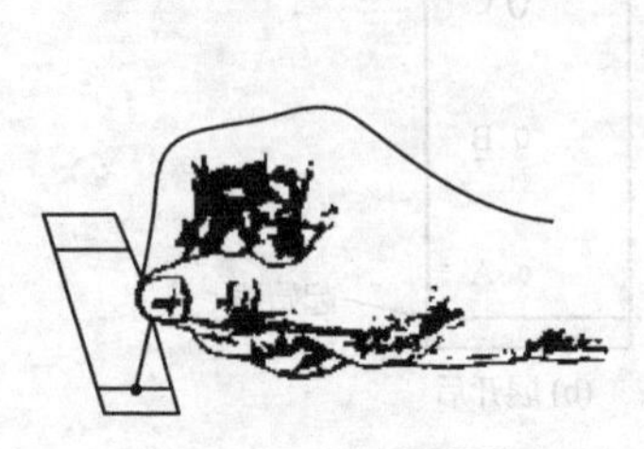

图3-21　毛细管点样

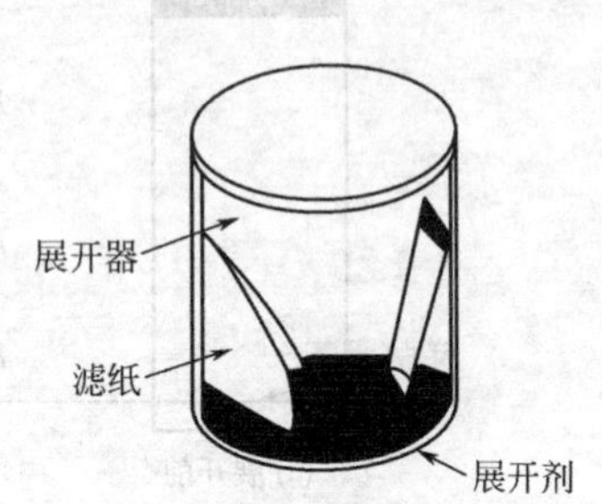


图3-22　色谱展开

展开剂的极性大小对混合物的分离有较大的影响。如果展开剂的极性远远大于混合物中各组分的极性，那么展开剂将代替各个组分而被吸附剂吸附，这样各个组分将几乎完全留在流动相里，那么各个组分具有较高的 $R_f$ 值。反过来，如果展开剂的极性大大低于各个组分的极性，各个组分将被吸附于吸附剂上，而不能被展开剂所迁移，即 $R_f$ 为零。一般来说，溶剂的展开能力与溶剂的极性成比例。表3-2中列出了常用溶剂的极性次序，有些混合物使用单一的展开剂就可以分开，但更多是采用混合展开剂才能加以分离，混合展开剂的极性介于单一溶剂的极性之间。

**表3-2　TLC常用的展开剂**

| 溶　剂　名　称 |
| --- |
| 正己烷、四氯化碳、甲苯、苯、二氯甲烷、乙醚、氯仿、乙酸乙酯、丙酮、乙醇、甲醇<br>极性、展开能力增加 ⟶ |

（4）显色　薄层展开后，如果样品本身带有颜色，可以直接看到斑点的位置。如果样品是无色的，就存在一个显色的问题。

常用的显色方法如下。

① 喷显色剂。

② 紫外灯显色。如果样品本身是发荧光的物质，可以把板放在紫外灯下，在暗处可以观察到这些荧光物质的亮点。如果样品本身不发荧光，可以在制板时，在吸附剂中加入适量的荧光指示剂，或者在制好的板上喷荧光指示剂。待板展开干燥后，把板放在紫外灯下观察，除化合物吸收了紫外光的地方呈现黑色斑点外，其余地方都是亮的。

图3-23　碘熏显色

③ 碘熏显色。如图3-23所示，把几粒碘的结晶放在广口瓶内，放进展开并干燥后的板，盖上瓶盖，直到暗棕色的斑点足够明显时取出，立即用铅笔划出斑点的位置。这种方法是基于有机物可与碘形成分子络合物（烷和卤代烷除外）而带有颜色。板在空气中放置一段时间，由于

碘升华，斑点即消失。

### 3.7.4 利用薄层色谱进行化合物的鉴定

当实验条件严格控制时，每种化合物在选定的固定相和流动相体系中有特定的 $R_f$ 值，把不同的化合物 $R_f$ 值的数据积累起来可以供鉴定化合物使用。但是，在实际工作中，$R_f$ 值的重现性较差，因此不能孤立地用比较 $R_f$ 值来进行鉴定。然而当未知物与已知结构的化合物在同一薄层板上，用几种不同的展开剂展开时都有相同的 $R_f$ 值时，那么就可以确定未知物与已知物相同。当未知物的鉴定被限定到只是几个已知物中的一个时，利用 TLC 就可以确定。为了比较未知物与已知物，将它们在同一块薄层板上点样，在适合于分离已知物的展开剂中展开，通过比较 $R_f$ 值即可确定未知物。TLC 也可以用于监测某些化学反应进行的情况，以寻找出该反应的最佳反应时间和达到的最高反应产率。反应进行一段时间［图 3-24 (b) 中所示 1h 和 2h］后，将反应混合物和产物的样点分别点在同一块薄层板上，展开后观察反应混合物斑点体积不断减小和产物斑点体积逐步增加以了解反应进行的情况。

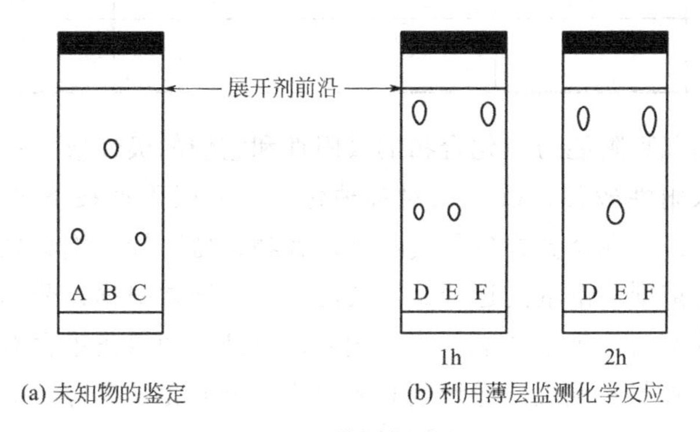


(a) 未知物的鉴定　　(b) 利用薄层监测化学反应

图 3-24 薄层色谱图

A—已知物；B,C—未知物；D—反应混合物；E—反应物；F—产物

### 3.7.5 柱色谱

柱色谱常用的有吸附色谱和分配色谱两种。吸附色谱常用氧化铝和硅胶为吸附剂。分配色谱以硅胶、硅藻土和纤维素为支持剂，以吸收较大量的液体作为固定相。下面主要介绍以氧化铝为吸附剂的柱色谱的分离方法。

(1) 吸附剂　常用的吸附剂有氧化铝、硅胶、氧化镁、碳酸钙和活性炭等。一般多用氧化铝，商品有专供色谱用氧化铝。柱色谱用的氧化铝以通过 100～150 目筛孔的颗粒为宜，颗粒太粗，溶液流出太快，分离效果不好；颗粒太细，比表面积大，吸附能力高，但溶液流速太慢，因此应根据实际需要而定。供色谱使用的氧化铝有酸性、中性和碱性三种。

碱性氧化铝适用于碳氢化合物、生物碱以及其他碱性化合物的分离。它的水提取物 pH 值为 9～10。氧化铝水提取液 pH 值的测定：取 1g 氧化铝加入 30mL 蒸馏水，煮沸 10min，冷却，滤去氧化铝，测出滤液的 pH 值。

中性氧化铝应用最广，适用于醛、酮、醌以及酯类化合物的分离，其水提取液 pH 值为 7.5。取色谱用碱性氧化铝，加二倍量的 5%醋酸溶液煮沸 10～20min，随时加以搅拌，放置，倾出上层清液，再用蒸馏水洗 5～6 次，最后在布氏漏斗上用水洗涤数次，尽可能除去残留的醋酸，抽干，干燥，最后在高温炉中活化。

酸性氧化铝适用于有机酸类的分离。其水溶液提取液 pH 值为 4～4.5。可取色谱用碱性氧化铝加入 2mol/L 盐酸溶液，混合物使刚果红呈酸性反应，倾出上层清液，用蒸馏水洗至洗出液 pH 值为 4，而后干燥，加热活化即可。

氧化铝的活性分为Ⅰ～Ⅴ五级，Ⅰ级的吸附作用太强，Ⅴ级的吸附作用太弱。所以一般常采用Ⅱ级。多数吸附剂都能强烈的吸水，而且水不易被其他化合物置换，因此其活性降低，且降低的程度与含水量有关。如氧化铝放在高温炉（350～400℃）烘烤 3h，得无水物，加入不同量的水分，即可得到不同程度的活性氧化铝。如要制备Ⅲ级氧化铝，在无水氧化铝中加入 6%的水即成。具体操作：称取无水氧化铝 940g，放入圆底烧瓶中并立即塞紧，在另一烧杯中，加入 50mL 蒸馏水（略少于计算量），并逐渐往烧杯中加入氧化铝，搅拌均匀使之不再有黏结现象，然后将此烧杯中的氧化铝倒入原来的圆底烧瓶中，振摇 3h，测定活性，得到约为Ⅲ级的活性氧化铝，见表 3-3。

**表 3-3　吸附剂活性和含水量的关系**

| 活性等级 | Ⅰ | Ⅱ | Ⅲ | Ⅳ | Ⅴ |
|---|---|---|---|---|---|
| 氧化铝加水量/% | 0 | 3 | 6 | 10 | 15 |
| 硅胶加水量/% | 0 | 5 | 15 | 25 | 38 |

（2）溶质的结构和吸附能力　化合物的吸附性和它们的极性成正比，化合物分子中含有极性较大的基团其吸附性较强。氧化铝对各种化合物的吸附性按下列顺序递减：酸、碱＞醇、胺、硫醇＞酯、醛、酮＞芳香族化食物＞卤代物、醚＞烯＞饱和烃。

（3）溶解试样的溶剂　溶剂的选择是重要的一环，通常根据被分离化合物中各种成分的极性、溶解度和吸附剂活性等来考虑。①溶剂要求较纯，如氯仿中含有乙醇、水分及不挥发物质都会影响试样的吸附和洗脱。②溶剂和氧化铝不能起化学反应。③溶剂的极性要比试样极性小一些，如果大了试样不易被氧化铝吸附。④溶剂对试样的溶解度不能太大，否则影响吸附；也不能太小，如太小，溶液的体积增加，易使色谱分散。⑤有时可使用混合溶剂，如有的组分含有较多的极性基团，在极性小的溶剂中溶解度太小，也可先选用极性较大的溶剂溶解，而后加入定量的非极性溶剂。这样既降低了溶液的极性，又减少了溶液的体积。

（4）洗脱剂　试样吸附在氧化铝柱上后，用合适的溶剂进行洗脱，这种溶剂称为洗脱剂。如果原来用于溶解试样的溶剂冲洗柱不能达到分离的目的，可改用其他溶剂。一般极性较大的溶剂影响试样和氧化铝之间的吸附，容易将试样洗脱下来，达不到将试样分离的目的。因此常使用一系列极性渐次增大的溶剂。为了逐渐提高溶剂的洗脱能力和分离效果，也可用选择好的混合溶剂作为适宜的薄层色谱溶剂。常用洗脱溶剂的极性按以下次序递增：乙烷、石油醚＜环己烷＜四氯化碳＜三氯乙烯＜二硫化碳＜甲苯＜苯＜二氯甲烷＜三氯甲烷＜乙醚＜乙酸乙酯＜丙酮＜丙醇＜乙醇＜甲醇＜水＜吡啶＜乙酸。

### 3.7.6　操作步骤

（1）装柱　色谱柱的大小，视处理量而定，如表 3-4 所示。装置如图 3-25 所示。先用洗液洗净色谱柱，用水清洗后再用蒸馏水清洗，干燥。在玻璃管底铺一层玻璃棉或脱脂棉，轻轻塞紧，再在玻璃棉上盖一层厚约 0.5cm 的石英砂（或用一张比柱直径略小的滤纸代替），而后将氧化铝装入管内。装入的方法分湿法和干法两种。湿法是将备用的溶剂装入管内，约为柱高的四分之三，而后将氧化铝和溶剂调成糊状，慢慢地倒入管中。此时应将管的下端旋塞打开，控制流出速度为1滴/s。用木棒或套有橡皮管的玻璃棒轻轻敲击柱身，使装填紧密，当装入量约为柱的四分之三时，再在上面加一层0.5cm的石英砂或一小圆滤纸、玻璃棉或脱脂棉，以保证氧化铝上端顶部平整，不受流入溶剂的干扰，如果氧化铝顶端不平，将易产生不规则的色带。

表 3-4　色谱柱大小、吸附剂量及试样量

| 试样量/g | 吸附剂量/g | 柱的直径/mm | 柱高/mm |
|---|---|---|---|
| 0.01 | 0.3 | 3.5 | 30 |
| 0.10 | 3.0 | 7.5 | 60 |
| 1.00 | 30.0 | 16.0 | 130 |
| 10.00 | 300.0 | 35.0 | 280 |

操作时应保持流速稳定，注意不能使液面低于砂子的上层，上面装一分液漏斗。整个装填过程中不能使氧化铝有裂缝或气泡，否则影响分离效果。干法是在管的上端放一干燥漏斗，使氧化铝均匀地经干燥漏斗成一细流慢慢装入管中，中间不应间断，时时轻轻敲打柱身，使装填均匀，全部加入后，再加入溶剂，使氧化铝全部润湿。另外也可先将溶剂加入管内，约为柱高的四分之三处，而后将氧化铝通过一粗颈玻璃漏斗慢慢倒入，并轻轻敲击柱身。此法较简便。

(2) 加样　把要分离的试样配制成适当浓度的溶液。将氧化铝上多余的溶剂放出，直到柱内液体表面到达氧化铝表面时，停止放出溶剂。沿管壁加入试样溶液，注意不要使溶液把氧化铝冲松浮起，试样溶液加完后，开启下端旋塞，使液体渐渐放出，至溶剂液面和氧化铝表面相齐（勿使氧化铝表面干燥）即可用溶剂洗脱。

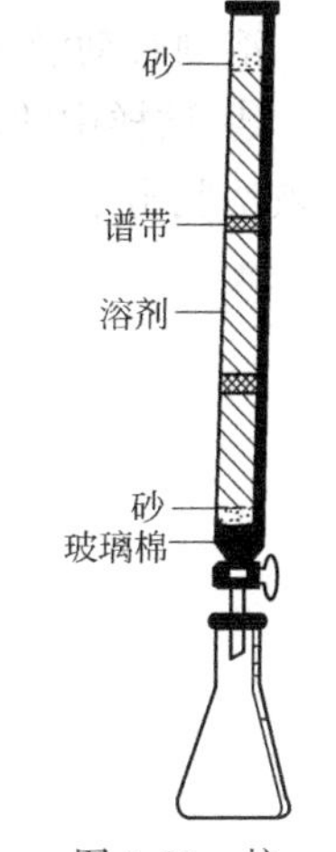


图 3-25　柱色谱装置

(3) 洗脱和分离　在洗脱和分离的过程中，应当注意：①继续不断地加入洗脱剂，应保持一定高度的液面，在整个操作中勿使氧化铝表面的溶液流干，一旦流干，再加溶剂，易使氧化铝柱产生气泡和裂缝，影响分离效果。②收集洗脱液，如试样各组分有颜色，在氧化铝柱上可直接观察。洗脱后分别收集各个组分。在多数情况下，化合物没有颜色，收集洗脱液时，多采用等份收集，每份洗脱剂的体积随所用氧化铝的量及试样的分离情况而定。一般若用50g氧化铝，每份洗脱液的体积常为50mL。如洗脱液极性较大或试样的各组分结构相近似时，每份收集量要小。③要控制洗脱液的流出速度，一般不宜太快，太快了柱中交换来不及达到平衡，影响分离效果。④由于氧化铝表面活性较大，有时可能促使某些成分破坏，所以应尽量在一定时间内完成一个柱色谱的分离，以免试样在柱上停留的时间过长，发生变化。

### 3.7.7　柱色谱的分离过程

柱色谱的分离过程见图3-26。

① 把试样溶解在最小体积的溶剂中，用滴管将试液加到吸附剂的上面。

② 试液加完并流到吸附剂上端时，立即加入展开剂进行展开，勿使溶剂的水平面低于吸附剂的上端。

③ 可用分液漏斗来代替连续不断地加洗脱剂。调节分液漏斗的活塞，溶剂慢慢滴下，直到水平面高于漏斗下端适当高度时，滴加停止或变成缓慢滴加。当水平面降到漏斗下端

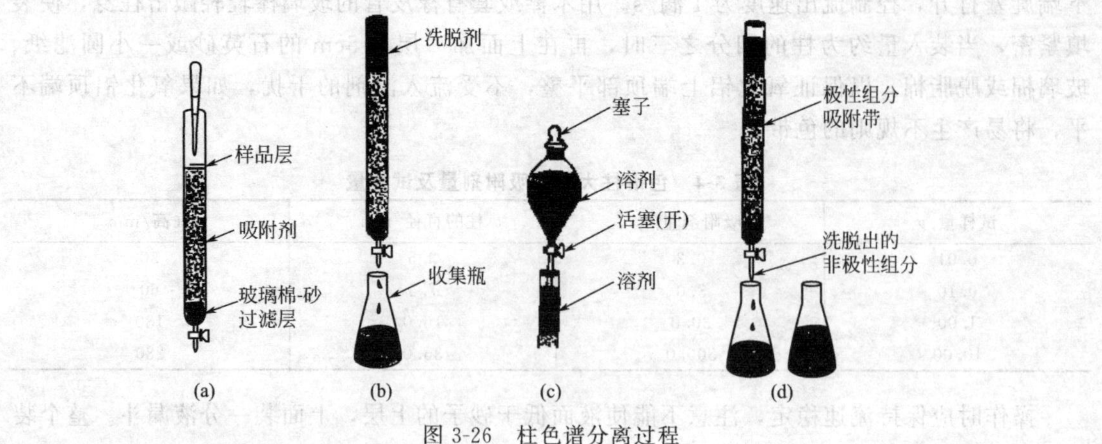


图 3-26　柱色谱分离过程

时，溶剂自动滴出或加快滴下。

④ 试样中的非极性组分很少被吸附，因而首先被洗脱出来；极性大的组分吸附性较强，后被洗脱出来。

# 第4章 影响化学药物合成的因素

## 4.1 反应物的浓度与配料比

凡反应物分子在碰撞中一步直接转化为生成物分子的反应称为基元反应。凡反应物分子要经过若干步，即若干个基元反应才能转化为生成物的反应，称为非基元反应。基元反应是机理最简单的反应，而且其反应速率的规律性最鲜明。对任何基元反应来说，反应速率总是与它的反应物浓度的乘积成正比的。

按照化学反应进行的过程来看，可分为简单反应和复杂反应两大类。由一个基元反应组成的化学反应称为简单反应，而两个以上基元反应构成的化学反应则称为复杂反应。简单反应在化学动力学上是以反应分子数与反应级数来分类的。复杂反应又分为可逆反应、平行反应和连续反应等。无论是简单反应还是复杂反应，都可以应用质量作用定律来计算浓度和反应速率的关系。

### 4.1.1 基元反应

如在一基元反应过程中，只有一分子参与，则称为单分子反应，反应速率与反应物浓度的一次方成正比：

$$-\frac{\mathrm{d}c}{\mathrm{d}t}=kc$$

属于这一类反应的有热分解反应（如烷烃的裂解）、异构化反应（如顺反异构化）、分子重排［如贝克曼（Bekmann）重排、联苯胺重排等］以及酮型和烯醇型互变异构等。

### 4.1.2 二级反应

当两个分子（不论是同类分子或不同类分子）碰撞时相互作用发生的反应称为分子反应，也即是二级反应。反应速率与反应物浓度的乘积（相当于二次力）成正比。

$$-\frac{\mathrm{d}c}{\mathrm{d}t}=kc_{\mathrm{A}}c_{\mathrm{B}}$$

在溶液中进行的许多有机化学反应就属于这种类型，如加成反应（羰基的加成、烯烃的加成）、取代反应（饱和碳原子上的取代、芳核上的取代、羰基的取代）和消除反应等。

### 4.1.3 零级反应

若反应速率与反应物浓度无关，而仅受其他因素影响的反应为零级反应，其反应速率为常数。

$$-\frac{dc}{dt}=k$$

如某些光化学反应、表面催化反应、电解反应等。它们的反应速率常数与浓度无关，而分别与光强、表面状态及通过的电量有关的这个规律称为质量作用定律。即当温度不变时，反应的瞬间反应速率与直接反应的物质瞬间浓度的乘积成正比，并且每种反应物浓度的指数等于反应式中各反应物的系数。例如：

$$a_A+b_B+\cdots\longrightarrow g_G+h_H+\cdots$$

按质量作用定律，其瞬间反应速率为：$-\frac{dc_A}{dt}=kc_A^a c_B^b\cdots$或$-\frac{dc_B}{dt}=kc_A^a c_B^b\cdots$

所有各项的浓度项的指数的总和称为反应级数。但是，要从质量作用定律正确地判断浓度对反应速率的影响，首先必须确定反应的机理，了解该反应的真实过程。例如，卤代烷在碱性溶液中的水解反应，伯卤代烷的水解反应速率与伯卤代烷的浓度成正比，也与碱浓度成正比。

### 4.1.4 可逆反应

可逆反应是复杂反应中常见的一种，两个方向相反的反应同时进行。对于正方向的反应和逆方向的反应，质量作用定律都适用。例如醋酸和乙醇的酯化反应。

$$CH_3COOH+C_2H_5OH \underset{k_2}{\overset{k_1}{\rightleftharpoons}} CH_3COOC_2H_2+H_2O$$

若醋酸和乙醇的最初浓度各为 $c_A$ 及 $c_B$，经过 $t$ 时间后，生成物醋酸乙酯与水的浓度为 $x$，按照质量作用定律，该瞬间醋酸的浓度为 $c_A-x$，乙醇的浓度为 $c_B-x$，因此：

$$正反应速率=k_1[c_A-x][c_B-x]$$

$$逆反应速率=k_2x^2$$

两速率之差便是总的反应速率：

$$\frac{dx}{dt}=k_1[c_A-x][c_B-x]-k_2x^2$$

可逆反应的特点是正反应速率随时间逐渐减小，逆反应速率随时间逐渐增大，直到两个反应速率相等，于是反应物和生成物的浓度不再随时间而发生变化。对于这类反应，可以用移动化学平衡的办法（除去生成物或加入大量的某一反应物）来破坏平衡，以利于正反应的进行，即应用改变浓度来控制反应速率。例如酯化反应，可采用边反应边蒸馏的办法，使酯化生成的水与乙醇和乙酸乙酯形成三元恒沸液（9.0% $H_2O$，8.4% $C_2H_5OH$，82.6% $CH_3COOC_2H_5$）蒸出，从而移动化学平衡，提高反应收率。

利用影响化学平衡移动的因素，不仅可以使正逆反应趋势相差不大的可逆平衡向有利于生产需要的方向移动，即使正逆反应趋势相差很大，也可利用化学平衡的原理，使可逆反应中处于次要地位的反应上升到主要地位。如乙醇钠的制备，乙醇和金属钠作用生成乙醇钠，乙醇钠遇水立即分解成氢氧化钠和乙醇。因此，要想用氢氧化钠与乙醇反应来制备乙醇钠，乍看起来是不可能的，但是，既然乙醇钠的水解反应存在可逆平衡，即可实现设定目标：

$$C_2H_5ONa + H_2O \rightleftharpoons NaOH + C_2H_5OH$$

尽管在上述平衡混合物中，主要是氢氧化钠和乙醇，乙醇钠存在量极少，也就是说，在这个可逆反应中，乙醇钠水解的趋势远远大于乙醇和氢氧化钠生成乙醇钠的趋势，但若按照化学平衡移动原理，没法将水移去，也可使平衡向左移动，使平衡混合物中乙醇钠的含量增加到一定程度。生产上就是利用苯与水生成共沸混合物不断将水带出，从而用氢氧化钠与乙醇制备乙醇钠的乙醇溶液的。

### 4.1.5 平行反应

平行反应（又称竞争性反应）也是一种复杂反应。即一反应物系统同时进行几种不同的化学反应。在生产上将所需要的反应称为主反应，其余称为副反应。这类反应在有机反应中经常遇到，下面以氯苯硝化为例进行说明

Cl

$K_1$ → Cl, $NO_2$ $+H_2O$ (35%)

$+HNO_3$

$K_2$ → Cl, $NO_2$ $+H_2O$ (65%)

若反应物氯苯的初浓度为 $a$，硝酸的初浓度为 $b$，反应 $t$ 时后，生成邻位和对位硝基氯苯的浓度分别为 $x$、$y$，其速率分别为 $\frac{dx}{dt}$、$\frac{dy}{dt}$，则：

$$\frac{dx}{dt} = k_1(a-x-y)(b-x-y) \qquad (4\text{-}1)$$

$$\frac{dy}{dt} = k_2(a-x-y)(b-x-y) \qquad (4\text{-}2)$$

反应的总速率为式(4-1) 和式(4-2) 之和：

$$-\frac{dc}{dt} = \frac{dx}{dt} + \frac{dy}{dt} = (k_1+k_2)(a-x-y)(b-x-y)$$

式中 $-\frac{dc}{dt}$ 表示反应物氯苯或硝酸的消耗速率。若将式(4-1)、式(4-2) 相除则得 $\frac{dx}{dt}\Big/\frac{dy}{dt} = \frac{k_1}{k_2}$，将此式积分得 $\frac{x}{y} = \frac{k_1}{k_2}$。这说明级数相同的平行反应，其反应速率之比为一常数，与反应物浓度和时间无关。也就是说，不论反应时间多久，各生成物的比例是一定的。例如上述氯苯在一定条件下硝化，不论在什么时间，测定邻位和对位生成物的比例，均为 36：65＝1.0：1.8，对于这类反应，显然不能用改变反应物的分子比，或反应时间的方法来改变生成物的比例，但可以用温度、溶剂、催化剂等来调节生成物的比例。

在一般情况下，增加反应物的浓度，有助于加快反应速率。从工艺角度上看，增加反应物浓度，有助于提高设备能力、减少溶剂使用量等。但是，有机反应大多数存在副反应，有时这样做也加速了副反应的进行，所以，应选择适宜的浓度。例如，在解热镇痛药吡唑酮类

的合成中，苯肼与乙酰乙酸乙酯的环合反应。

$$C_6H_5NHNH_2+CH_3COCH_2COOC_2H_5 \longrightarrow \begin{matrix} H_3C-C=CH \\ | \quad\quad\quad | \\ HN \quad\quad C=O \\ \backslash \quad / \\ N \\ | \\ H \end{matrix} +C_2H_5OH+H_2O$$

$$-\frac{dc}{dt}=K[\text{苯肼}][\text{乙酰乙酸乙酯}]$$

当将苯肼浓度增加较大时，会引起二分子苯肼与一分子乙酰乙酸乙酯的缩合反应。

$$2C_6H_5NHNH_2+CH_3COCH_2COOC_2H_5 \longrightarrow \begin{matrix} HNHNC_6H_5 \\ \backslash \\ C-CH_2COOC_2H_5 \\ / \quad | \\ HNHNC_6H_5 \quad CH_3 \end{matrix} +H_2O$$

$$-\frac{dc}{dt}=K[\text{苯肼}][\text{乙酰乙酸乙酯}]$$

因此，苯肼的反应浓度应控制在较低水平，既要保证主反应的正常进行，又不致引起副反应发生。

### 4.1.6 合适配料比的选择

有机反应很少是按理论值定量完成的，这是由于有些反应是可逆的、动态平衡的，有些反应不是单纯的，而同时有平行或串联的副反应存在，此外还有其他因素等。因此，需要采取各种措施，如增加某一物料的用量来提高产物的生成率。合适的配料比，在一定条件下，能得到最恰当的反应物的组应。配料比的关系，也就是物料的浓度关系，一般可以根据以下几个方面来考虑。

① 凡属可逆反应，可采取增加反应物之一的浓度（即增加其配料比），或从反应系统中不断移走生成物的办法，以提高反应速率和增加产物的收率。

② 当反应生成物的量取决于反应液中某一反应物的浓度时，则应增加其配比。最适宜的配比，是在收率较高、同时又能节约原料（即降低单耗）的某一范围内。例如，在磺胺合成中，乙酰苯胺（退热水）的氯磺化反应产物对乙酰氨基苯磺酰氯（简称 ASC）的收率，取决于反应液中氯磺酸与硫酸两者浓度的比例关系。

$$\begin{matrix} & C_6H_5NHCOCH_3 & \\ \swarrow \text{大部分 } HOSO_2Cl & & \searrow \text{小部分 } HOSO_2Cl \\ p\text{-}CH_3CONHC_6H_4SO_3H & \underset{H_2SO_4}{\overset{HOSO_2Cl}{\rightleftharpoons}} & p\text{-}CH_3CONHC_6H_4SO_2Cl \end{matrix}$$

氯磺酸的用量越多，则与硫酸的浓度比越大，对于 ASC 的生成越有利。如乙酰苯胺与氯磺酸投料的分子比为 1.0∶4.8 时，ASC 的收率为 84%，当分子比增加到 1.0∶7 时，则收率可达 87%。考虑到氯磺酸的有效利用率以及经济核算，生产上采用了较为经济合理的配比，即 1.0∶(4.5～5.0)。

③ 倘若反应中，有一反应物不稳定，则需增加其用量，以保证有足够的量参与主反应，例如合成苯巴比妥的最后一步缩合反应，系由苯基乙基丙二酸二乙酯与尿素缩合。

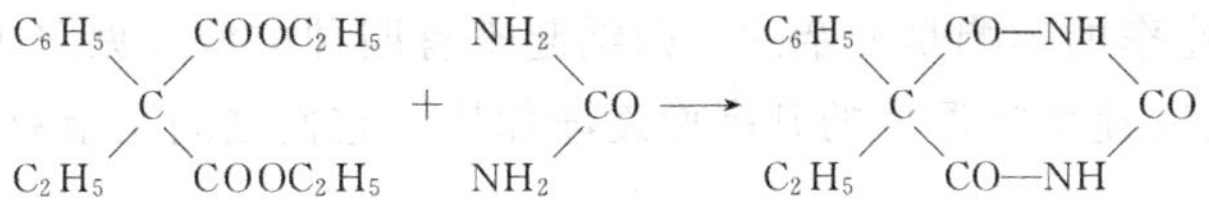

由于尿素在碱性下加热极易分解，所以必须使用过量的尿素。

④ 当参与主、副反应的反应物不尽相同时，应利用这一差异，增加某一反应物的用量，以加强主反应的竞争能力。例如氟哌啶醇中间体4-对氯苯基-1,2,3,6-四氢吡啶，可由对氯-$\alpha$-甲基苯乙烯与甲醛、氯化铵作用生成噁嗪中间体，再经酸性重排而得。

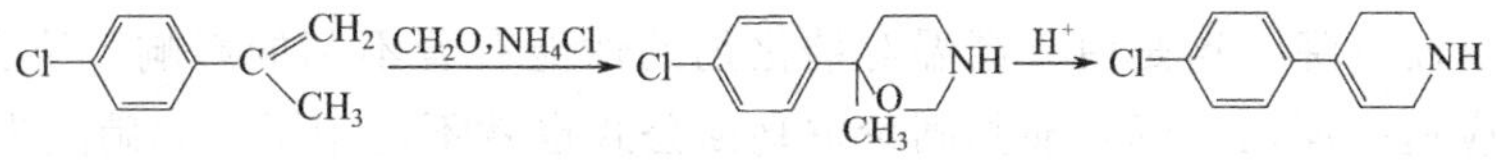

这个反应的副反应之一是对氯-$\alpha$-甲基苯乙烯与甲醛反应，生成1,3-二氧六环化合物。这个副反应可看做是正反应的一个平行反应；为了抑制此副反应，可适当增加氯化铵的用量，目前生产上氯化铵的用量超过理论量的100%。

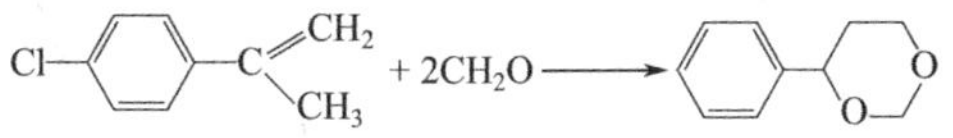

⑤ 为防止连续反应（副反应）的产生，有些反应物的配料比宜小于理论量，使反应进行到一定程度后，停止下来。例如乙苯的合成。

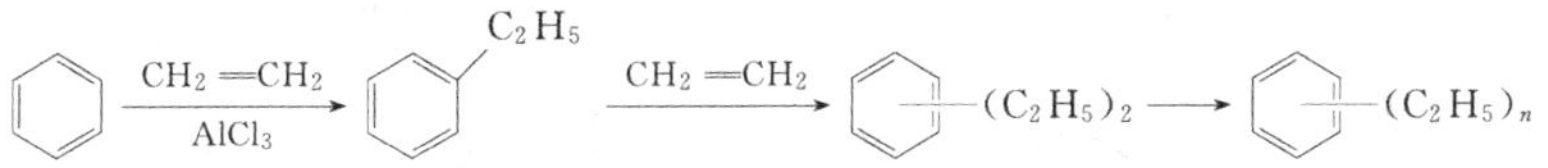

在三氯化铝的催化下，将乙烯通入苯中制得乙苯。所得乙苯由于乙基的供电子性能，使苯环更为活泼，极易引进第二个乙基。如不控制乙烯通入量，势必产生二乙苯或多乙苯。所以生产上一般控制乙烯与苯的配比为0.4∶1.0左右，这样乙苯收率较高，而过量的苯可以回收循环套用。

## 4.2 反应温度

化学反应中分子需要活化后才能转化。阿伦尼乌斯（Arrhenlm）反应速率方程式即$k=Z\mathrm{e}^{-E/(RT)}$的反应速率常数$k$可以分解为频率因子$Z$和指数因子$\mathrm{e}^{-E/(RT)}$。指数因子$\mathrm{e}^{-E/(RT)}$一般是控制反应速率的主要因素。指数因子的核心是活化能$E$，而温度$T$的变化，也使指数因子变化而导致$k$值的变化。$E$值反映温度对反应速率常数影响的大小。$E$值很大时，升高温度，$k$值增大显著；若$E$值较小时，升高温度，$k$值增大并不显著。

温度升高，一般都可以使反应速率加快，例如，对硝基氯苯与乙醇钠于无水乙醚中生成对硝基苯乙醚的反应，温度升高，$K$值增加，见表4-1。

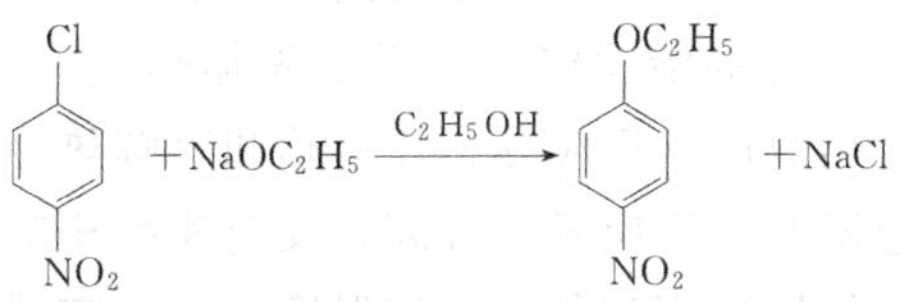

表 4-1　反应温度对反应速率常数的影响

| 温度 $t$/℃ | 60 | 70 | 80 | 90 | 100 |
|---|---|---|---|---|---|
| $k$/[L/(mol·h)] | 0.120 | 0.303 | 0.760 | 1.82 | 5.20 |

根据大量实验归纳总结得到一个近似规则，即反应温度每升高10℃，反应速率大约增

加 1～2 倍。温度对速率的影响是复杂的，归纳起来有四种类型（见图 4-1）。

第Ⅰ种类型，反应速率随温度的升高而逐渐加快，它们之间是指数关系，这类反应是最常见的，可以应用阿伦尼乌斯公式 $\ln k=\dfrac{-E}{RT}+\ln A$ 求出反应速率常数与活化能之间的关系。第Ⅱ类属于有爆炸极限的化学反应，这类反应开始时温度影响很小，当达到一定温度极限时，反应即以爆炸速率进行，阿伦尼乌斯公式就不适用了。第Ⅲ类是酶反应及催化加氢反应，即在温度不高的条件下，反应速率随温度增高而加速，但到达某一温度以后，再升高温度，反应速率反而下降，这是由于高温对催化剂的性能有着不利的影响。第Ⅳ类是反常的，温度升高，反应速率反而下降，显然阿伦尼乌斯公式也就不适用了。如硝酸生产中的氧化亚氮的氧化反应，就属于这类反应。

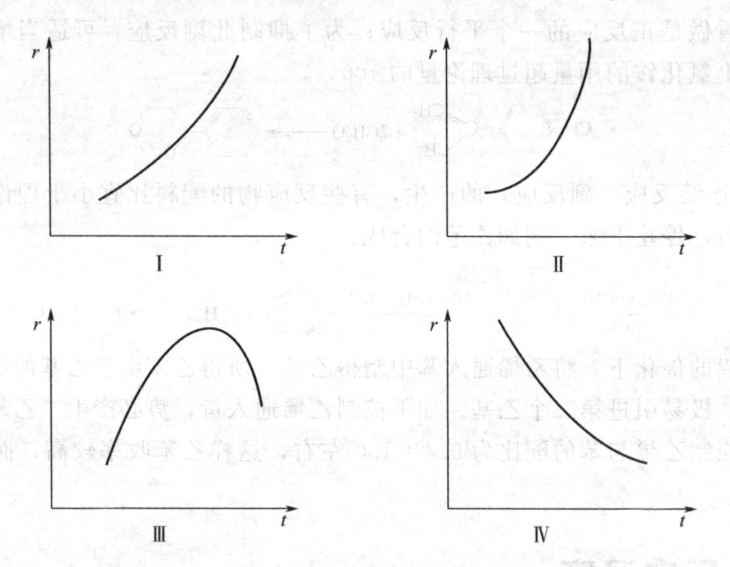


图 4-1　不同反应类型中温度对反应速率的影响

Ⅰ—一般反应；Ⅱ—爆炸反应；Ⅲ—催化加氢或酶反应；Ⅳ—反常反应

必须指出，温度对化学平衡的关系式为：

$$\lg K=\frac{-\Delta H}{2.303RT}+C$$

式中，$R$ 为气体常数；$T$ 为反应温度；$\Delta H$ 为热效应；$C$ 为常数；$K$ 为平衡常数。

由上式可以看出，若 $\Delta H$ 为负值时，为放热反应，温度升高，$K$ 值减小。对于这类反应，一般说来降低反应温度有利于反应的进行。

反之，若 $\Delta H$ 为正值时，即吸热反应，温度升高，$K$ 值增大，也就是升高温度对反应有利。

但是放热反应，也需要一定的活化能，即需要先加热到一定温度后才能开始反应。因此，应该结合该化学反应的热效应（反应热、稀释热和溶解热等）和反应速率常数等数据加以考虑，找出最适宜的反应温度。反应温度升高，反应速率相应增大，在高温下不利于副反应的进行。因此反应温度应尽快提高到所需要的温度，而不宜缓缓加热。

## 4.3　压力

多数反应是在常压下进行的，但有时反应要在加压下进行才能提高产率。

压力对于液相反应影响不大，而对于气相或气液相反应的平衡影响比较显著。压力对于理论产率的影响，依赖于反应前后体积或分子数的变化，如果一个反应的结果使体积增加（即分子数增加），那么，加压对产物生成不利；反之，如果一个反应的结果使体积缩小，则加压对产物的生成有利。可由下列公式看出：

$$K_p = k_N p^{\Delta v}$$

式中，$K_p$ 为用压力表示的平衡常数；$k_N$ 为用摩尔数表示的平衡常数；$\Delta v$ 为反应过程中分子数的增加（或体积的增加）。

理论产率取决于 $k_N$，并随 $k_N$ 增加而增大。当反应体系的平衡压力 $p$ 增大时，$p^{\Delta v}$ 的值视 $\Delta v$ 的值而定。如果 $\Delta v<0$，$p$ 增大后，则 $p^{\Delta v}$ 减小。因为 $K_p$ 不变，$k_N$ 如保持原来值就不能维持平衡，所以当压力增高时，$k_N$ 必然增加，因此加压有利。或者说，加压使平衡向体积减小或分子数减小的方向移动。如果 $\Delta v>0$，则正好相反，加压将使平衡向反应物方向移动，因此，加压对反应不利。这类反应应该在常压甚至在减压下进行。如果 $\Delta v=0$，反应前后体积或分子数无变化，则压力对理论产率无影响。在甲醇的合成反应中，反应时，体积或分子数减少。在常压 350℃时，甲醇的理论产率 $a \cong 10^{-5}$，这说明常压下这个反应无实际意义。但若将压力增大到 300atm[1]，则甲醇产率能达 40%，从而使原来可能性不大的反应转变为可能性较大的反应。

$$CO + 2H_2 \longleftrightarrow CH_3OH \quad \Delta v = 1-(2+1) = -2$$

除上述压力对化学平衡的影响以外，尚有其他因素，如氢化氧化反应中加压能增加氢气在溶液中的溶解度和催化剂表面上氢的浓度，从而促进反应的进行。另外如需要较高温度的液相反应，所需反应温度已超过反应物或溶剂的沸点，也可以在加压下进行，以提高反应温度，缩短反应时间。例如在合成磺胺嘧啶（DMF 路线）时，缩合反应是在甲醇中进行的。它在常压下反应，需要 12h 才能完成。现在 $3kgf/cm^2$[2] 压力下进行 2h，即可使反应完全。

## 4.4 溶剂

### 4.4.1 溶剂的分类

溶剂一般可分为质子性溶剂（protic solvent）和非质子性溶剂（aprotic solvent）两大类。

质子性溶剂，如水、酸、醇等含有易取代氢原子，可与含阴离子的反应物发生氢键结合，产生溶剂化作用，也可与阳离子的孤对电子对进行配价，或与中性分子中的氧原子（或氮原子）形成氢键，或由于偶极矩的相互作用而产生溶剂化作用。

质子性溶剂有水、醇类、醋酸、硫酸、多聚磷酸、氢氟酸-三氟化锑（$HF\text{-}SbF_3$）、氟磺酸-三氟化锑（$FSO_3H\text{-}SbF_3$）、三氟醋酸（$F_3CCOOH$）等，以及氨或胺类化合物。

非质子性溶剂不含有易取代的氢原子，主要是靠偶极矩或范德华力的相互作用而产生溶剂化作用。介电常数（$D$）和偶极矩（$\mu$）小的溶剂，其溶剂化作用亦小，一般介电常数在 15 以上的称为极性溶剂，15 以下的称为非极性溶剂或惰性溶剂。

[1] 1atm=101325Pa，全书余同。

[2] $1kgf/cm^2 = 98.0665kPa$，全书余同。

非质子性溶剂有醚类（乙醚、四氢呋喃、二氧六环等）、卤素化合物（氯甲烷、氯仿、二氯乙烷、四氯化碳等）、酮类（丙酮、甲乙酮等）、硝基烷类（硝基甲烷）、苯系（苯、甲苯、二甲苯、氯苯、硝基苯等）、吡啶、乙腈、喹啉、亚砜类［二甲基亚砜（DMSO）］和酰胺类［甲酰胺、二甲基甲酰胺（DMF）、*N*-甲基乙酰胺（DMAA），六甲基磷酰胺（HMPA）等］。

惰性溶剂一般指脂肪烃类化合物，常用的是正己烷、环己烷、庚烷和各种沸程的石油醚。

在药物合成中，绝大部分反应都是在溶剂中进行的。溶剂可以帮助反应散热或传热，并使反应分子能够均匀地分布，以增加分子碰撞和接触机会，从而加速反应进程。同时溶剂也可直接影响反应速率、反应方向、反应深度、产物构型等。因此，在药物合成中，对溶剂的选择与使用也是一项重要课题。

## 4.4.2 溶剂对药物合成反应的影响

溶剂对反应影响的原因非常复杂，目前还不能从理论上十分可靠地找出某反应的最适合的溶剂，常常根据试验结果确定。

(1) 溶剂对于反应速率的影响　有机反应按其机理来说，大体上可分成两大类：一类是游离基反应；另一类是离子型反应。在游离基型中，溶剂对反应并无显著的影响，然而在离子型反应中，溶剂对反应的影响常是很大的。

例如贝克曼（Beckmann）重排：

$$\underset{\displaystyle N\cdot OCH(NO_2)_3}{\overset{}{C_6H_5\underset{\|}{C}C_6H_5}} \xrightarrow{\text{慢}} \underset{\displaystyle \underset{\delta+\delta-}{N\cdot OC_6H_2(NO_2)_3}}{C_6H_5\underset{\|}{C}C_6H_5} \longrightarrow \underset{\displaystyle C_6H_5{-}N{-}C_6H_2(NO_2)_3}{C_6H_5CHC_6H_5}$$

其速率决定于第一步骤的解离反应，故极性溶剂有利于反应。在下列溶剂中反应速率的次序为：$C_2H_4Cl_2 > CHCl_3 > C_6H_6$，此三种溶剂的介电常数 $D$（20℃）分别为 10.7、5.0、2.28。这是由于离子或极性分子处于极性溶剂中时，在溶质和溶剂之间，能通过静电引力而发生溶剂化作用。在溶剂化过程中，物质放出热量而降低位能（见图 4-2）。一般说来，如果反应过渡

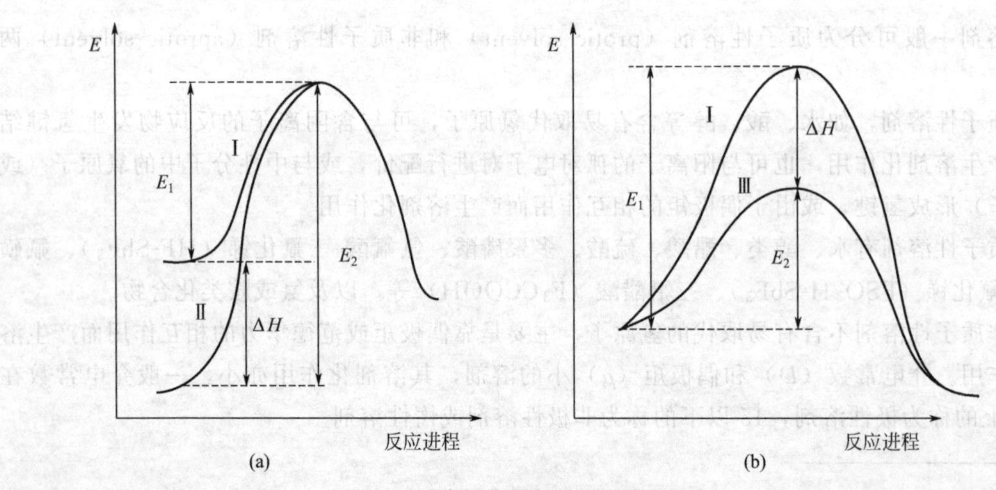


图 4-2　溶剂化与活化能的关系示意

$E$、$E_1$、$E_2$—活化能；$\Delta H$—热效应

状态（活化络合物）比反应物更容易发生溶剂化，那么，随着反应产物或活化络合物位能的下降，反应活化能也降低，故反应加速。溶剂的极性越大，对反应越有利。反之，如果反应物更容易发生溶剂化，则反应物的位能降低，相当于活化能增高，于是反应速率降低。

溶剂化效应的典型例子有下列两个反应。①碘乙烷与三乙胺的反应是形成离子的反应，所以在极性溶剂硝基苯中的比速率大大超过在非极性溶液正己烷中的比速率。②在乙酐与乙醇的反应中，由于反应物的极性大于生成物，所以在极性溶剂中的比速率反而不及非极性溶剂中的大。例子见表 4-2。

**表 4-2 反应在不同溶剂中的比速率**

| 溶剂 | $C_2H_5\text{-}I+N(C_2H_5)_3$，100℃ | $C_2H_5OH+(CH_3CO)_2O$，50℃ |
|---|---|---|
| $n\text{-}C_6H_{14}$ | 0.00018 | 0.0119 |
| $C_6H_6$ | 0.0058 | 0.0046 |
| $C_6H_5Cl$ | 0.023 | 0.0053 |
| $p\text{-}CH_3O\text{-}C_6H_5$ | 0.040 | 0.0029 |
| $C_6H_5NO_2$ | 70.1 | 0.0024 |

（2）溶剂对于反应方向的影响　可用以下两个例子说明。

① 甲苯与溴素进行溴化反应时，取代反应发生在苯环上还是侧链上，可用不同极性的溶剂来控制。

② 苯酚与乙酰氯进行傅-克（Friedel-Crafts）反应，在硝基苯溶剂中，产物主要是对位取代物；若在二硫化碳中反应，产物主要是邻位取代物。

PhOH —($CH_3COCl/AlCl_3$)→ $CS_2$：邻羟基苯乙酮（OH，O，$CH_3$）；$PhNO_2$：对羟基苯乙酮（O，$H_3C$，OH）

（3）溶剂对产品构型的影响　由于溶剂极性不同，有的反应产物中顺反异构体的比例也不同。如 Witting 反应：

$$PhCHO+Ph_3P{=}CHCH_2CH_3 \longrightarrow \underset{\text{顺式}}{Ph\text{–}CH{=}CH\text{–}CH_3} + \underset{\text{反式}}{Ph\text{–}CH{=}CH\text{–}CH_3}$$

控制反应的溶剂和温度可以使某种构型的产物成为主要产物。实验表明，当反应在非极性溶剂中进行时，有利于反式异构体的生成；在极性溶剂中进行时则有利于顺式异构体的生成。

## 4.5 催化剂

催化剂能改变反应速率，同时也能提高反应的选择性，减低副反应的速率，少生成副产物，但它不能改变化学平衡。在药物合成中估计有 80%～85%的化学反应需要应用催化剂，如在氢化、去氢、氧化、脱水、脱卤、缩合等反应中几乎都使用催化剂。又如酸碱催化反应、酶催化反应等也都广泛应用于化学工业中。

### 4.5.1 催化作用的基本特征

某一种物质在化学反应系统中，能改变化学反应速率而本身在反应前后化学性质并无变化，则称这种物质为催化剂。有催化剂参与的反应称为催化反应。

当催化剂的作用是加快反应速率时，称为正催化作用；减慢反应速率时称为负催化作用。负催化作用的应用比较少，如有一些易分解或易氧化的中间体或药物，在后处理或贮藏过程中为防止变质失效，可加入负催化剂以增加药物的稳定性。

在某些反应中，反应产物本身即具有加速反应的作用，称为自动催化作用。如游离基反应或反应中产生过氧化物中间体的反应都属于这一类，这类反应在药物合成反应中已有叙述。

对于催化作用的机理，至今还不是很清楚，它的特性，大致可以归纳为以下两点。

① 催化剂能使反应活化能降低，因而反应速率增大。没有催化剂时的活化能，大大超过用催化剂时的活化能。在没有催化剂时很难进行，而在有催化剂时，反应速率加快而且顺利，甚至在室温时就能发生。催化剂只能改变反应速率，它的作用是缩短到达平衡的时间，而不能改变化学平衡。就整个反应来说，有催化剂或没有催化剂参加，其开始状态与最终状态相同。无催化剂，反应也能进行，而且也能达到同样的平衡。催化剂只是加快了反应的速率。

反应的速率常数与平衡常数的关系为 $K=k_{正}/k_{逆}$。催化剂对正反应的速度常数 $k_{正}$ 与逆反应的速度常数 $k_{逆}$ 发生同样的影响，所以对正方向反应的优良催化剂，也应是逆反应的催化剂。

② 催化剂具有特殊的选择性，主要表现为两个方面。一是不同类型的化学反应，各有其适宜的催化剂。例如加氢反应的催化剂有铂、钯、镍等，氧化反应的催化剂有五氧化二钒、二氧化锰、三氧化钼等，脱水反应的催化剂有氧化铝、硅胶等。

催化剂选择性的另一个表现是对于同样的反应物系统，应用不同的催化剂，可以获得不同的产物。例如用乙醇为原料，使用不同的催化剂，在不同温度条件下，可以得到下面几种完全不同的产物，如图 4-3 所示。

$$C_2H_5OH\begin{cases}\xrightarrow[350\sim360℃]{Al_2O_3} H_2C{=}CH_2+H_2O\\ \xrightarrow[200\sim250℃]{Cu} CH_3CHO+H_2\\ \xrightarrow[400℃]{H_2SO_4} C_2H_5OC_2H_5+H_2O\\ \xrightarrow[400\sim500℃]{ZnO\cdot Cr_2O_3} H_2C{=}CH{-}CH{=}CH_2+H_2O+H_2\end{cases}$$

图 4-3　不同催化剂的催化效果不同

这些反应都是热力学上可能的，各个催化剂在其特定的条件下只是加速了某一反应。

### 4.5.2　催化剂的活性与影响活性的因素

催化剂的活性就是催化剂的催化能力，它是评价催化剂好坏的重要指标。在工业上，常用单位时间内的单位质量（或单位表面积）的催化剂在指定条件下所得的产品量来表示。例如，在接触法生产硫酸时，24h 生产 1t 硫酸需要催化剂 100kg，则活性 $A$ 为：

$$A=\frac{1\times1000}{100\times24}=0.42\text{kg(硫酸)}/[\text{kg(催化剂)}\cdot\text{h}]$$

影响催化剂活性的因素较多，主要有如下几点。

(1) 温度　温度对催化剂活性影响很大，温度太低时，催化剂的活性很小，反应速率很慢，随着温度升高，反应速率逐渐增大，但达到最大速率后，又开始降低。所以，绝大多数催化剂都有其活性温度范围，温度过高，易使催化剂烧结而破坏活性，最适宜的温度要通过实验来确定。

(2) 助催化剂（或促进剂）　在制备催化剂时，往往加入少量物质（一般少于催化剂用量10%），这种物质本身对反应的活性很小，但它却能显著提高催化剂的活性、稳定性或选择性。例如，在合成氨的铁催化剂中，加入45% $Al_2O_3$、1%～2% $K_2O$ 和1% CuO 等作为助催化剂，虽然 $Al_2O_3$ 等本身对氨合成无催化作用，但可使铁催化剂活性显著提高。又如苯甲醇用铀催化氢化成苯甲醇时，加入0.00001mol的三氯化铁可加速反应。

(3) 载体（担体）　在大多数情况下，常常把催化剂负载于某种惰性物质上，这种惰性物质称为载体。常用的载体有石棉、活性炭、硅藻土、氧化铝、硅酸等。加对硝基乙苯空气氧化制备对硝基苯乙酮，所用催化剂为硬脂酸钴，载体为碳酸钙。

使用载体可以使催化剂分散，从而使有效面积增大，既可提高其活性，又可节约其用量。同时还可增加催化剂的机械强度，防止其活性组分在高温下发生熔结现象，影响其使用寿命。

(4) 催化毒物　对于催化剂的活性有抑制作用的物质，叫做"催化毒"或"催化抑制剂"。有些催化剂对于毒物非常敏感，微量的催化毒即可使催化剂的活性减少甚至消失。毒化现象，有的是由于反应物中含有杂物如硫、磷、醇、硫化氢、砷化氢（$AsH_3$）、磷化氢（$PH_3$）及一些含氧化合物如一氧化碳、二氧化碳、水等所产生的，有的是由于反应中的生成物或分解物所产生的。

毒化现象有时表现为部分催化剂的活性消失。

### 4.5.3 药物合成中常用的酸碱催化剂

酸碱催化是指在溶液中的均相酸碱催化反应。例如淀粉的水解、缩醛的形成及水解、贝克曼重排等都是以酸为催化剂进行的。又如醇醛缩合、卡尼查罗（Cannizzaro）反应等则是以碱为催化剂进行的。另外如脂的水解、酰胺和腈的水解及葡萄糖的变旋反应等，既可用酸也可用碱为催化剂。由此可见，酸碱催化反应在有机合成的应用上很重要。

根据各类反应的不同特点，选择不同的酸碱催化剂。常用的酸性催化剂有：无机酸，如盐酸、氢溴酸、氢碘酸、硫酸、磷酸等；弱碱强酸的盐类，如氯化铵、吡啶盐酸盐等；有机酸，如对甲苯磺酸、草酸、磺基水杨酸等。无机酸中，盐酸的酸性最弱，所以醚键的断裂，常需用氢溴酸（HBr）或氢碘酸（HI）；硫酸也是常用的，但浓硫酸常伴有脱水和氧化的副作用，选用时应注意。对甲苯磺酸因性能较温和，副反应较少，常为生产上所采用。

卤化物作为路易氏酸类催化剂，应用较多的有氯化铝（$AlCl_3$）、二氯化锌（$ZnCl_2$）、氯化铁（$FeCl_3$）、四氯化锡（$SnCl_4$）和三氟化硼（$BF_3$）。这类催化剂常在无水条件下进行。

碱性催化剂的种类很多，常用的有：金属氢氧化物、金属氧化物、弱酸的强碱盐类、有机碱、酚钠、氨钠和金属有机化合物等。

常用的金属氢氧化物，一般有氢氧化钠、氢氧化钾、氢氧化钙。弱酸的强碱盐有碳酸钠、碳酸钾、碳酸氢钠及醋酸钠等。有机碱常用的有吡啶、甲基吡啶、三甲基吡啶、三乙胺和二甲基苯胺等。

醇钠是常用的碱性催化剂，如甲醇钠、乙醇钠、叔丁醇钠等。在醇钠中以叔醇的催化能力最强，伯醇最弱。某些不能被乙醇钠所催化的反应，有时可以被叔丁醇钠所催化。氨基钠的碱性比醇钠强，催化能力也较醇钠强。

有机金属化合物用得最多的有三苯甲基钠、2,4,6-三甲基苯钠、苯基钠、苯基锂、丁基锂，它们的碱性更强，而且与活泼性氢化物作用时，往往是不可逆的，这类化合物常可加入少量的铜盐来提高其催化能力。

此外，在酸碱催化中，为了便于使产品从反应体系中分离出来，可采用强酸型阳离子交换树脂或强碱型阴离子交换树脂（固体催化剂）来代替酸或碱，反应完成以后，很易于将离子交换树脂分离除去，液体经处理得反应产物，整个过程操作方便，并且易于实现连续化和自动化。

## 4.6 原料、中间体的质量控制

原料、中间体的质量，对下一步反应和产品的质量关系很大，若不加以控制、规定杂质含量的最高限度，不仅影响反应的正常进行和降低收率，更严重的是影响药品质量和治疗效果，甚至危害病人的健康和生命。一般药物生产中常遇到下列几种情况。

① 由于原料或中间体含量降低，若按原配比投料，就会造成某些原料的配比与实际不符，从而影响收率。

② 由于原料或中间体所含水分超过限量，致使无水反应无法进行或降低收率。又如在催化氢化的反应中，若原料中带进少量催化毒物，会使催化剂中毒而失去催化活性。

③ 由于副反应物的产生和混杂，许多有机反应，往往有两个或两个以上的反应同时进行，也就是说，除正反应以外，还有一系列的副反应产生，生成的副产物混在主要产物中，致使产品质量不合格，需要反复精制，致使收率下降。

## 4.7 反应终点的控制

许多化学反应在规定条件下完成后必须停止，并使反应生成物立即从反应系统中分离出来。否则，若继续反应可能使反应产物分解、破坏，副产物增多或产生其他复杂变化，进而使收率降低，产品质量下降。另一方面，若反应未到终点，过早地停止反应，也会导致同样的不良后果。必须注意，反应时间与生产周期和劳动生产率均有关系。为此，对于每一反应都必须掌握好它的进程，控制好反应终点。

反应终点的控制，主要是测定反应系统中是否有尚未反应的原料（或试剂）存在，测其残存量是否达到一定的限度。一般可采用简易快速的化学或物理方法，如测定其显色、沉淀、酸碱度等，也可采用如薄层色谱、气相色谱、纸色谱等。

也可根据反应现象、反应变化情况及反应生成物的物理性质（如密度、溶解度、结晶形态等）来判定反应终点。

## 4.8 设备因素

化学反应过程一般总会有传热和传质过程伴随，而传热、传质以及化学反应过程又都要受流动的类型和状况所影响，因此，设备条件是化工生产中的重要因素。各种化学反应对设备的要求不同，而且反应条件与设备条件之间是相互联系又相互影响的。必须使反应条件与设备因素有机地结合或统一起来，才能最有效地进行化工生产。

例如，乙苯的硝化是多相反应，混酸在搅拌下加到乙苯中，混酸与乙苯互不相溶，在这里搅拌效果的好坏是非常重要的，加强搅拌可增加两相接触面积，加速反应。又如应用固体金属的催化反应，应用雷尼镍时，若搅拌效果不佳，密度大的雷尼镍沉在罐底，就起不到催化作用。苯胺的重氮化还原制备苯肼，若用一般间歇反应锅，需在0～5℃进行。如温度过高，生成的重氮盐分解可导致发生其他副反应。若改用管道化连续反应器，使生成的重氮盐迅速转入下一步反应，这样就可以在常温下进行，并提高收率。

## 4.9 工艺研究中的几个问题

在考查工艺条件的研究阶段，还必须注意和解决下列一些问题。

（1）原辅材料规格的过渡试验　设计或选择的工艺路线以及各步化学反应的工艺条件进行实验研究时，开始时常使用试剂规格的原辅材料（原料、试剂、溶剂等），这是为了排除原辅料中所含杂质的不良影响，从而保证实验结果的准确性。但是当工艺路线确定之后，在进一步考察工艺条件时，就应尽量改用以后生产上能得到供应的原辅材料。为此，应考察工业规格的原辅材料所含杂质对反应收率和产品质量的影响，制定原辅材料的规格标准，规定各种杂质的允许限度。

（2）设备材质和腐蚀实验　实验室研究阶段，大部分的实验是在玻璃仪器中进行的，但在工业生产中，反应物料要接触到各种设备材质，有时某种材质对某一化学反应有极大的影响，甚至使整个化学反应遭到破坏。例如将对二甲苯、对硝基甲苯等苯环上的甲基空气氧化成为羧基（以冰醋酸为溶剂、以溴化钴为催化剂）时，必须在玻璃或钛质的容器中进行，如有不锈钢存在可使整个反应遭到破坏。因此必要时可在玻璃容器中加入某种材料以试验其对反应的影响。

另外，为研究某些具有腐蚀性的物料对设备材质的腐蚀情况，需要进行腐蚀性实验，为中间试验和工艺设计选择生产设备提供数据。

（3）反应条件限度实验　通过前述工艺研究，可以找到最适宜的工艺条件（如温度、压力、pH等），它们往往不是单一的点，而是一个许可的范围。有些反应对工艺条件要求很严，超过某一限度后，就会造成重大损失，甚至发生安全事故。在这种情况下，应该进行工艺条件的限度实验，有意识地安排一些破坏性实验，以便更全面地掌握该反应的规律，为确保生产正常和安全提供数据。

（4）原辅材料、中间体及新产品质量的分析方法研究　在药物的工艺研究中，有许多原辅材料，特别是中间体和新产品均无现成的分析方法，为此，必须开展这方面分析方法的研究，以便制定出准确可靠且又简便易行的检验方法。

（5）反应后处理方法的研究　一般说来，反应的后处理是指在化学反应结束后一直到取得本步反应产物的整个过程而言。这里不仅要从反应混合物中分离得到目的物，而且也包括母液的处理等。后处理化学过程较少（如中和等），而多数为化工单元操作过程，如分离、提取、蒸馏、结晶、过滤以及干燥等。

在合成药物生产中，有的合成步骤与化学反应不多，然而后处理的步骤与工序却很多，而且较为麻烦。因此，搞好反应的后处理对于提高反应产物的收率、保证药品质量、减轻劳动强度和提高劳动生产率都有着非常重要的意义。为此，必须重视后处理的工作，要认真对待。

后处理的方法随反应的性质不同而异。但在研究此问题时，首先，应摸清反应产物系统中可能存在的物质的种类、组成和数量等（这可通过反应产物的分离和分析化验等工作加以解决），在此基础上找出它们性质之间的差异，尤其是主产物或反应目的物与其他物质相区别的特性。然后，通过实验拟定反应产物的后处理方法，在研究与制定后处理方法时，还必须考虑简化工艺操作的可能性，并尽量采用新工艺、新技术和新设备，以提高劳动生产率，降低成本。

# 第5章

# 物质的分析与检测

## 5.1 高锰酸钾溶液含锰量的测定——分光光度法

### 5.1.1 目的

① 掌握分光光度法测定试液中锰含量及其计算。

② 掌握标准曲线法测定物质的含量。

### 5.1.2 原理

在 525nm 波长处测定各含锰标准溶液的吸光度和含锰试液的吸光度可以得到吸光度与含锰量成正比的标准曲线，即工作曲线，从而可以求出试液的含锰量。

### 5.1.3 仪器、药品及材料

721 型分光光度计、吸量管、含锰标准溶液（0.100mg/mL）、含锰试液、容量瓶(50mL)。

### 5.1.4 实验步骤

（1）标准溶液和试液吸光度的测定　在 5 个 50mL 容量瓶中用吸量管分别加入 2mL、4mL、6mL、8mL 含锰标准溶液和 10mL 含锰试液，用蒸馏水定容，在 525nm 波长处，用 1cm 比色皿，以蒸馏水为参比液，测定各溶液的吸光度，并填写数据记录表（见表 5-1）。

**表 5-1　记录表**

| 含锰标准溶液的体积/mL | 2 | 4 | 6 | 8 | 试液 |
| --- | --- | --- | --- | --- | --- |
| 吸光度(*A*) | | | | | |

（2）标准曲线的制作　根据数据记录表，以吸光度 *A* 为纵坐标，以标准溶液的体积(mL) 为横坐标制作标准曲线图。

（3）试液含锰量的求算　在标准曲线图上，根据试液的吸光度 $A$，试找出相应横坐标上的毫升数 $V_x$，试液含锰量即为：

$$试液含锰量（mg/mL）=\frac{V_x \times 0.100}{10}$$

### 5.1.5　思考题

① 高锰酸钾溶液的最大吸收波长是多少？

② $V_x$（mL）标准溶液的含锰总量与 10mL 试液的含锰总量是否相同？

## 5.2　化学实验中含铬废液的处理与含量测定

### 5.2.1　目的

① 掌握含铬废液的处理方法。

② 学习 721 型或 722 型分光光度计的使用。

### 5.2.2　原理

铬（Ⅵ）化合物对人体的危害很大，能引起皮肤溃疡、贫血、肾炎及神经炎。所以含铬废水必须经过处理达到排放标准才能排放。

Cr（Ⅲ）的毒性远比 Cr（Ⅵ）小，所以可用硫酸亚铁石灰法来处理含铬废液，使 Cr（Ⅵ）转化为 Cr（Ⅲ）难溶物而除去。

Cr（Ⅵ）与二苯碳酰二肼作用生成紫红色配合物，可进行比色测定，确定溶液中 Cr（Ⅵ）的含量。Hg（Ⅰ，Ⅱ）也与配位剂生成紫色化合物，但在实验的酸度条件下不灵敏。Fe（Ⅲ）浓度超过 1mg/L 时，能与试剂生成黄色溶液，后者可用 $H_3PO_4$ 消除。

### 5.2.3　实验用品

10mL 刻度移液管，20.00mL 大肚移液管，25.00mL 容量瓶 7 个，1000mL 容量瓶 1 个，分光光度计，2cm 比色皿一套，1∶1 $H_2SO_4$ 溶液，1∶1 $H_3PO_4$ 溶液，NaOH 固体，二苯碳酰二肼，$FeSO_4 \cdot 7H_2O$ 固体，CaO 或 NaOH 固体，30% $H_2O_2$。

### 5.2.4　内容

① 往含铬（Ⅵ）废液中逐滴加入 $H_2SO_4$ 使呈酸性，然后加入足量 $FeSO_4 \cdot 7H_2O$ 固体充分搅拌，使溶液中铬（Ⅵ）转化为铬（Ⅲ）。加入 CaO 或 NaOH 固体，将溶液调制 pH≈9，此时 $Cr(OH)_3$ 和 $Fe(OH)_3$ 等沉淀，可过滤除去。

② 将除去的 $Cr(OH)_3$ 滤液，在碱性条件下加入足量 $H_2O_2$，使溶液中残留的 $Cr^{3+}$ 转化为 Cr（Ⅵ）。然后除去过量的 $H_2O_2$。

③ 配置 Cr（Ⅵ）标准溶液。用 10mL 刻度移液管量取 10.00mL Cr（Ⅵ）标准溶液［此液 1mL 含 Cr（Ⅵ）0.100mg］放入 1000mL 容量瓶中，用蒸馏水稀释至刻度，摇匀备用。

用 10mL 刻度移液管分别移取 1.00mL、2.00mL、4.00mL、6.00mL、8.00mL、10.00mL 上面配置的 Cr（Ⅵ）标准溶液，放入 6 个 25.00mL 容量瓶中；再用 20.00mL 大

肚移液管移取 20.00mL 步骤 2 制备的样品液放入另一个 25.00mL 容量瓶中。

分别往上面 7 份溶液中各加入 5 滴 1∶1 $H_2SO_4$ 和 5 滴 1∶1 $H_3PO_4$，摇匀后再用移液管各加入 1.50mL 二苯碳酰二肼溶液，再定容，摇匀。用分光光度计，以 540nm 波长、2cm 比色皿测定各溶液的吸光度。

### 5.2.5 实验结果与讨论

数据填入记录表（见表 5-2）。

**表 5-2 记录表**

| 序号 | 1 | 2 | 3 | 4 | 5 | 6 | 含铬废液 |
| --- | --- | --- | --- | --- | --- | --- | --- |
| 标准溶液体积/mL | | | | | | | |
| 吸光度 | | | | | | | |

① 绘制（*V-A*）标准曲线，作吸光度-标准溶液中 Cr（Ⅵ）含量（μg）图。

② 从曲线中查出含铬废液中 Cr（Ⅵ）的含量（μg）。

③ 求算废液中 Cr（Ⅵ）的含量，以 μg/L 表示。

注意：$FeSO_4 \cdot 7H_2O$ 固体的加入量视溶液中 Cr（Ⅵ）的含量而定。可以在实验前取少量溶液进行实验来确定。

### 5.2.6 思考题

① 在实验内容①中，加入 CaO 或 NaOH 固体后，首先生成的是什么沉淀？

② 在实验内容②中，为什么要除去过量的 $H_2O_2$？

## 5.3 原子吸收标准曲线法测定化学药物样品中微量锌

### 5.3.1 目的

① 掌握原子吸收分光光度计的操作与维护方法。

② 掌握标准曲线法测定化学药物样品中微量锌的实验方法。

### 5.3.2 原理

本方法是利用基态原子蒸气能够吸收同种原子发射的特征谱线的性质，并以朗伯比尔定律为定量依据。采用标准曲线法进行定量分析。

### 5.3.3 仪器与试剂

（1）仪器 AA-6300 型原子吸收分光光度计；乙炔钢瓶；空气压缩机；锌元素空心阴极灯；50mL 容量瓶 7 只；10mL 移液管 1 只；洗瓶等。

（2）试剂

① 10μg/mL $Zn^{2+}$ 标准溶液。称取金属锌粉（99.9%）0.01000g，置于 400mL 烧杯中，加盐酸（1∶1）20mL，加热溶解，小火蒸至小体积，冷却，加盐酸（1∶1）5mL，加水煮沸至盐类溶解，冷却后转移至 1000mL 容量瓶中，用去离子水稀释至刻度。

② 含 $Zn^{2+}$ 药物水溶液若干。

### 5.3.4 内容

(1) 按照仪器操作规程开启仪器，调节锌元素测定条件　波长：213.86nm；灯电流：5.00mA；狭缝宽度：0.4nm；燃烧器高度：6mm；空气压力：0.3MPa；乙炔气压力：0.09MPa；空气流量：6.5L/min；乙炔流量：1.0L/min；火焰类型：蓝色火焰；定量分析方法：标准曲线法。

(2) $Zn^{2+}$ 标准系列及试液配制　准确移取 $Zn^{2+}$ 标准液 0.00mL、1.00mL、2.00mL、3.00mL、4.00mL、5.00mL，分别置于 6 个 50mL 容量瓶中，在另一个 50mL 容量瓶中准确移入 $Zn^{2+}$ 试液 3.00mL，用去离子水稀释至刻度。

(3) 测定标准系列及试剂吸光度　在上述工作条件下依次测定标准系列及试液的吸光度，填入表 5-3。

表 5-3　不同浓度溶液的吸光度

| 编号 | $Zn^{2+}$ 标准溶液浓度/(μg/mL) | 吸光度 A |
|---|---|---|
| 1 | 0.2 | |
| 2 | 0.4 | |
| 3 | 0.6 | |
| 4 | 0.8 | |
| 5 | 1.0 | |
| 6 | 试液 $\rho$ | |

(4) 计算　测定完毕，绘制标准曲线，查出试液浓度 $\rho$，并计算出原始药物中 $Zn^{2+}$ 的浓度 $\rho_x$。

计算公式为：$\rho_x(\mu g/mL)=\rho 50/3.00$

### 5.3.5 思考题

① 测定金属离子的方法包括哪些？

② 比较紫外分光光度法与原子吸收法的测试原理与过程。

③ 简述原子吸收分光光度计的测试原理与结构。

④ 简述标准曲线测试方法的过程。

⑤ 如何配置含 $Zn^{2+}$ 的标准溶液。

⑥ 简述使用原子吸收分光光度计的注意事项。

### 5.3.6 知识链接

原子吸收光谱仪是分析化学领域中一种极其重要的分析方法，已广泛用于冶金工业。原子吸收光谱法是利用被测元素的基态原子特征辐射线的吸收程度进行定量分析的方法，既可进行某些常量组分测定，又能进行 $10^{-6}$、$10^{-9}$ 级微量测定，还可进行钢铁中低含量的 Cr、Ni、Cu、Mn、Mo、Ca、Mg、Al、Cd、Pb、Ad，原材料、铁合金中的 $K_2O$、$Na_2O$、MgO、Pb、Zn、Cu、Ba、Ca 等元素的分析及一些纯金属（如 Al、Cu）中残余元素的检测。

因原子吸收光谱仪的灵敏、准确、简便等特点，现已广泛用于冶金、地质、采矿、石油、轻工、农业、医药、卫生、食品及环境监测等方面的常量及微痕量元素分析。

方法原理：原子吸收是指呈气态的原子对由同类原子辐射出的特征谱线所具有的吸收现象。当辐射投射到原子蒸气上时，如果辐射波长相应的能量等于原子由基态跃迁到激发态所需要的能量时，则会引起原子对辐射的吸收，产生吸收光谱。基态原子吸收了能量，最外层的电子产生跃迁，从低能态跃迁到激发态。

#### 5.3.6.1 原子吸收光谱仪简介

原子吸收光谱仪是由光源、原子化器、分光系统和检测系统组成。

(1) 光源 作为光源要求发射的待测元素的锐线光谱有足够的强度、背景小、稳定性好。一般采用：空心阴极灯，无极放电灯。

(2) 原子化器（atomizer） 可分为预混合型火焰原子化器（premixed flame atomizer）、石墨炉原子化器（graphite furnace atomizer）、石英炉原子化器（quartz furnace atomizer）、阴极溅射原子化器（cathode sputtering atomizer）。

① 火焰原子化器由喷雾器、预混合室、燃烧器三部分组成。特点：操作简便、重现性好。

② 石墨炉原子化器是一类将试样放置在石墨管壁、石墨平台、碳棒盛样小孔或石墨坩埚内用电加热至高温实现原子化的系统。其中管式石墨炉是最常用的原子化器。

原子化程序分为干燥、灰化、原子化、高温净化。

原子化效率高：在可调的高温下试样利用率达100%。

灵敏度高：其检测限达$10^{-6}$～$10^{-14}$。

试样用量少：适合难熔元素的测定。

③ 石英炉原子化系统是将气态分析物引入石英炉内在较低温度下实现原子化的一种方法，又称低温原子化法。它主要是与蒸气发生法配合使用（氢化物发生、汞蒸气发生和挥发性化合物发生）。

④ 阴极溅射原子化器是利用辉光放电产生的正离子轰击阴极表面，从固体表面直接将被测定元素转化为原子蒸气。

(3) 分光系统（单色器） 由凹面反射镜、狭缝或色散元件组成。

色散元件为棱镜或衍射光栅。

单色器的性能是指色散率、分辨率和集光本领。

(4) 检测系统 由检测器（光电倍增管）、放大器、对数转换器和电脑组成。

#### 5.3.6.2 最佳条件的选择

① 吸收波长的选择。

② 原子化工作条件的选择：

a. 空心阴极灯工作条件的选择（包括预热时间、工作电流）；

b. 火焰燃烧器操作条件的选择（试液提升量、火焰类型、燃烧器的高度）；

c. 石墨炉最佳操作条件的选择（惰性气体、最佳原子化温度）。

③ 光谱通带的选择。

④ 检测器光电倍增管工作条件的选择。

#### 5.3.6.3 干扰及消除方法

干扰分为：化学干扰、物理干扰、电离干扰、光谱干扰、背景干扰。

化学干扰消除办法：改变火焰温度、加入释放剂、加入保护络合剂、加入缓冲剂。

背景干扰的消除办法：双波长法、氘灯校正法、自吸收法、塞曼效应法。

**5.3.6.4 原子吸收光谱法的优点与不足**

① 检出限低，灵敏度高。火焰原子吸收法的检出限可达到 $10^{-9}$ 级，石墨炉原子吸收法的检出限可达到 $10^{-14}\sim10^{-10}$g。

② 分析精度好。火焰原子吸收法测定中等和高含量元素的相对标准偏差可小于1%，其准确度已接近于经典化学方法。石墨炉原子吸收法的分析精度一般为3%～5%。

③ 分析速度快。原子吸收光谱仪在35min内能连续测定50个试样中的6种元素。

④ 应用范围广。可测定的元素达70多种，不仅可以测定金属元素，也可以用间接原子吸收法测定非金属元素和有机化合物。

⑤ 仪器比较简单，操作方便。

⑥ 原子吸收光谱法的不足之处是多元素同时测定尚有困难，有相当一些元素的测定灵敏度还不能令人满意。

## 5.3.7 案例解析——火焰原子吸收法

(a) 目标元素和定量范围　见表5-4。

**表5-4　元素含量**

| 元素 | 含量/% |
| --- | --- |
| Fe | ≥0.005，≤2.0 |
| Mg | ≥0.01，≤1.0 |
| Mn | ≥0.001 |
| Na | ≥0.01，≤0.2 |

(b) 测定步骤　测定的步骤如下，有关灯电流、狭缝宽和火焰条件等参照使用仪器所附的分析手册。

**5.3.7.1 Fe**

【试剂】

(1) Fe标准溶液（50μg Fe/mL）　参照使用仪器所附的分析手册。

(2) Ti　大于99%纯度Fe的百分含量尽可能低，且已知。

【步骤】

① 如果样品Fe的含量小于0.1%，溶液制备于（a）Fe、Mg、Mn可直接用于测定。如果样品包含0.1%～0.5%的Fe，分取20mL的样品溶液到100mL容量瓶，加8mL的盐酸（1+1），用水定容到体积，此溶液用于测定。如果样品包含0.5%～2.0%的Fe，分取5mL的样品溶液到100mL容量瓶，加9.5mL的盐酸（1+1），用水定容到体积，此溶液用于测定。

作为空白试验，测定稀释标准用的溶液而不加入任何Fe标准溶液，得到的结果用于校正此后标准和样品的测定值。

② 制备用于校准曲线的系列标准溶液，当Fe含量小于0.1%时，准备几个聚乙烯烧杯(200mL)，称取0.50g的Ti到各烧杯中。在完成与样品前处理（a）Fe、Mg、Mn中描述的相同的步骤后，准确地将Fe标准溶液（50μg Fe/mL）以逐步增加的体积从0～10.0mL(0～0.5mg的Fe）加入到这些烧杯中，用水稀释到200mL。

如果Fe含量为0.5%～2.0%，准备几个聚乙烯烧杯（200mL），称取0.50g的Ti到各烧杯中。在完成与样品前处理（a）Fe、Mg、Mn中描述的相同的步骤后，准确地将Fe标准溶液（50μg Fe/mL）以逐步增加的体积从 0～10.0mL（0～0.5mg 的 Fe）加入到这些烧杯，用水稀释到 200mL。

【测定】 测定条件如下。

测定波长：248.3nm；

校准曲线浓度范围：0.5～5μg/mL；

灯电流：12mA/0mA；12mA/400mA；

燃烧器高度：7mm；

波长：248.3nm，248.3nm；

燃烧器角度：0°；

狭缝宽：0.2nm，0.2nm；

燃气流量：2.2L/min；

点灯方式：BGC-$D_2$，BGC-SR；

助燃气的类型：空气。

**5.3.7.2 Mg**

【试剂】

（1）Mg 标准溶液（10μgMg/mL） 参照使用仪器所附的分析手册。

（2）Ti 纯度大于 99%，Mg 的百分含量尽可能低，且已知。

（3）氯化锶溶液 溶解 10g 的氯化锶于水中，用水定容到 100mL。

【步骤】

① 制备如样品前处理（a）Fe、Mg、Mn，取 10mL 的溶液转移到 100mL 容量瓶。加 5mL 的盐酸（1+1）和 5mL 的氯化锶溶液，用水定容到体积。

作为空白试验，使用与前处理样品相同量的试剂，进行与样品相同的前处理步骤制作空白溶液和测定。得到的结果用于校正此后标准和样品的测定值。

② 制备用于校准曲线的系列标准溶液，称取 1.0g 的 Ti 转移到聚乙烯烧杯（200mL）。在完成与样品前处理（a）Fe、Mg、Mn 中描述的相同的步骤后，转移几份 10mL 溶液到几个 100mL 容量瓶。准确地将 Mg 标准溶液（10μg Mg/mL）以逐步增加的体积从 0～10.0mL（0～0.1mg 的 Mg）加入到各容量瓶中，加 5mL 的盐酸（1+1）和 5mL 的氯化锶溶液，用水定容到体积。

【测定】 测定条件如下。

测定波长：285.2nm；

校准曲线浓度范围：0.05～1μg/mL；

灯电流：8mA/0mA；8mA/500mA；

燃烧器高度：7mm；

波长：285.2nm，285.2nm；

燃烧器角度：0°；

狭缝宽：0.5nm、0.5nm；

燃气流量：1.8L/min；

点灯方式：BGC-$D_2$，BGC-SR；

助燃气的类型：空气。

【附注】 如果标准溶液的吸收超过 0.5，调节燃烧器角度使浓度最高的标准溶液的吸收约为0.5。

#### 5.3.7.3 Mn

【试剂】

(1) Mn标准溶液(10μg Mn/mL) 参照使用仪器所附的分析手册。

(2) Ti 纯度大于99%,Mn的百分含量尽可能低,且已知。

【步骤】

① 按照样品前处理(a)Fe、Mg、Mn制备的溶液可直接测定。

制备和测定空白溶液,该溶液与用于稀释标准的溶液相同但未加入任何Mn标准溶液,得到的结果用于校正此后标准和样品的测定值。

② 制备用于校准曲线的系列标准溶液,准备几个聚乙烯烧杯(200mL)。各称1.0g的Ti置入其中,在完成与样品前处理(a)Fe,Mg,Mn中描述的相同的步骤后,准确地将Mn标准溶液(10μg Mn/mL)以逐步增加的体积从0~5.0mL(0~0.05mg的Mn)加入到这些烧杯中,用水稀释到200mL。

【测定】 测定条件如下。

测定波长:279.5nm;

校准曲线浓度范围:0.05~0.5μg/mL;

灯电流:10mA/0mA,10mA/600mA;

燃烧器高度:7mm;

波长:279.5nm,279.5nm;

燃烧器角度:0°;

狭缝宽:0.2nm,0.2nm;

燃气流量:2.0L/min;

点灯方式:BGC-$D_2$,BGC-SR;

助燃气的类型:空气。

#### 5.3.7.4 Na

【试剂】

(1) Na标准溶液(100μg Fe/mL) 参照使用仪器所附的分析手册。

(2) Ti 纯度大于99%,Na的百分含量尽可能低,且已知。

【步骤】

① 按照样品前处理(a)Na制备的溶液可直接测定。

制备和测定空白溶液,该溶液与用于稀释标准的溶液相同但未加入任何Na标准溶液,得到的结果用于校正此后标准和样品的测定值。

② 制备用于校准曲线的系列标准溶液,准备几个聚乙烯烧杯(300mL)。各称1.0g的Ti置入其中,在完成描述于样品前处理(a)Na相同步骤操作后,准确地将Na标准溶液(100μg Na/mL)以逐步增加的体积从0~20.0mL(0~2mg的Mn)加入到这些烧杯中,用水稀释到300mL。

【测定】 测定条件如下。

测定波长:589.0nm;

校准曲线浓度范围:0.1~4μg/mL;

灯电流:12mA/0mA,8mA/600mA;

燃烧器高度：7mm；

波长：589.0nm，589.0nm；

燃烧器角度：0°；

狭缝宽：0.2nm，0.2nm；

燃气流量：1.8L/min；

点灯方式：HCL，BGC-SR；

助燃气的类型：空气。

【附注】 如果标准溶液的吸收超过0.5，调节燃烧器角度使浓度最高的标准溶液的吸收约为0.5。

## 5.4 采用HPLC测定氟伐他汀钠原料的含量

### 5.4.1 目的

① 掌握高效液相法操作方法。

② 掌握高效液相法测定氟伐他汀钠原料含量的方法。

### 5.4.2 方法

色谱柱：C18（4.6mm×250mm），5μm；检测器：紫外检测器；检测波长：305nm；

流速：1.2mL/min；进样体积：20μL；

流动相：0.01mol/L磷酸氢二钠（用磷酸调节pH=3）∶乙腈=40∶60；

样品的配置：精密称定4mg氟伐他汀钠，用甲醇溶解在10mL容量瓶中。

### 5.4.3 内容

（1）溶剂的配制及处理　HPLC级别的乙腈用0.45μm滤膜过滤（有机系），仪器为溶剂过滤器，溶剂的初滤液弃去，目的是清洗滤膜和容器。

0.01M磷酸氢二钠溶液的配制及处理：精密称取无水磷酸氢二钠1.4214g，用蒸馏水溶解在1000mL容量瓶中。加入80%的溶剂，超声10min，定容，超声5min，用磷酸调pH=3。用0.45μm滤膜过滤（水系），仪器为溶剂过滤器，溶剂的初滤液弃去，目的是清洗滤膜和容器。

过滤的目的为：①除去溶剂中的杂质。②除去溶剂中的气体。

（2）样品的配制　称取0.0040g氟伐他汀钠溶剂在10mL容量瓶中，溶剂为甲醇。先用80%溶剂溶解在容量瓶中，超声5min，定容，再超声5min。过滤采用微孔滤膜（0.25μm），初滤液弃去，续滤液装入样品瓶。推动力为正压。禁止抽滤。

（3）样品瓶的清洗　用铬酸洗液清洗，蒸馏水洗涤、甲醇洗涤，干燥。

（4）样品的测试。

### 5.4.4 仪器操作步骤

（1）开机

① 开总电源→开前面三个小电源。

② 开电脑→开始→所有程序→D-2000Elite→D-2000Elite→(i)→Initialite→模块详细信

息（初始化）→界面中位于下面的泵→手动设置（比例、流速）→Apply→开泵（界面中位于上面的泵）、洗针 Flush wash（提示：开阀门、OK、洗否、关）→确定。

（2）建立方法

① 界面上第二个菜单→打开一种方法→修改泵的参数 time time A% B% C%。

② 修改检测器参数→样品出峰时间即保留时间一般 6min、波长一般大于 200nm。

③ 点第二排菜单→面积不选，选择面积归一或外标（对比标准品）EXT STD 一般选直线、过圆点两项，其他项不选。

④ 给标准品、样品命名，保留时间不改→填标准样浓度。

⑤ 发送→File→保存设定的方法 save methed。

（3）建样品表

① 选择一种样品表打开→填写样品孔号、体积、进样次数、样品类型（STD 标准品、UNF 样品）、样品名、设置方法，可在此添加样品（可设置最后一个样品为 A=40%、B=60%，或手动设置泵参数以冲洗色谱柱）。

② File→保存样品表。

（4）采样　机器自动操作。

（5）数据处理

① 选择一种采样→STD→修改标准品曲线→Display。

② 修改曲线积分禁止 Integration 修改，time、Function（禁止或允许）、Status（on 或 off）。

③ 修改保留时间 RT（min），峰上有显示。

④ 色谱表→选择所有样品→Recalculate→Modify Report 修改后的报告→放大→打印。

（6）停泵　关泵。

### 5.4.5　其他注意事项

（1）排气操作　初始化→界面中下面的泵→Sappler→Plungen Wash→输入 5（洗 5 次）。提示：洗前要卸去螺丝，换注射器，当仪器启动排气一次时，须手拉注射器一次。

（2）注意事项　机器应常开，最好一周开一次；标准样瓶不能空，甲醇用色谱纯，超纯水；灯变红表明机器不正常；碳 18 柱通常不换；机器有三处易漏，如报警，检查漏点并擦拭；三通松动可排气或液，如几天没用要排气一次，换液时也要排气；常紧固机器内所有螺丝；试剂不可久放；进样干净，用前过滤；盐要少，用后洗净。

### 5.4.6　思考题

① 简述高效液相色谱的组成。

② 简述高效液相色谱的优点。

③ 简述高效液相色谱的工作原理。

④ 简述高效液相色谱的适用范围。

⑤ 如何配制和处理 0.01mol/L 磷酸氢二钠溶液？

⑥ 高效液相色谱常用的流动相有哪些？

⑦ 简述高效液相色谱溶剂过滤使用的设备及滤膜的孔径尺寸。

⑧ 简述针头式过滤器尺寸及其正确的使用方法。

⑨ 简述样品瓶的洗涤方法。

⑩ 高效液相色谱样品如何处理？

⑪ 简述高效液相色谱高压泵的结构。

⑫ 高效液相色谱法测定设置的参数包括哪些？

## 5.4.7　知识链接

### 5.4.7.1　高效液相色谱的组成

高效液相色谱（high performance liquid chromatography，HPLC）也叫高压液相色谱（high pressure liquid chromatography）、高速液相色谱（high speed liquid chromatography）、高分离度液相色谱（high resolution liquid chromatography）等。是在经典液相色谱法的基础上，于20世纪60年代后期引入了气相色谱理论而迅速发展起来的。它与经典液相色谱法的区别是填料颗粒小而均匀，小颗粒具有高柱效，但会引起高阻力，需用高压输送流动相，故又称高压液相色谱。又因分析速度快而称为高速液相色谱。见图5-1。

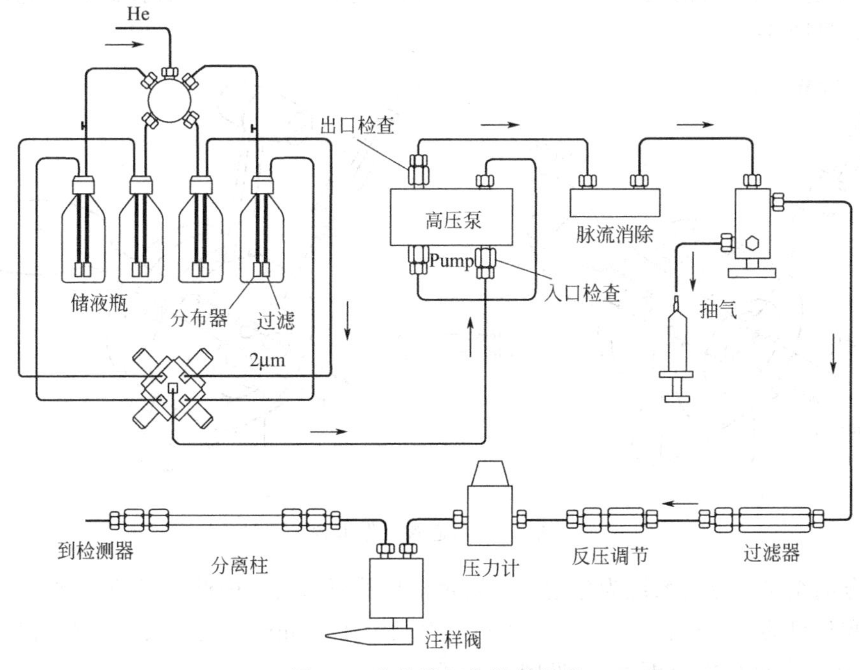


图5-1　高效液相色谱的组成

HPLC仪器包括：高压输液装置，进样系统，分离系统，检测系统。此外还配有梯度淋洗、自动进样和数据处理装置。

（1）高压输液系统

① 贮液器。1～2L的玻璃瓶，配有溶剂过滤器（Ni合金），其孔径约2μm，可防止颗粒物进入泵内。

② 脱气。超声波脱气或真空加热脱气。溶剂通过脱气器中的脱气膜，相对分子质量小的气体透过膜从溶剂中除去。

③ 高压泵。对输液泵的要求：密封性好、输液流量稳定无脉动、可调范围宽、耐腐蚀。见图5-2。

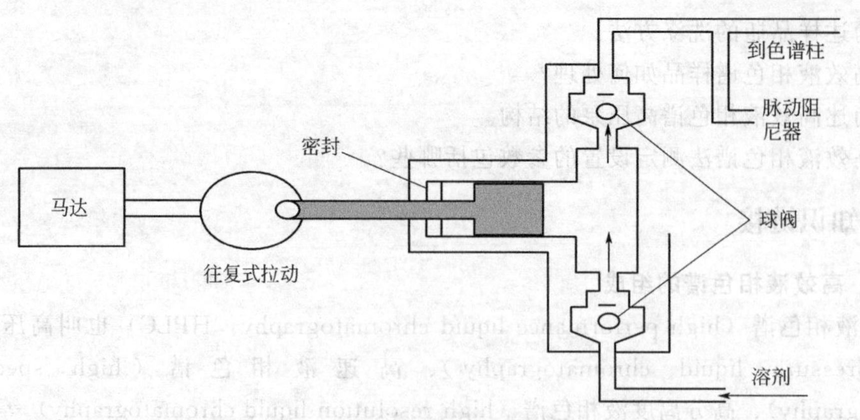


图 5-2 机械往复柱塞泵示意

(2) 进样系统

① 隔膜注射进样。使用微量注射器进样。装置简单、体积小。但进样量小且重现性差。

② 高压进样阀。目前最常用的为六通阀。由于进样量可由样品管控制，因此进样准确，重复性好，见图 5-3。

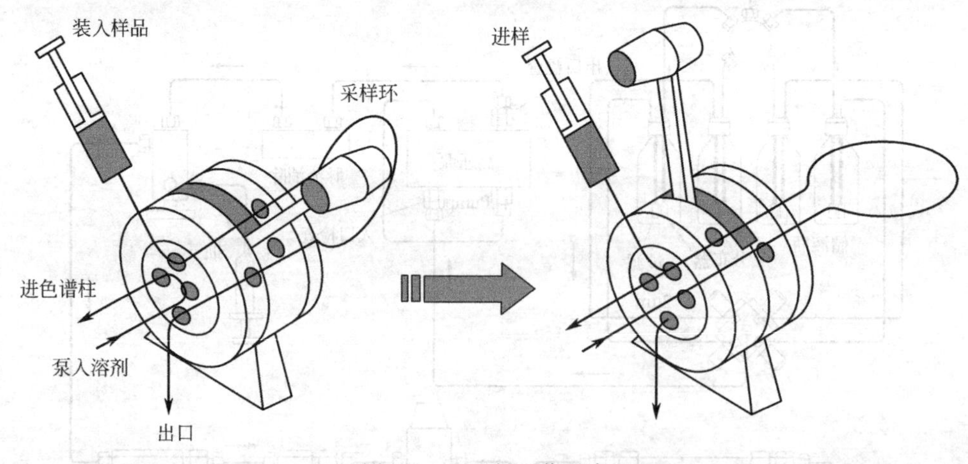


图 5-3 六通阀工作示意

(3) 分离系统　分离系统为色谱柱。对色谱柱的要求为：内壁光滑的优质不锈钢柱，柱接头的体积尽可能小。柱长多为 15～30cm，内径为 4～5mm（关于尺寸，排阻色谱柱常大于 5mm，制备色谱柱内径更大）。见图 5-4。

图 5-4 色谱柱

(4) 检测系统　液相色谱检测器包括紫外吸收、荧光发射、示差折光和安培检测器等。

紫外检测器：其检测原理和 UV-Vis 方法一样。只是，此时所采用的吸收池为微量吸收池，通常其光程为 2～10mm，体积约为 1～10$\mu$L。

HPLC分析中，约有80%的物质可以在254nm或280nm处产生紫外吸收。因此该类检测器应用很广。

在选择测量波长时应注意：溶剂必须能让所选择的光透过，即所选波长不能小于溶剂的最低使用波长。

紫外检测示意见图5-5。

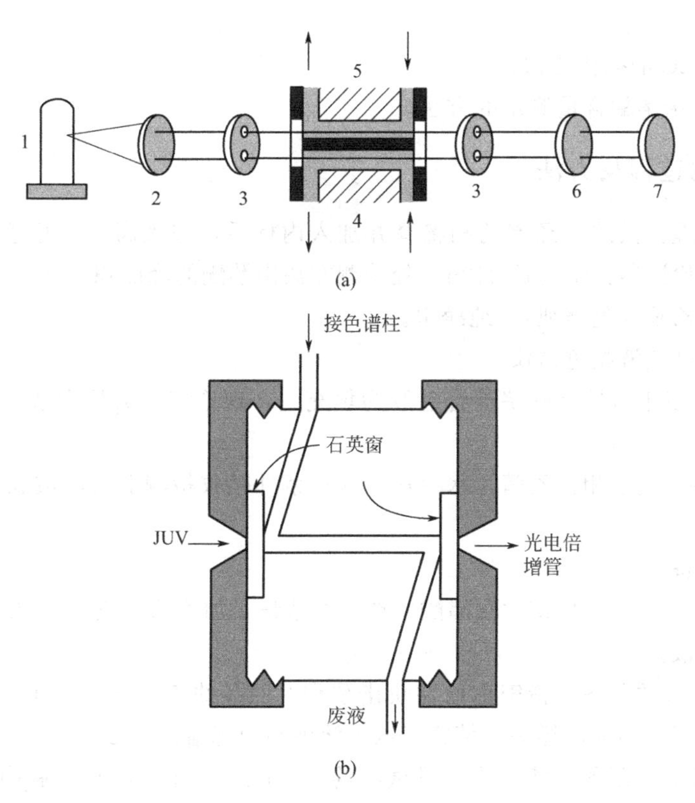


图5-5 紫外检测示意

1—低压汞灯；2—透镜；3—遮光板；4—测量池；5—参比池；6—紫外滤光片；7—双紫外光敏电阻

#### 5.4.7.2 HPLC特点

(1) 高速 HPLC采用高压输液设备，流速大大增加，分析速度极快，只需数分钟；而经典方法靠重力加料，完成一次分析需数小时。

(2) 高效 填充物颗粒极细且规则，固定相涂渍均匀、传质阻力小，因而柱效很高。可以在数分钟内完成数百种物质的分离。

(3) 高灵敏度 检测器灵敏度极高：UV达$10^{-9}$g，荧光检测器达$10^{-11}$g。

#### 5.4.7.3 常用的流动相溶剂

(1) 按流动相组成分 单组分和多组分。

(2) 按极性分 极性、弱极性、非极性。

(3) 按使用方式分 固定组成淋洗和梯度淋洗。

(4) 常用溶剂 己烷、四氯化碳、甲苯、乙酸乙酯、乙醇、乙腈、水。

#### 5.4.7.4 HPLC测试的主要参数

流动相的组成，检测波长，流动相的流速，柱温度，进样体积（μL），运行时间，含量的计算方法。

## 5.5 采用 HPLC 测定左炔诺孕酮的含量

### 5.5.1 目的

① 掌握 HPLC 的操作方法。

② 掌握左炔诺孕酮含量测定的方法。

### 5.5.2 实验的过程及方法

(1) 方法原理 供试品经流动相稀释并加入内标后，进入高效液相色谱仪进行色谱分离，用紫外吸收检测器，于波长 240nm 处检测左炔诺孕酮的峰面积，计算出其含量。

(2) 试剂 乙腈（色谱纯），纯净水。

(3) 仪器 高效液相色谱仪。

① 色谱柱 以十八烷基硅烷键合硅胶为填充剂，理论塔板数按左炔诺孕酮峰计算应不低于 2000。

② 色谱条件 流动相：乙腈∶水＝70∶30；紫外吸收检测器检测波长：240nm；柱温：室温。

(4) 试样制备

① 内标溶液的制备。精密称取醋酸甲地孕酮适量，加乙腈制成每 1mL 中约含 1mg 的溶液，即为内标溶液。

② 对照品溶液的制备。精密称取左炔诺孕酮对照品约 7.5mg，置于 50mL 量瓶中，用流动相溶解并稀释至刻度，摇匀，精密量取该溶液与内标溶液各 2mL。

③ 供试品溶液的制备。精密称取供试品约 7.5mg，置于 50mL 量瓶中，用流动相溶解并稀释至刻度，摇匀，精密量取该溶液与内标溶液各 2mL，混匀，即为供试品溶液。

注：“精密称取”系指称取重量应准确至所称取重量的千分之一。“精密量取”系指量取体积的准确度应符合国家标准中对该体积移液管的精度要求。

(5) 操作步骤 分别精密吸取对照品溶液和供试品溶液各 20mL，注入高效液相色谱仪，用紫外吸收检测器于波长 240nm 处测定左炔诺孕酮（$C_{21}H_{28}O_2$）的峰面积，计算出其含量。

### 5.5.3 知识链接

左炔诺孕酮是目前应用较广的一种口服避孕药。它可以抑制排卵并阻止孕卵着床，同时使宫颈黏液浓度增大，阻止精子前进。服用左炔诺孕酮可能会造成轻微的呕吐、恶心，以及女性下次月经周期不规则。

化学结构：

$H_3C$ OH C≡CH O

# 第6章

# 药物中间体的合成

## 6.1 对硝基苯甲酸的制备

### 6.1.1 目的

① 掌握氧化剂——高锰酸钾的氧化特点及其应用。

② 了解利用芳香酸盐易溶于水，而游离芳香酸不溶于水来进行分离、纯化的方法。

### 6.1.2 原理

（1）反应原理

$$p\text{-}CH_3C_6H_4NO_2 + 2KMnO_4 \longrightarrow p\text{-}KOOCC_6H_4NO_2 + KOH + MnO_2\downarrow + H_2O$$

$$p\text{-}KOOCC_6H_4NO_2 + HCl \longrightarrow p\text{-}HOOCC_6H_4NO_2 + KCl$$

（2）终点控制及分离精制的原理　反应所用氧化剂高锰酸钾为紫红色，其还原物 $MnO_2$ 为棕色固体。因此当高锰酸钾的颜色褪尽而呈棕色时，表明反应已结束。

氧化产物在反应体系中以钾盐形式存在而溶解，加酸生成对硝基苯甲酸不溶于水而析出沉淀。本实验据此分离氧化产物。

### 6.1.3 试剂

试剂物理性质见表6-1。

对硝基甲苯7.0g，高锰酸钾20g，浓盐酸10mL。

表 6-1 试剂物理性质

| 名称 | 相对分子质量 | 性状 | 折射率 $n_D$(15℃) | 相对密度 | 熔点/℃ | 沸点/℃ | 溶解度/(g/100mL 溶剂) | | |
|---|---|---|---|---|---|---|---|---|---|
| | | | | | | | 水 | 醇 | 醚 |
| 对硝基甲苯 | 137.13 | 黄色斜方立面晶体 | 1.5382 | | 51.7 | 238.5℃ | 0 | 易 | |
| 高锰酸钾 | 158.03 | 紫黑色片状晶体 | | 2.703 | 大于 240℃分解 | 分解 | | | |
| 浓盐酸 | 36.46 | 无色透明液体 | | 1.20 | 挥发液 | 108.6 | 混溶 | | |

## 6.1.4 操作过程

在装有搅拌、回流冷凝器和温度计的 250mL 三口烧瓶中顺次加入对硝基甲苯 7.0g、水 100mL、高锰酸钾 10g，开动搅拌，加热至 80℃[1]。反应 1h 后，再在此温度下加入高锰酸钾 5g。反应 1h 后，再在此温度下加入高锰酸钾 5g。反应 0.5h 后，升温至反应液保持和缓地回流。直到高锰酸钾的颜色完全消失。冷却反应液至室温[2]，抽滤，再用 20mL 水洗一次，弃去滤渣。

合并滤液和洗液至烧杯中，用 10mL 浓盐酸在不断搅拌下酸化滤液[3]，直到对硝基苯甲酸完全析出为止，抽滤，用少量的水洗两次，抽干，干燥称重。熔点 238℃。计算收率。

## 6.1.5 产率

药物合成中，理论产量是指根据反应方程式按照原料全部转化成产物计算得到的数量。实际产量是指实验中实际分离得到的纯净产物的数量，由于反应不完全、发生副反应及操作上的损失等原因，实际产量低于理论产量。产率是用实际产量和理论产量比值的百分数来表示的：

$$产率=\frac{实际产量}{理论产量}\times 100\%$$

提高产率的措施：

① 破坏平衡；

② 优选催化剂；

③ 严格控制反应条件；

④ 细心精制粗产物。

## 6.1.6 试剂的危险特性和急救措施

(1) 对硝基甲苯 易燃烧，闪点 106℃。大量接触能引起头痛、面潮红、眩晕、呼吸困难、发绀、恶心、呕吐、肌无力、脉搏及呼吸率增加。用干粉、泡沫、二氧化碳灭火。吸入蒸气，应使患者脱离感染区，安置休息并保暖。眼睛受刺激用大量水冲洗，严重者须就医诊治。皮肤接触用水冲洗，再用肥皂彻底洗涤。

(2) 高锰酸钾 强氧化剂。遇硫酸、铵盐或过氧化氢能发生爆炸。与某些物质，如甘

---

[1] 温度高时，对硝基甲苯随蒸汽进入冷凝器后则结晶于冷凝器内壁上影响反应的产率。

[2] 室温下，未反应的对硝基甲苯结晶出来，过滤即可除掉，否则温度较高时它将进入滤液中。

[3] 加入浓盐酸时，此时的 pH 为 1～2，有大量的对硝基苯甲酸白色固体出现，要注意充分搅拌。

油、乙醇能引起自燃。遇可燃物失火能够助长火势。误服会中毒，能使口腔、咽喉及消化道迅速腐蚀。高锰酸钾腐蚀性致死量约5～19g。粉尘能刺激眼睛和皮肤。稀溶液有刺激性，浓溶液有腐蚀性，使皮肤、黏膜变质。用大量水灭火。吸入粉尘，应使患者脱离污染区，安置休息并保暖。眼睛受刺激用水冲洗，严重者须就医诊治。皮肤接触先用水冲洗，再用肥皂彻底洗涤。

(3) 盐酸　对大多数金属有强腐蚀性。能与普通金属发生反应，放出氢气而与空气形成爆炸性混合物。氯化氢气体或盐酸酸雾刺激性强，能严重刺激眼睛和呼吸道黏膜。由于刺激性强使人不能忍受高浓度，故重症中毒较少。浓盐酸对眼睛和呼吸道黏膜有强烈刺激。与皮肤接触，能引起腐蚀性灼伤。对牙齿特别是门齿可产生斑点，引起齿冠的消失。用碱性物质如碳酸氢钠、碳酸钠、消石灰等中和，也可用大量水扑救。吸入蒸气，应使患者脱离污染区，安置休息并保暖。眼睛受刺激用水冲洗，并就医诊治。误服立即漱口、饮水及镁乳，急送医院救治（不应使用催吐方法）。

## 6.1.7 思考题

① 高锰酸钾氧化剂有哪些特点和应用？

② 由对硝基甲苯制备对硝基苯甲酸，还可以采用哪些氧化剂？

③ 为什么要分批、分次加入高锰酸钾？

## 6.1.8 知识链接——常见氧化剂

### 6.1.8.1 锰化合物

(1) 高锰酸钾　高锰酸钾是一种强氧化剂，在碱性、中性或酸性中均能发生氧化作用，所以应用范围较广，但由于介质的pH不同，其氧化性能也不同。

在中性或碱性介质中，锰由$MnO_4^-$被还原为$MnO_2$；在酸性介质中，被还原为$Mn^{2+}$：

$$MnO_4^- + 8H^+ + 7e \longrightarrow Mn^{2+} + 4H_2O$$

$$MnO_4^- + 8H^+ + 7e \longrightarrow Mn^{2+} + 4H_2O$$

(2) 活性二氧化锰　氧化剂二氧化锰有两种，即二氧化锰和硫酸的混合物以及活性二氧化锰。对活性二氧化锰的活性有一定的要求，一般市售的二氧化锰的活性很小或没有活性，不能应用。

活性二氧化锰（$MnO_2$）是$\alpha,\beta$-不饱和醇（即烯丙醇、炔醇、苄醇等）进行选择性氧化的氧化剂，反应条件温和，常在室温下反应，反应缓慢时，可回流加热，收率均较高。常用的溶剂有水、苯、石油醚、氯仿、二氯甲烷、乙醚、丙酮等，将活性$MnO_2$悬浮于溶液中，加入要氧化的醇，室温下搅拌、过滤、浓缩即可，操作简单方便。

### 6.1.8.2 铬化合物

(1) 铬酸盐　在酸性条件下铬酸盐均为重铬酸盐，其中用得最多的是重铬酸钠，它可在各种浓度的硫酸中使用。

在中性或碱性条件下，重铬酸钠的氧化性能较弱：

$$CrO_4^{2-} + 4H_2O + 3e \longrightarrow 2Cr(OH)_3 + 5OH^-$$

(2) 三氧化铬-吡啶配合物（Collins 试剂）　将三氧化铬加到过量的吡啶（质量比为三氧化铬：吡啶＝1：10）中即生成三氧化铬-吡啶配合物吡啶溶液，它可以氧化伯醇、仲醇为醛、酮，效果很好，对敏感的官能团没有影响。

$$2\,C_5H_5N + CrO_3 \longrightarrow (C_5H_5N)_2\,CrO_3$$

注意混合的顺序，如果将吡啶加入到三氧化铬上就会发生着火，生成的化合物在吡啶中有一定的溶解度。也可将三氧化铬吡啶配合物从吡啶中分离出来，干燥后再溶于二氯甲烷中使用，这样组成的溶液称为Collins试剂。它是使伯醇、仲醇氧化成醛、酮最普通的方法。

缺点在于该试剂很容易吸潮，很不稳定，不易保存，需要在无水条件下进行反应；同时为了加快和反应完全，需用相当过量的试剂（≥五倍理论用量）；另外配制时容易失火等。铬化合物还有铬酰氯等。

**6.1.8.3　含卤氧化剂**

（1）卤素　含卤氧化剂很多，最常用的是氯气、次氯酸盐，其次是溴和碘及其含氧化合物。

氯气价廉很早就被用作氧化剂，使用时多通入水或碱性水溶液，起氧化作用的实际上是次氯酸或次氯酸盐。

氯气氧化后生成盐酸，容易处理，但在氧化过程中常伴有氯化反应。溴的氧化性与氯相似，但氧化能力比氯弱。溴为液体，可溶于四氯化碳、氯仿、二硫化碳或冰醋酸中，配制成一定浓度的溶液使用方便，但价格较贵。

（2）次卤酸　次卤酸本身不稳定，易分解，但它的盐较稳定，通常将其制成次卤酸盐保存。次卤酸盐用得最多的是次氯酸盐，即把氯气通入碱性溶液中即可。次卤酸盐是一种氧化剂，可以使醇类氧化成相应的醛、酮。因此，凡具有$CH_3CH(OH)$-构造的醇会先被氧化成乙醛或甲基酮，再进行卤仿反应。

含卤化合物还有其他的氧化剂，如过碘酸、碘-羧酸银等。

**6.1.8.4　过氧化物**

过氧化物及其衍生物有六种形式：

H—O—O—H　　R—O—O—H　　R—O—O—R

R—C(=O)—O—O—H　　R—C(=O)—O—O—R　　R—C(=O)—O—O—C(=O)—R

它们对于有机化合物的氧化作用有所不同。二取代的过氧化氢衍生物二酰基过氧化物、二烷基过氧化物和过氧化羧酸酯，在反应中将发生氧-氧链均裂，需要在较高的温度，或紫外光照射，或某种金属催化剂的作用下才能进行，产物比较复杂。因此，除过氧化羧酸酯外，其他过氧化氢衍生物在合成中较少使用。

单取代的衍生物，过氧酸、烷基过氧化氢，以及过氧化氢本身，在反应中发生氧-氧键均裂，通常在较温和的条件下就能进行。产物容易分离、提纯，收率往往很高，得到广泛的应用。

这三个试剂的氧化能力取决于离子基团（OR）相对应的共轭酸（HOR）的酸性。酸性越强，氧化能力越大。因此有如下大概的顺序：

R—C(=O)—O—O—H ＞ H—O—O—H ＞ R—O—O—H

有机底物的反应性，则依赖于其反应中心提供电子的能力，或亲核能力。亲核能力越强，越容易被氧化。

过氧化氢俗称双氧水，是比较温和的氧化剂，其最大的优点是反应后本身转变为水，无残留物。但双氧水不稳定，只能在低温下使用，需要严格控制工艺条件。市售的双氧水浓度常是3%或30%。近年来，由于高能燃料的需要，含量90%或更浓的过氧化氢已有出售。但这些产品切不可与可燃物接触，以免发生燃烧、爆炸事故。

有机过氧酸：分子中具有过氧键，通式可用RCOOOH表示结构的羧酸称为有机过氧酸，简称过酸，其酸性比相应的羧酸弱。

常用的有机过氧酸有过氧甲酸、过氧乙酸、过氧三氟乙酸、过氧间氯苯甲酸等，其中过氧三氟乙酸的酸性和氧化性最强，过氧间氯苯甲酸最稳定。过氧苯甲酸和过氧邻苯二甲酸是结晶性化合物，可在惰性溶剂（如乙醚、氯仿）中进行反应，是制备环氧化物常用的氧化剂。过氧酸的性质不稳定，一般是现用现配，久置易分解，如有杂质存在时，有加速分解作用。在使用或配制过程中，容易发生爆炸，故应特别注意安全防护。由于过酸能形成分子内氢键，因此比相应的酸易于挥发。

#### 6.1.8.5　四醋酸铅

四醋酸铅一种选择性很强的氧化剂，它可由铅丹（有毒）与含少量醋酐的冰醋酸加热制得。四醋酸铅的化学性质不稳定，遇水立即分解。所以，用四醋酸铅作氧化剂的反应，多数在无水有机溶剂如冰醋酸、氯仿、二氯甲烷、硝基苯、己腈等中进行。四醋酸铅除用于苄位烃基的氧化外，还可用于羰基烃基化的氧化、邻二醇的氧化、一元醇的选择性氧化等。

#### 6.1.8.6　二甲基亚砜

二甲基亚砜（DMSO）是实验室常用的一种极性非质子溶剂，它又是一种很有用的选择性氧化剂，为无色、无臭、微苦、具吸湿性的液体，能氧化伯醇、仲醇及磺酸酯成相应的羰基化合物。

#### 6.1.8.7　高铁氰化钾

高铁氰化钾和氯化铁、Tollen试剂都是较弱的氧化剂，又称六氰合铁酸钾、赤血盐钾。高铁氰酸根配离子在反应过程中得到一个电子，自身还原成亚铁氰酸配离子。

高铁氰化钾的氧化，多用于酚的氧化偶合、吲哚衍生物的合成、季铵盐和酰肼化合物的氧化等。

#### 6.1.8.8　氧气、臭氧

空气和氧气是最廉价的氧化剂，在工业上是优先考虑的氧化途径。

## 6.2　环己酮的制备

### 6.2.1　目的

① 学习铬酸氧化法制环己酮的原理和方法。

② 通过第二醇转变为酮的实验，进一步了解醇和酮之间的联系和区别。

### 6.2.2　原理

$$3\ \text{(环己醇, C}_6\text{H}_{11}\text{OH)} + Na_2Cr_2O_7 + 4H_2SO_4 \longrightarrow 3\ \text{(环己酮)} + Cr_2(SO_4)_3 + Na_2SO_4 + 7H_2O$$

### 6.2.3 仪器及试剂

仪器：100mL 圆底烧瓶，蒸馏装置。

试剂：重铬酸钾，浓硫酸，草酸，无水硫酸镁干燥剂。

试剂物理性质见表 6-2。

表 6-2 试剂物理性质

| 名称 | 相对分子质量 | 性状 | 折射率 | 相对密度 | 熔点/℃ | 沸点/℃ | 溶解度 | | |
|---|---|---|---|---|---|---|---|---|---|
| | | | | | | | 水 | 醇 | 醚 |
| 重铬酸钾 | 294.1 | 橙红色三斜晶体或针状晶体 | | | 398 | 500 | 溶 | 不溶 | |
| 草酸 | 90.04 | 无色透明结晶 | 1.54 | 1.653 | 182 或 189.5 | 150 | 易溶 | 溶 | 溶 |

### 6.2.4 操作步骤

在 250mL 烧杯中加入 60mL 水和 10.5g 重铬酸钾，搅拌使之全部溶解。然后在搅拌下慢慢加入 8.5mL 浓硫酸，将所得橙红色溶液全部冷却于 30℃以下备用。

在 100mL 圆底烧瓶中加入 5.5mL 环己醇，分批加入配制好的铬酸溶液 35mL，并充分振摇使之混合均匀。在圆底烧瓶中插入温度计，并继续振摇反应瓶。用水冷却或温水保温，维持温度在 55～60℃，反应 0.5h。然后室温下放置 0.5h 以上。其间仍间歇振摇几次反应瓶，最后反应液呈墨绿色。

如果反应液不能完全变成墨绿色，则加入 0.5～1.0g 草酸以还原过量氧化剂。

在反应瓶中加入 30mL 水，进行蒸馏，收集约 25mL 馏出液（馏出液不要太多，以免损失产品）。馏出液用食盐饱和（约 6g）后转入分液漏斗中，分出有机相（上层）。水相用 8mL 乙醚提取一次，将乙醚提出液与有机相合并，用无水硫酸镁干燥。水浴蒸出乙醚后，改用空气冷凝管继续蒸馏，收集 150～155℃的馏分。

纯环己酮为无色透明液体，沸点 155.7℃，折射率 1.4507。

### 6.2.5 操作重点及注意事项

① 本实验是一个放热反应，必须严格控制温度。

② 本实验使用大量乙醚作溶剂和萃取剂，故在操作时应特别小心，以免出现意外。

③ 环己酮在 31℃的水解度为 2.4g/100mL 水中。加入粗盐的目的是为了降低溶解度，有利于分层。

### 6.2.6 思考题

① 简述蒸馏和分馏的基本原理。

② 干燥机的种类有哪些？

③ 简要叙述实验操作步骤。

### 6.2.7 知识链接

(1) 仲醇用铬酸氧化是制备酮的最常用的方法 酮对氧化剂比较稳定，不易进一步氧化。铬酸氧化醇是一个放热反应，必须严格控制反应的温度，以免反应过于激烈。

（2）蒸馏原理　将液体化合物加热，其蒸气压升高，当与外界大气压相等时，液体沸腾变为蒸气，再通过冷凝使蒸气变为液体的过程叫做蒸馏。蒸馏可以将易挥发组分与非挥发组分分离开来，也可以将沸点不同的液体混合物分开。

（3）分馏原理　利用简单蒸馏可以分离两种或两种以上沸点相差较大的液体混合物。而对于沸点相差较小的或沸点接近的液体混合物的分离和提纯则采取分馏的办法。

# 6.3　正丁醛的制备

## 6.3.1　目的

① 掌握正丁醛的制备原理和方法。

② 掌握氧化剂与氧化条件的选择以及分馏柱的使用等。

## 6.3.2　原理

有机合成过程中，伯醇经重铬酸钠氧化可得到相应的醛，为防止生成的醛被进一步氧化成酸，应及时把醛从反应混合物中蒸出。

主反应

$$CH_3(CH_2)_2CH_2OH \xrightarrow[H_2SO_4]{Na_2Cr_2O_7} CH_3(CH_2)_2CHO + H_2O$$

副反应

$$CH_3(CH_2)_2CHO \xrightarrow[H_2SO_4]{Na_2Cr_2O_7} CH_3(CH_2)_2COOH$$

## 6.3.3　仪器及试剂

仪器：三口瓶（250mL）1个，恒压滴液漏斗1个，分馏柱1个，蒸馏头1个，接收管1个，分液漏斗1个，温度计（100℃）1支，圆底烧瓶1个，烧杯1个，锥形瓶1个，直形冷凝器1支。

试剂：正丁醇11g（14mL，0.15mol），重铬酸钠15g（0.13mol），浓硫酸11mL，无水硫酸镁。

原料及产物的物理性质见表6-3。

表6-3　试剂物理性质

| 名称 | 相对分子质量 | 性状 | 折射率 $n_4^{20}$ | 相对密度 | 熔点/℃ | 沸点/℃ | 溶解度/(g/100mL溶剂) | | |
|---|---|---|---|---|---|---|---|---|---|
| | | | | | | | 水 | 醇 | 醚 |
| 正丁醇 | 74.12 | 无色透明液体 | 1.3993 | 0.8098 | −88.9 | 117.7 | | | |
| 重铬酸钠 | 294.19 | 针状晶体 | | | 398 | 500 | | | |
| 浓硫酸 | 98.08 | 油状液体 | | 1.84 | 10.4 | 338 | | | |
| 无水硫酸镁 | 120.36 | 白色粉末 | 1.56 | | 1124 | | | | |
| 正丁醛 | 72.11 | 无色透明液体 | 0.817 | | | 75.7 | | | |

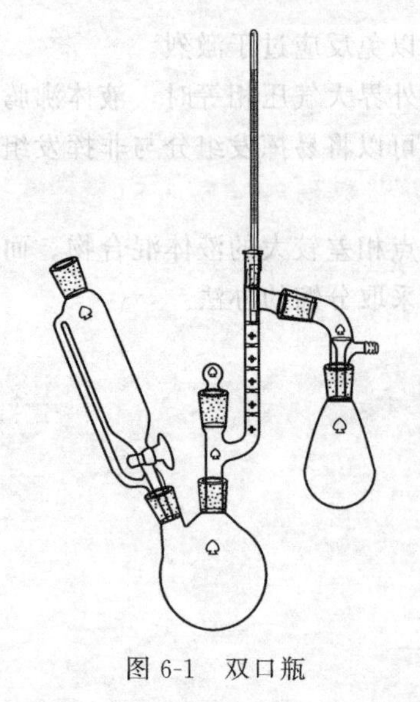

图 6-1 双口瓶

### 6.3.4 操作过程

在 250mL 烧杯中加入 15g 重铬酸钠和 83mL 水，置于冷水浴中冷却，在玻璃棒不断搅拌下，缓慢加入 11mL 浓硫酸。

在 250mL 双（三）口瓶（见图 6-1）中，加入 14mL 正丁醇、2 粒沸石，将新配制的重铬酸钠溶液倒入恒压滴液漏斗中，用小火加热至正丁醇微沸，当有蒸气上升到达分馏柱的底部时，开始滴加重铬酸钠溶液。控制滴加速度，以分馏柱顶部温度计读数不超过 80℃为宜（约 30min）。此时接收器中有正丁醛生成[1]，由于氧化反应为放热反应，应随时注意温度变化，并控制分馏柱顶部温度计读数在 75～80℃之间。

当氧化剂全部滴加完后，继续小火加热 20min。当温度计读数超过 90℃时，停止反应。将粗正丁醇倒入分液漏斗中，分去水层。将油层倒入干燥的锥形瓶中，并用无水硫酸钠干燥。

安装好蒸馏装置。将干燥过的粗产物用漏斗倾入 50mL 圆底烧瓶中，加入 1 粒沸石，小火加热，收集 70～80℃的馏分[2]。

### 6.3.5 产率计算

填写表 6-4，计算产率。

表 6-4 产率计算

| 产品外观 | 实际产量 | 理论产量 | 产率 |
|---|---|---|---|
| | | | |

### 6.3.6 知识链接

正丁醛为无色透明液体，有窒息性气味，常用作树脂、塑料增塑剂、硫化促进剂、杀虫剂等的中间体。自然界中的花、叶、果、草、奶制品、酒类等的多种精油中都有丁醛（$C_4H_8O$）这一成分，极度稀释则带有飘逸的清香。

丁醛对眼、呼吸道黏膜及皮肤有强烈刺激性。吸入可引起喉、支气管的炎症、水肿和痉挛、化学性肺炎、肺水肿等疾病。长期或反复接触对个别敏感者可引起变态反应。

## 6.4 对甲苯胺的制备

### 6.4.1 目的

① 掌握由芳香硝基化合物还原制备芳胺类化合物的原理和方法。

[1] 此时蒸出的是正丁醛与水的混合物，接收器应用冰水浴冷却。正丁醛与水形成恒沸混合物，沸点 68℃，含正丁醛 90.3%。

[2] 为防止正丁醛被氧化，应保存于棕色瓶中。大部分正丁醛在 73℃开始蒸出。需要回收正丁醇，可加大火焰，继续加热，收集 80～120℃的馏分。

② 掌握用有机溶剂提取、分离有机化合物的操作方法。

### 6.4.2 原理

（1）化学反应原理

$$4\,CH_3C_6H_4NO_2 + 9Fe + 4H_2O \longrightarrow 4\,CH_3C_6H_4NH_2 + 3Fe_3O_4\downarrow$$

（2）终点控制及分离精制的原理　反应终点可通过颜色变化来控制。反应开始时，反应物是灰黑色的，生成物 $Fe_3O_4$ 俗称铁泥，是黑色的，反应液变为黑色表示反应基本完成。

利用甲苯提取法将有机物与无机物分离。又利用下述反应将产物对甲苯胺与未反应的对硝基甲苯分离。

$$CH_3C_6H_4NH_2 \xrightarrow{HCl} CH_3C_6H_4NH_3Cl \xrightarrow{NaOH} CH_3C_6H_4NH_2\downarrow + NaCl + H_2O$$

### 6.4.3 试剂

试剂物理性质见表 6-5。

**表 6-5　试剂物理性质**

| 名称 | 相对分子质量 | 性状 | 折射率 $n_D$(15℃) | 相对密度 | 熔点/℃ | 沸点/℃ | 溶解度/(g/100mL 溶剂) | | |
|---|---|---|---|---|---|---|---|---|---|
| | | | | | | | 水 | 醇 | 醚 |
| 对硝基甲苯 | 137.13 | 黄色斜方立面晶体 | 1.5382 | | 51.7 | 238.5 | 0 | 易 | |
| 甲苯 | 92.14 | 无色澄清液体 | 1.4967 | 0.866 | −95 | 110.6 | 0.053 | | |
| 对硝基苯胺 | 138.12 | 淡黄色针状结晶 | | 1.424 | 148.5 | 331.7 | 0.0008 | | |
| 铁粉 | 55.85 | 黑色粉末 | | 7.6 | | | | | |
| 碳酸钠 | 106 | 白色粉末 | | 2.532 | 851 | | 易 | | |
| 氢氧化钠 | 40.01 | 白色晶体 | | 2.13 | 318 | 1390 | 易 | | |
| 盐酸 | 36.46 | 无色透明液体 | | 1.20 | 挥发液 | 108.6 | 混溶 | | |

对硝基甲苯 18g，铁粉 28g，氯化铵 3.5g，甲苯 180mL，5%碳酸钠 5mL，5%盐酸 120mL，20%氢氧化钠 30mL。

### 6.4.4 操作过程

在 250mL 三颈瓶中，分别安装搅拌器和回流冷凝器。瓶中加入 28g 铁粉（0.5mol）、3.5g 氯化铵及 80mL 水[1]。开动搅拌，在石棉网上用小火加热 15min[2]，移去火焰，稍冷后加入 18g 对硝基甲苯（约 0.13mol），在搅拌下加热回流 1.5h[3]。冷至室温后，加入 5mL 5%碳酸钠溶液[4]和 85mL 甲苯，搅拌 5min，以提取产物和未反应的原料。抽滤，除去铁屑，

---

[1] 本实验系以铁作为还原剂，氯化氨作为电解质，以促进反应的进行，并使反应液保持弱酸性。

[2] 此目的主要是使铁活化。

[3] 反应瓶中的对硝基甲苯、盐酸、铁粉互不相溶，使反应为非均相反应。因此，充分搅拌是使还原反应顺利进行的关键。

[4] 此目的为控制 pH 值在 7～8 之间，避免碱性过强而产生胶状氢氧化铁。

残渣[1]用10mL甲苯洗涤。分出甲苯层后，水层依次用25mL、15mL、15mL甲苯萃取3次。合并甲苯层并用50mL、40mL、30mL 5%盐酸萃取三次。合并盐酸液，在搅拌下往盐酸液中分批加入30mL 20%氢氧化钠溶液。析出的粗对甲苯胺抽滤收集，用少量水洗涤。滤液用30mL甲苯萃取，将沉淀及甲苯萃取液倒入蒸馏瓶中，先在水浴上蒸去甲苯，再在石棉网上加热蒸馏，收集198～201℃的馏分。冷却后得白色固体，熔点44～45℃。

纯对甲苯胺的熔点为45℃，沸点为200.3℃。

### 6.4.5 试剂的危险特性和急救措施

(1) 氢氧化钠　强碱，腐蚀性强。对皮肤、黏膜、角质、角膜等有极大的溶解作用、变质和腐蚀作用。吸入粉末或烟雾能使呼吸道腐蚀糜烂。使用时，尽可能不要碰到皮肤上，万一触及，应用大量水仔细冲洗，最好用5%～10%的硫酸镁水溶液冲洗。眼睛受到刺激时用大量水冲洗，然后用硼酸水洗。误服立即漱口、饮水及醋或1%醋酸，并送医院急救。

(2) 对甲苯胺　可燃，闪点87℃，自燃点为482℃。经口摄入、皮肤接触或从呼吸道吸入均能引起中毒。用泡沫、二氧化碳、干粉、砂土、雾状水灭火。皮肤接触应立即用水冲洗，再用肥皂水彻底洗净。

(3) 甲苯　易燃，闪点4.5℃，自燃点552℃。爆炸极限1.37%～7.0%。甲苯对皮肤的刺激作用比苯强。吸入甲苯蒸气时对中枢神经的作用也比苯强烈。短期吸入600mg/kg浓度的甲苯蒸气时，会引起过度疲惫、激烈兴奋、恶心、头痛等。本品还可经皮肤吸收，对皮肤有脱脂作用。用干粉泡沫或二氧化碳灭火。吸入蒸气，应使患者脱离污染区，安置休息并保暖，严重者须就医诊治。皮肤接触时先用水冲洗，再用肥皂水彻底洗涤。

### 6.4.6 思考题

① 将芳香硝基化合物还原成芳胺，除铁-酸还原剂外，还可采用哪些还原剂？

② 为什么反应完毕后，反应液常显示碱性？加入5%碳酸钠的目的何在？

③ 本实验如何分离无机物和有机物？且如何分离产物和未反应的原料？

④ 用蒸馏法纯化低熔点固体有机物时，应注意些什么？

### 6.4.7 知识链接

化学反应中，使有机物分子中碳原子总的氧化态降低的反应称为还原反应。即在还原剂的作用下，能使有机分子得到电子或使参加反应的碳原子上的电子云密度增高的反应。直观地讲可视为在有机分子中加氢或少氧的反应。

根据采用不同的还原剂和操作方法，还原反应分为四大类：在催化剂存在下，反应底物与分子氢进行的加氢反应称为催化氢化反应；使用化学物质作为还原剂进行的反应为化学还原反应；使用微生物或活性酶进行底物中特定结构的还原反应称为生物还原反应；从电解槽的阴极上获得电子而完成的还原反应称为电解还原反应。

金属复氢化物为还原剂，其特点为：反应条件温和副反应少；烃基取代的金属化合物有高度选择性和较好的立体选择性。

[1] 残渣为活性铁泥，内含两价铁44.7%（以FeO计算），呈黑色颗粒状。暴露在空气中会剧烈发热，故应及时倒在盛有水的废物缸内。

常见的金属复氢化物还原剂有氢化铝锂（$LiAlH_4$）、氢化硼钾（钠）[$K(Na)BH_4$]、硫代硼氢化钠（$NaBH_2S_3$）、三仲丁基硼氢化锂 [$(CH_3CH_2CHCH_3)_3BHLi$]。

这类还原剂都是由两种金属氢化物之间形成复氢负离子的盐形式而存在。不同的复氢金属还原剂，具有不同的反应特性，因此在进行还原反应时，还原剂、反应条件和后处理的选择均是十分重要的。这类还原剂的还原能力，以氢化铝锂最大，可被还原的功能基范围也最广泛，因而选择性较差。氢化硼锂次之，氢化硼钠（钾）较小。还原能力较小的还原剂往往选择性较好。

氢化硼钾（钠）在常温下，遇水、醇都较稳定，不溶于乙醚及四氢呋喃，能溶于水、甲醇、乙醇而分解甚微，因而常选用醇类作为溶剂。如反应需在较高的温度下进行，则可选用异丙醇、二甲氧基乙醚等作溶剂。在反应液中，加入少量的碱，有促进反应的作用。氢化硼钠比其钾盐更具吸湿性，易于潮解，故工业上常采用钾盐。采用氢化硼钾（钠）作还原剂反应结束后，可加稀酸分解还原物并使剩余的氢化硼钾（钠）生成硼酸，便于分离。

氢化铝锂还原能力强、选择性较差且反应条件要求高，主要用于羧酸及其衍生物的还原，而氢硼化物由于其选择性好、操作手续简便、安全，已成为本类还原的首选试剂。在反应中，分子中存在的硝基、氰基、亚氨基、双键、卤素不受影响，在制药工业上得到广泛的应用。

# 6.5　对氨基苯甲酸乙酯的制备

## 6.5.1　目的

① 掌握“铁酸还原”反应的特点及反应条件。

② 掌握还原合成及操作过程与控制。

## 6.5.2　原理

$$p\text{-}NO_2C_6H_4COOC_2H_5 \xrightarrow[C_2H_5OH/H_2O]{Fe/CH_3COOH} p\text{-}NH_2C_6H_4COOC_2H_5$$

## 6.5.3　仪器及试剂

仪器：100mL 圆底烧瓶，温度计套管，回流冷凝器，常压蒸馏装置。

试剂物理性质见表 6-6，药品物料配比见表 6-7。

表 6-6　试剂物理性质

| 名　称 | 相对分子质量 | 熔点/℃ | 沸点/℃ | 密度/(g/mL) | 折射率 $n_D$ | 溶解性 | | |
|---|---|---|---|---|---|---|---|---|
| | | | | | | 水 | 醇 | 醚 |
| 对硝基苯甲酸乙酯 | 195.7 | 57 | 186.3 | | | — | ∞ | ∞ |
| 铁粉 | 55.847 | 1535 | 2750 | | | | | — |
| 冰醋酸 | 60.05 | 16.75 | 117.9 | | | ∞ | ∞ | ∞ |
| 对氨基苯甲酸乙酯 | 165.19 | 92 | | | | | ∞ | ∞ |

注：∞表示完全互溶，全书余同。

表 6-7　药品物料配比

| 原料 | 数量 | 比率(摩尔比) |
|---|---|---|
| 对硝基苯甲酸乙酯 | 6g，0.031mol | 1 |
| 铁粉 | 15g，0.268mol | 8.65 |
| 冰醋酸 | 2.5mL | |
| 乙醇(95%) | 15mL | |

### 6.5.4　操作过程

① 在 250mL 的圆底烧瓶中依次加入铁粉 15g、水 50mL、95%乙醇 15mL 及冰醋酸 2.5mL，装上回流冷凝器在水浴上加热回流 15min。

② 然后加入自制的对硝基苯甲酸乙酯 6g，继续加热回流反应 2.5h。

③ 将浓度为 10%、温热的碳酸钠溶液 35mL 慢慢加入到反应混合物中，继续搅拌 5min，趁热抽滤，滤液中加入适量的冷水后析出沉淀，抽滤，水洗得产品。

### 6.5.5　注意事项

建议使用机械搅拌。

## 6.6　对硝基苯甲酸乙酯的制备

### 6.6.1　目的

① 掌握酯化反应的特点及反应条件。

② 掌握重结晶的操作。

### 6.6.2　原理

$$p\text{-}O_2N\text{-}C_6H_4\text{-}COOH + C_2H_5OH \xrightarrow{H_2SO_4} p\text{-}O_2N\text{-}C_6H_4\text{-}COOC_2H_5 + H_2O$$

### 6.6.3　仪器及试剂

试剂物理性质见表 6-8，物料配比见表 6-9。

表 6-8　试剂物理性质

| 名　称 | 相对分子质量 | 熔点/℃ | 沸点/℃ | 密度/(g/mL) | 折射率 $n_D$ | 溶解性 | | |
|---|---|---|---|---|---|---|---|---|
| | | | | | | 水 | 醇 | 醚 |
| 对硝基苯甲酸 | 167.12 | 242 | 238 | 1.58 | | | ∞ | ∞ |
| 无水乙醇 | 46.09 | −114.1 | 78.5 | 0.789 | 1.361 | ∞ | — | ∞ |
| 对硝基苯甲酸乙酯 | 195.17 | 57 | | 1.61 | | — | ∞ | ∞ |

表 6-9　物料配比

| 原料 | 数量 | 比率(摩尔比) |
|---|---|---|
| 对硝基苯甲酸 | 12g，0.072mol | 1 |
| 无水乙醇 | 50mL，0.856mol | 11.9 |
| 浓硫酸 | 6mL，0.112mol | 1.56 |

仪器：100mL 圆底烧瓶，温度计套管，回流冷凝器，常压蒸馏装置。

### 6.6.4　操作过程

① 于 100mL 的圆底烧瓶中依次加入对硝基苯甲酸 12g、无水乙醇 50mL 及浓硫酸 6mL，装上回流冷凝器在水浴上加热回流反应 2h。

② 冷却至室温后，常压蒸出部分乙醇（约 7～10mL），将反应物倒入 120mL 冷水中，析出白色沉淀，抽滤。

③ 将滤饼转移到 100mL 烧杯中，加 5%的碳酸钠溶液 20mL 搅拌片刻，抽滤，水洗滤饼至洗水呈中性，抽干得产品，熔点为 54～56℃。

## 6.7　乙酸正丁酯的制备

### 6.7.1　目的

① 理解酯化反应原理，掌握乙酸正丁酯的制备方法。

② 掌握共沸蒸馏分水法的原理和分水器（油水分离器）的使用。

③ 学习有机物折射率的测定方法。

### 6.7.2　原理

酸与醇反应制备酯，是一类典型的可逆反应：

主反应

$$CH_3COOH + CH_3CH_2CH_2CH_2OH \xrightleftharpoons{H^+,\ \triangle} CH_3COOCH_2CH_2CH_2CH_3 + H_2O$$

副反应

$$CH_3CH_2CH_2CH_2OH \xrightarrow{H^+,\ \triangle} CH_3CH_2CH_2CH_2OCH_2CH_2CH_2CH_3 + CH_3CH_2CH=CH_2$$

为提高产品收率，一般采用以下措施：

① 使某一反应物过量；

② 在反应中移走某一产物（蒸出产物或水）；

③ 使用特殊催化剂。

用酸与醇直接制备酯，在实验室中有三种方法。

第一种是共沸蒸馏分水法，生成的酯和水以沸腾物的形式蒸出来，冷凝后通过分水器分出水，油层回到反应器中。

第二种是提取酯化法，加入溶剂，使反应物、生成的酯溶于溶剂中，和水层分开。

第三种是直接回流法，一种反应物过量，直接回流。

制备乙酸正丁醇用共沸蒸馏分水法较好。

为了将反应物中生成的水除去，利用酯、酸和水形成二元或三元恒沸物，采取共沸蒸馏分水法。使生成的酯和水以共沸物形式逸出，冷凝后通过分水器分出水层，油层则回到反应器中。

## 6.7.3 仪器及试剂

仪器：50mL 单口烧瓶，球形冷凝管，分水器，分液漏斗，锥形瓶，直形冷凝管，尾接管。

试剂：正丁醇，冰醋酸，浓硫酸，10 %$Na_2CO_3$ 溶液，无水 $MgSO_4$。

试剂物理性质见表 6-10。

表 6-10 试剂物理性质

| 名　称 | 相对分子质量 | 性状 | 相对密度 | 熔点/℃ | 沸点/℃ | 折射率 $n_D$ | 溶解度/(g/100mL 溶剂) | | |
|---|---|---|---|---|---|---|---|---|---|
| | | | | | | | 水 | 乙醇 | 乙醚 |
| 正丁醇 | 74.32 | 液体 | 0.810 | −89.8 | 118.0 | 1.3991 | 9 | ∞ | ∞ |
| 冰醋酸 | 60.05 | 液体 | 1.049 | 16.6 | 118.1 | 1.3715 | ∞ | ∞ | ∞ |
| 乙酸正丁酯 | 116.16 | 液体 | 0.882 | −73.5 | 126.1 | 1.3951 | 0.7 | ∞ | ∞ |
| 1-丁烯 | 56.12 | 气体 | 0.5951 | −185.4 | −6.3 | 1.3931 | — | — | — |
| 正丁醚 | 130.23 | 液体 | 0.7689 | −95.3 | 142 | 1.3992 | <0.05 | ∞ | ∞ |

## 6.7.4 操作过程

如图 6-2 所示，在干燥的 50mL 圆底烧瓶中，装入 11.5mL 正丁醇和 7.2mL 冰醋酸，再加入 3～4 滴浓硫酸。混合均匀，投入沸石，然后安装分水器及回流冷凝管，并在分水器中预先加水略低于支管口，记下预先所加水的体积。加热回流，反应过程中生成的回流液滴逐渐进入分水器，控制分水器中水层液面在原来的高度，不至于使水溢入圆底烧瓶内。约 40min 后不再有水生成，表示反应完毕。停止加热。

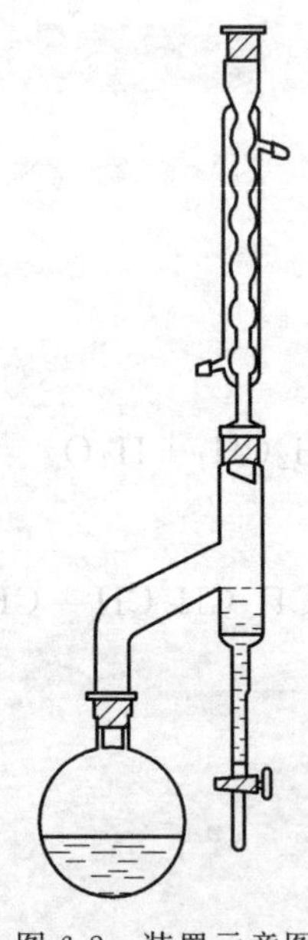

图 6-2　装置示意图

冷却后卸下回流冷凝管，将分水器中的液体倒入分液漏斗，分出水层，酯层仍然留在分液漏斗中。量取分出水的总体积，减去预加入的水的体积，即为反应生成的水量。把圆底烧瓶中的反应液倒入分液漏斗中，与分水器中分出的酯层合并。分别用 10mL 水、10mL10%碳酸钠溶液、10mL 水洗涤反应液，用 10mL 10%的碳酸钠洗涤，检验是否仍呈酸性（如仍呈酸性怎么办?），分去水层。将酯层再用 10mL 水洗涤一次，分去水层。

将酯层倒入小锥形瓶中，加少量无水硫酸镁干燥。

将干燥后的乙酸正丁酯倾入干燥的 30mL 蒸馏烧瓶中（注意不要把硫酸镁倒进去!），加入 1～2 粒沸石，安装好蒸馏装置，在石棉网上加热蒸馏。收集 124～126℃的馏分。产品称重后测定折射率。前后馏分倒入指定的回收瓶中。

## 6.7.5 实验注意事项

① 冰醋酸在低温时凝结成冰状固体（熔点 16.6℃）。取用时可用温水浴加热使其熔化后

量取。注意不要触及皮肤，防止烫伤。

② 在加入反应物之前，仪器必须干燥。(思考为什么?)

③ 浓硫酸起催化剂作用，只需少量即可。也可用固体超强酸作催化剂。

④ 当酯化反应进行到一定程度时，可连续蒸出乙酸正丁酯、正丁醇和水的三元共沸物(恒沸点 90.7℃)，其回流液组成为：上层三者分别为 86%、11%、3%，下层分别为 19%、2%、97%。故分水时也不要分去太多的水，以能让上层液溢流回圆底烧瓶继续反应为宜。

⑤ 本实验中不能用无水氯化钙为干燥剂，因为它与产品能形成络合物而影响产率。

⑥ 根据分出的总水量（注意扣去预先加到分水器的水量），可以粗略地估计酯化反应完成的纯度。

⑦ 产物的纯度也可用气相色谱检查。用邻苯二甲酸二壬酯为固定液。柱温和检测温度为 100℃，汽化温度 150℃。热导检测器，氢为载气，流速 45mL/min。

### 6.7.6 操作要点

① 加入硫酸后须振荡，以使反应物混合均匀。

② 反应应进行完全，否则未反应的正丁醇只能在最后一步蒸馏时与酯形成共沸物（共沸点 117.6℃）以前馏分的形式除去，会降低酯的收率。

③ 反应终点的判断可观察下面两种现象：一是分水器中不再有水珠下沉；二是从分水器中分出的水量达到理论分水量，即可认为反应完成。

④ 洗涤操作（分液漏斗的使用）

a. 洗涤前首先检查分液漏斗旋塞的严密性。

b. 洗涤时要做到充分轻振荡，切忌用力过猛、振荡时间过长，否则将形成乳浊液，难以分层，给分离带来困难。一旦形成乳浊液，可加入少量食盐等电解质或水，使之分层。

c. 振荡后，注意及时打开旋塞，放出气体，以使内外压力平衡。放气时要使分液漏斗的尾管朝上，切忌尾管朝向人。

d. 振荡结束后，静置分层；分离液层时，下层经旋塞放出，上层从上口倒出。

⑤ 干燥必须完全，否则由于乙酸丁酯与丁醇，水等形成二元或三元恒沸液，重蒸馏时沸点降低，影响产率。

乙酸正丁酯、水及正丁醇形成二元或三元恒沸液的组成及沸点见表 6-11。

**表 6-11 乙酸正丁酯、水及正丁醇形成二元或三元恒沸液的组成及沸点**

| 沸点/℃ | 组成/% | | |
|---|---|---|---|
| | 丁醇 | 水 | 乙酸正丁酯 |
| 117.6 | 67.2 | | 32.8 |
| 93 | 54.5 | 45.5 | |
| 90.7 | | 27 | 73 |
| 90.5 | 18.7 | 28.6 | 52.7 |

⑥ 正确使用分水器。体系中有正丁醇-水共沸物，共沸点 93℃；乙酸正丁酯-水共沸物，共沸点 90.7℃，在反应进行的不同阶段，利用不同的共沸物可把水带出体系，经冷凝分出水后，醇、酯再回到反应体系。为了使醇能及时回到反应体系中参加反应，在反

应开始前，在分水器中应先加入计量过的水，使水面稍低于分水器回流支管的下沿，当有回流冷凝液时，水面上仅有很浅一层油层存在。在操作过程中，不断放出生成的水，保持油层厚度不变。或在分水器中预先加水至支口，放出反应所生成的理论量的水（用小量筒量）。

⑦ 选用适宜的醇酸比。由于正丁醇过量，最后蒸馏时前馏分量大，酯产率低。用饱和氯化钙溶液和无水氯化钙都难以把混合物中的正丁醇完全除掉。乙酸正丁酯（沸点 126℃）和正丁醇（沸点 117.7℃）形成共沸物（共沸点 117.6℃），两者用蒸馏法分不开。

## 6.8 邻苯二甲酸二丁酯的制备

### 6.8.1 目的

① 掌握邻苯二甲酸二丁酯的制备原理和方法。

② 掌握减压蒸馏操作、分水器等使用等。

### 6.8.2 原理

邻苯二甲酸二丁酯一般是以苯酐和丁醇为原料来制备。反应式如下：

$$\text{邻苯二甲酸酐} \xrightarrow[H_2SO_4]{n\text{-}C_4H_9OH} C_6H_4(COOC_4H_9)(COOH)$$

$$C_6H_4(COOC_4H_9)(COOH) \xrightarrow{n\text{-}C_4H_9OH,\ H_2SO_4} C_6H_4(COOC_4H_9)_2$$

反应的第一步进行得迅速而完全。反应的第二步是可逆反应。为使反应向生成二丁酯的方向进行，需利用分水器将反应过程中生成的水不断地从反应体系中移去。

### 6.8.3 仪器及试剂

仪器：圆底烧瓶（100mL）1个，分水器1个，回流冷凝管1个，温度计1支，分液漏斗1个，减压蒸馏装置1套。

试剂：邻苯二甲酸酐 10g（0.06mol），正丁醇 15g（21mL，0.20mol），浓硫酸。

原料及产物的物理性质见表 6-12。

表 6-12 试剂物理性质

| 名称 | 相对分子质量 | 性状 | 折射率 $n_D^{20}$ | 相对密度 | 熔点/℃ | 沸点/℃ | 溶解度/(g/100mL 溶剂) | | |
|---|---|---|---|---|---|---|---|---|---|
| | | | | | | | 水 | 醇 | 醚 |
| 邻苯二甲酸酐 | 148.11 | 白色固体 | | 1.53 | 130.8 | 284 | | | |
| 正丁醇 | 74.12 | 有酒气味液体 | | 0.8098 | −88.9 | 117.25 | | | |
| 浓硫酸 | 98.08 | 油状液体 | | 1.84 | 10 | 290 | 互溶 | | |
| 邻苯二甲酸二丁酯 | 278.34 | 无色油状液体 | 1.4911 | 1.045 | | 340 | 微溶 | 溶于 | 溶于 |

### 6.8.4　操作过程

在100mL的圆底烧瓶中，加入10g邻苯二甲酸酐、21mL（15g）正丁醇后，在振摇下滴加5滴浓硫酸。混匀后，装上分水器、温度计（水银球插入反应液中）、回流冷凝管，并在分水器的分水口中加入正丁醇直至与支管口相平，石棉网上小火加热。待邻苯二甲酸酐固体消失后，很快就有正丁醇-水的共沸物❶蒸出，并可看到有小水珠逐渐沉到分水器底部，而醇则仍回到反应瓶中继续参与反应。随着反应的进行，瓶内的反应液温度缓慢地上升，当温度升到160℃时便可停止反应❷，反应时间约需2h。

当反应液冷到70℃以下时，将其移入分液漏斗中，用20～30mL5%碳酸钠溶液中和❸，然后用温热的饱和食盐水洗涤2～3次使之呈中性。将洗涤过的油层倒入60mL克氏烧瓶中，先在水泵减压下蒸去过量的正丁醇，最后在油泵减压下收集180～190℃/1.33kPa❹的馏分。以酸酐计算产率在95%左右。

### 6.8.5　产率计算

填写表6-13，计算产率。

表6-13　产率计算

| 产品外观 | 实际产量 | 理论产量 | 产率 |
|---|---|---|---|
| | | | |

### 6.8.6　思考题

丁醇在硫酸存在下加热到高温时，可能有哪些反应？若硫酸用量过多时有什么不良影响？

### 6.8.7　知识链接

邻苯二甲酸二丁酯无色油状液体，可燃，有芳香气味。蒸气压为1.58kPa（200℃）；闪点172℃；熔点-35℃；沸点340℃；水中溶解度0.04%（25℃），易溶于乙醇、乙醚、丙酮

---

❶ 正丁醇与水的共沸混合物组成为：55.5%正丁醇与44.5%水，沸点93℃。共沸物冷凝时分两层：上层是正丁醇（含水20.1%），它由分水器上部回流到反应瓶中；下层是水（含正丁醇7.7%）。

❷ 邻苯二甲酸二丁酯在酸性条件下，当温度超过180℃时易发生分解反应：

$$C_6H_4(COOC_4H_9)_2 \xrightarrow[180℃]{H^+} \text{邻苯二甲酸酐} + 2CH_2{=}CHCH_2CH_3 + H_2O$$

当反应液温度升到160℃时，也可根据从分水器分出的水量（考虑到其中7.7%的含醇量）来判断反应是否已完成。

❸ 中和时温度不宜超过70℃，碱的浓度也不宜过高，也不宜使用氢氧化钠，否则易发生酯的皂化反应。用饱和食盐水代替水来洗涤有机层，一方面是为了尽可能地减少酯的损失，同时也是为了防止在洗涤过程中发生乳化现象，而且这样处理后不必进行干燥即可接着进行下一步的操作。

❹ 也可收集200～210℃/2.26kPa，175～180℃/665Pa的馏分。

和苯。

邻苯二甲酸二丁酯是聚氯乙烯最常用的增塑剂，可使制品具有良好的柔软性，但挥发性和水抽出性较大，因而耐久性差。邻苯二甲酸二丁酯是硝基纤维素的优良增塑剂，凝胶化能力强，用于硝基纤维素涂料，有良好的软化作用。稳定性、耐挠曲性、黏结性和防水性均优于其他增塑剂。邻苯二甲酸二丁酯也可用作聚醋酸乙烯、醇酸树脂、硝基纤维素、乙基纤维素及氯丁橡胶、丁腈橡胶的增塑剂。

## 6.9 乙酰乙酸乙酯的制备

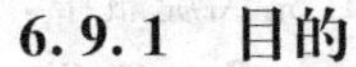

### 6.9.1 目的

① 掌握克莱森（Claisen）酯缩合反应的原理及其方法。

② 掌握无水操作及减压蒸馏装置的安装和操作。

### 6.9.2 原理

含有 $\alpha$-氢的酯在碱性催化剂存在下，可与另一分子的酯发生克莱森酯缩合反应，生成 $\beta$-羰基酸酯，依此来制备乙酰乙酸乙酯。采用金属钠作催化剂，所制得的乙酰乙酸乙酯是酮式和烯醇式混合物，在室温下含有 93%的酮式及 7%的烯醇式。反应式如下：

$$2CH_3COOC_2H_5 \xrightarrow{CH_3CH_2ONa} (CH_3CO^-CHCO_2C_2H_5)Na^+ \xrightarrow{HOAc} CH_3COCHCOOC_2H_5 + CH_3COONa$$

### 6.9.3 仪器及试剂

仪器：圆底烧瓶（250mL）1 个，球形冷凝器 1 个，分液漏斗 1 个，直形冷凝器 1 个，磨口锥形瓶 1 个，减压蒸馏装置 1 套。

试剂：乙酸乙酯❶ 25g（27.5mL，0.28mol），金属钠❷ 2.5g（0.11mol），二甲苯 12.5mL，乙酸，饱和氯化钠溶液，无水硫酸镁。

原料及产物的物理性质见表 6-14。

表 6-14 试剂物理性质

| 名称 | 相对分子质量 | 性状 | 折射率 $n_D^{20}$ | 相对密度 | 熔点/℃ | 沸点/℃ | 溶解度/(g/100mL 溶剂) | | |
|---|---|---|---|---|---|---|---|---|---|
| | | | | | | | 水 | 醇 | 醚 |
| 乙酸乙酯 | 88.11 | 无色透明液体 | 1.3719 | 0.897 | −84 | 77 | | | |
| 金属钠 | 22.99 | 银白色有金属光泽固体 | | 0.968 | 97.72 | 883 | | | |
| 二甲苯 | 106.17 | 无色透明液体 | 1.4970 | 0.86 | | | | | |
| 乙酸 | 60.05 | 无色液体 | | 1.050 | 16.6 | 117.9 | | | |
| 无水硫酸镁 | 120.36 | 白色粉末 | 1.56 | | 1124 | | | | |
| 乙酰乙酸乙酯 | 130.14 | 无色液体 | 1.4192 | 1.03 | | 180.4 | 易溶 | 互溶 | 互溶 |

❶ 乙酸乙酯必须绝对干燥，但其中应含有 1%～2%的乙醇。

❷ 金属钠遇水即燃烧、爆炸，故使用时严格防止与之接触。在称量或切片过程中应当迅速，以免空气中水汽侵蚀和被氧化。

## 6.9.4 操作过程

在 250mL 的圆底烧瓶中，放入 2.5g 金属钠和 12.5mL 二甲苯，装上球形冷凝管及无水氯化钙干燥管。加热使钠熔融，迅速移去干燥管，连同圆底烧瓶和球形冷凝管一起用力来回振摇，制得细粒状的钠砂。稍经放置，将二甲苯全部倾出，立即从冷凝管顶端加入 27.5mL 乙酸乙酯，重新装上氯化钙干燥管。反应随即开始，并有氢气逸出，然后在石棉网上小火加热，保持微沸，直至金属钠几乎全部作用（约 40min）完[1]。此时反应液为橘红色的透明液体，并呈现出绿色的荧光（有时析出黄色沉淀）。在振摇下，加入 50%乙酸（约 15mL 使 pH 值等于 6）[2]，溶液呈微酸性。等固体全部溶解后，将其转入分液漏斗中，再加入等体积的饱和氯化钠溶液，用力振荡片刻，静置，分出酯层，用无水硫酸镁干燥，滤入蒸馏装置，于沸水浴中用水泵减压（约 5.32kPa）蒸馏，直至未作用的乙酸乙酯基本除尽。然后用油泵减压蒸馏[3]，减压蒸馏时必须缓慢加热，待残留的低沸物蒸出后，再升高温度，收集乙酰乙酸乙酯，产量约 6g[4]。

乙酰乙酸乙酯沸点与压力的关系如表 6-15。

**表 6-15 乙酰乙酸乙酯沸点与压力的关系**

| 压力/mmHg① | 760 | 80 | 60 | 40 | 30 | 20 | 18 | 14 | 12 |
|---|---|---|---|---|---|---|---|---|---|
| 沸点/℃ | 181 | 100 | 97 | 92 | 88 | 82 | 78 | 84 | 78 |

① 1mmHg=133Pa。

## 6.9.5 产率计算

填写表 6-16，计算产率。

**表 6-16 产率计算**

| 产品外观 | 实际产量 | 理论产量 | 产率 |
|---|---|---|---|
| | | | |

## 6.9.6 思考题

① 克莱森酯缩合反应的催化剂是什么？本制备过程中为什么可以用金属钠代替？

---

[1] 一般要使钠全部溶解，但很少量未反应的钠并不妨碍进一步操作。

[2] 用乙酸中和时，开始有固体析出，继续加酸并不断振摇，固体会逐渐消失，最后得到澄清的液体。如有少量固体未溶解时，可加少许水使之溶解。但应避免加入过量的乙酸，否则会增加酯在水中的溶解度而降低产量。

[3] 乙酰乙酸乙酯在常压蒸馏时，很易分解而降低产量。

[4] 产率是按钠计算的。本制备过程最好连续进行，如间隔时间太久，会因去水乙酸的生成而降低产量。

$+ 2CH_3CH_2OH$

烯醇式　酮式　去水乙酸

② 本制备过程中加入50%乙酸液和饱和氯化钠溶液的目的何在？

### 6.9.7 知识链接

乙酸乙酯的α-氢酸性很弱（$pK_a=24.5$），而乙醇钠又是一个相对较弱的碱（乙醇的$pK_a=15.9$），因此，乙酸乙酯与乙醇钠作用所形成的负离子在平衡体系是很少的。但由于最后产物乙酰乙酸乙酯是一种比较强的酸，能与乙醇钠作用形成稳定的负离子，从而使平衡朝产物方向移动。所以，尽管反应体系中的乙酸乙酯负离子浓度很低，但一旦形成后，就不断地反应，结果反应还是可以顺利完成的。

常用的碱性缩合剂除乙醇钠外，还有叔丁醇钾、叔丁醇钠、氢化钾、氢化钠、三苯甲基钠、二异丙氨基锂（LDA）和Grignard试剂等。

乙酰乙酸乙酯为无色或微黄色透明液体，有醚样和苹果似的香气，并有新鲜的朗姆酒酒香，香甜而带些果香。香气飘逸，不持久，有使人愉快的香气，是一种重要的有机合成原料。在医药上用于合成氨基吡啉、维生素B等，亦用于偶氮黄色染料的制备，还用于调和苹果香精及其他果香香精。在农药生产上用于合成有机磷杀虫剂蝇毒磷的中间体α-氯代乙酰乙酸乙酯、嘧啶氧磷的中间体、杀菌剂恶霉灵、除草剂咪唑乙烟酸、杀鼠剂杀鼠醚、杀鼠灵等，也是杀菌剂新品种嘧菌环胺、氟嘧菌胺、呋吡菌胺及植物生长调节剂杀雄啉的中间体，此外，乙酰乙酸乙酯也广泛用于医药、塑料、染料、香料、清漆及添加剂等行业。

## 6.10 1-溴丁烷的制备

### 6.10.1 目的

① 熟悉醇与氢卤酸发生亲核取代反应的原理，掌握1-溴丁烷的制备方法。

② 掌握带气体吸收的回流装置的安装和操作及液体干燥的操作。

③ 掌握使用分液漏斗洗涤和分离液体有机物的操作技术。

④ 熟练掌握蒸馏装置的安装与操作。

### 6.10.2 原理

1-溴丁烷又称正溴丁烷，是无色透明液体，沸点101.6℃，密度1.2758g/mL。不溶于水，易溶于乙醇、乙醚、丙酮等有机物。可用作有机溶剂及有机合成中间体，也可用作医药原料。通常采用正丁醇与氢溴酸在硫酸催化下发生亲核取代反应来制取。反应式如下。

$$NaBr + H_2SO_4 \longrightarrow HBr + NaHSO_4$$

$$\underset{\text{正丁醇}}{CH_3CH_2CH_2CH_2OH} + HBr \rightleftharpoons \underset{\text{1-溴丁烷}}{CH_3CH_2CH_2CH_2Br} + H_2O$$

本实验主反应为可逆反应，为提高产率反应时使氢溴酸过量。通常用溴化钠和浓硫酸作用加一定量的水来制取氢溴酸。

反应时硫酸应缓慢加入，温度也不宜过高，否则易发生下列副反应：

$$2CH_3CH_2CH_2CH_2OH \xrightarrow[\triangle]{H_2SO_4} \underset{\text{正丁醚}}{CH_3CH_2CH_2CH_2OCH_2CH_2CH_2CH_3} + H_2O$$

$$2HBr + H_2SO_4 \longrightarrow Br_2 + SO_2\uparrow + 2H_2O$$

$$CH_3CH_2CH_2CH_2OH \xrightarrow[\triangle]{H_2SO_4} CH_3CH_2CH{=}CH_2 + H_2O$$

由于反应中产生的溴化氢气体有毒，为防止溴化氢气体逸出，选用了带气体吸收装置的回流装置。

生成的1-溴丁烷中混有过量的氢溴酸、硫酸、未完全转化的正丁醇及副产物烯烃、醚类等，经过洗涤、干燥和蒸馏予以除去。其操作流程如下：

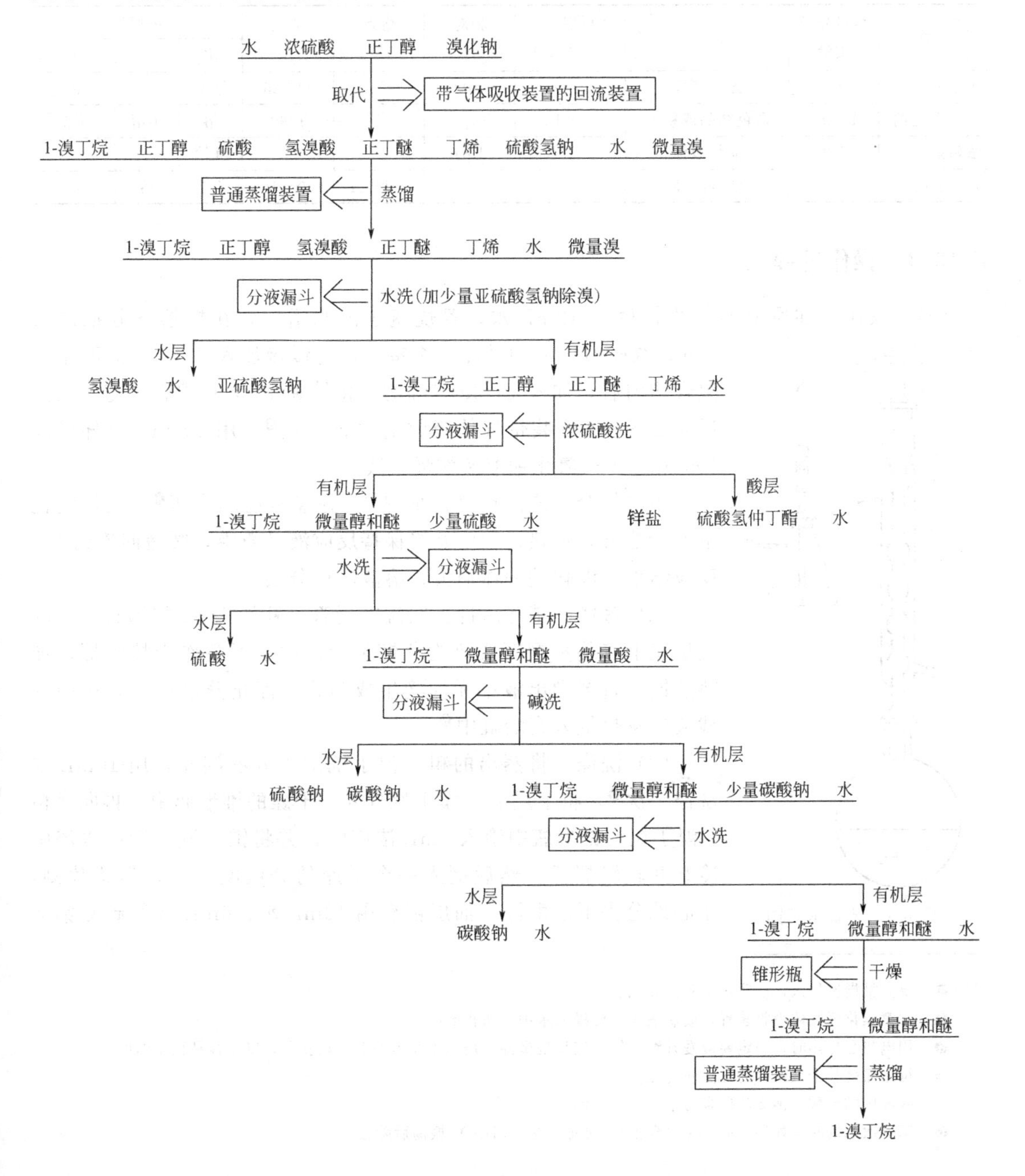

## 6.10.3 仪器及试剂

仪器：圆底烧瓶（100mL），球形冷凝管，玻璃漏斗，烧杯（200mL），蒸馏烧瓶（50mL），直形冷凝管，尾接管，分液漏斗（100mL），量筒（10mL，25mL），温度计（200℃），锥形瓶（50mL），电热套。

试剂：正丁醇，溴化钠，硫酸（98%），碳酸钠溶液（10%），氯化钙（无水），亚硫酸氢钠，氢氧化钠（5%）。

试剂物理性质表 6-17。

**表 6-17 试剂物理性质**

| 名称 | 相对分子质量 | 性状 | 折射率 $n_D$(20℃) | 相对密度 | 熔点/℃ | 沸点/℃ | 溶解度 | | |
|---|---|---|---|---|---|---|---|---|---|
| | | | | | | | 水 | 醇 | 醚 |
| 正丁醇 | 74.12 | 无色液体 | 1.3993 | 0.8098 | −88.9 | 117.25 | 微溶 | 溶 | 溶 |
| 无水溴化钠 | 102.89 | 白色结晶或粉末 | 1.3614 | 3.203 | 747 | 1390 | 溶 | 不溶 | 不溶 |
| 浓硫酸 | 98.08 | 油状液体 | | 1.84 | 10 | 290 | 互溶 | | |
| 1-溴丁烷 | 137.01 | 油状液体 | | 1.27 | −112.4 | 100～104 | 不溶 | 溶 | 溶 |

## 6.10.4 操作过程

（1）取代　在圆底烧瓶中，放入 12mL 水，置烧瓶于冰水浴中，在振摇下分批加入 15mL 浓硫酸，混匀并冷却至室温，再慢慢加入 9.7mL 正丁醇❶，混合均匀后，加入 13.3g 研细的溴化钠和 1～2 粒沸石，充分振摇后参照图 6-3 安装带气体吸收的回收装置❷。用 200mL 烧杯盛放 100mL 5%氢氧化钠溶液作吸收液。

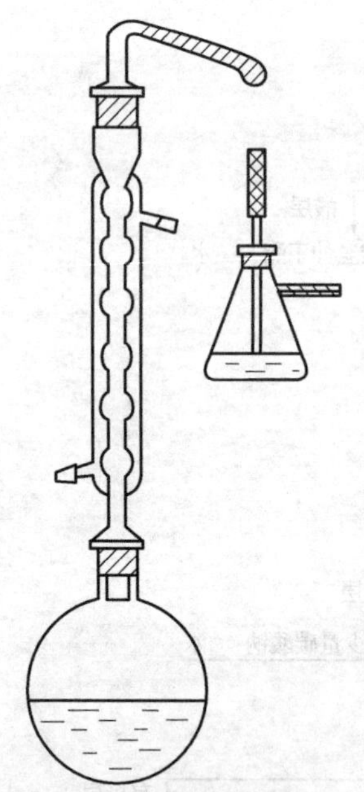
图 6-3　装置示意图

用电热套（或酒精灯）加热❸，并经常摇动烧瓶❹，促使溴化钠不断溶解，加热过程中始终保持反应液呈微沸，缓缓回流约 1h。反应结束，溴化钠固体消失，溶液出现分层。

（2）蒸馏　稍冷后拆去回流冷凝管，补加 1～2 粒沸石，在圆底烧瓶上安装蒸馏弯头改为蒸馏装置，用锥形瓶作为接收器，加热蒸馏，直至馏出液中无油滴生成为止。停止蒸馏后，烧瓶中的残液应趁热倒入废酸缸中❺。

（3）洗涤　将蒸出的粗 1-溴丁烷倒入分液漏斗，用 10mL 水洗涤一次❻，将下层的 1-溴丁烷分入一干燥的锥形瓶中。再向盛粗 1-溴丁烷的锥形瓶中滴入 4mL 浓硫酸，并将锥形瓶置于冰水浴中冷却并轻轻振摇。然后倒入一个干燥的分液漏斗中，静置片刻，小心地分去下层酸液。油层依次用 12mL 水、6mL 10%碳酸钠溶

❶ 要分批慢慢加入，以防正丁醇被氧化。

❷ 注意溴化氢气体吸收装置，玻璃漏斗不要浸入水中，防止倒吸。

❸ 用电热套加热时，一定要慢慢升温，使反应呈现微沸，烧瓶不要紧贴在电热套上，以便容易控制温度。

❹ 可用振荡整个铁架台的方法使烧瓶摇动。

❺ 残液中的硫酸氢钠冷却后容易结块，不易倒出。

❻ 第一次水洗时，如果产品有色（含溴），可加少量 $NaHSO_3$ 振荡后除去。

液、12mL水各洗涤一次。

(4) 干燥　经洗涤后的粗1-溴丁烷由分液漏斗上口倒入干燥的锥形瓶中，加入2g无水氯化钙，配上塞子，充分振荡后，放置30min。

(5) 蒸馏　安装普通蒸馏装置[1]。将干燥好的粗1-溴丁烷小心滤入干燥的蒸馏瓶中，放入1～2粒沸石，加热蒸馏。用称过质量的锥形瓶收集99～103℃馏分。

### 6.10.5　产率计算

填写表6-18，计算产率。

表6-18　产率计算

| 产品外观 | 实际产量 | 理论产量 | 产率 |
|---|---|---|---|
| | | | |

### 6.10.6　思考题

① 在制备1-溴丁烷的整个过程中提高产率的关键是什么?

② 加热回流后，反应瓶内上层呈橙红色，说明其中溶有何种物质?它是如何产生的?又应如何除去?

③ 反应后产物中可能含有哪些杂质?各步洗涤的目的是什么?

④ 干燥1-溴丁烷能否用无水硫酸镁来代替无水硫酸钙?为什么?

⑤ 由叔醇制备叔溴代烷时，能否用溴化钠和过量浓硫酸作试剂?为什么?

## 6.11　对甲苯磺酸钠的制备

### 6.11.1　目的

① 熟悉甲苯磺化反应的原理，掌握对甲苯磺酸钠的制备方法。

② 熟悉“盐析”效应，掌握对甲苯磺酸钠盐析的操作方法。

③ 掌握回流、热过滤、抽滤、重结晶等基本操作。

### 6.11.2　原理

主反应：

$$CH_3-C_6H_5 + H_2SO_4 \xrightarrow{110\sim120^\circ C} CH_3-C_6H_4-SO_3H + H_2O$$

$$CH_3-C_6H_4-SO_3H + NaCl(\text{过量}) \longrightarrow CH_3-C_6H_4-SO_3Na\downarrow + HCl$$

副反应：

[1] 全套蒸馏仪器必须是干燥的，否则蒸馏出的产品呈现浑浊。

$$CH_3-C_6H_5 + H_2SO_4 \longrightarrow o\text{-}CH_3C_6H_4SO_3H + p\text{-}CH_3C_6H_4SO_3H \xrightarrow{H_2SO_4} CH_3C_6H_3(SO_3H)_2$$

甲苯的磺化反应，采用浓硫酸为磺化剂，反应是可逆的，产物为邻位和对位的混合物。随反应温度的不同，它们的相对含量亦不同。低温有利于邻位物的生成，而高温则有利于对位物的生成，反应温度控制在110～120℃时，主要生成对甲苯磺酸。若温度更高，还可以进一步发生二磺化反应。

对甲苯磺酸与硫酸相似，都是强酸且易溶于水，故两者不易分离。通过加入过量的无机盐（氯化钠），使对甲苯磺酸转变为对甲苯磺酸钠，同时过量无机盐的存在，又大大降低了对甲苯磺酸钠在水中的溶解度，即通过“盐析”效应使对甲苯磺酸钠析出结晶，从而使对甲苯硝酸与硫酸得到分离。

### 6.11.3 仪器及试剂

仪器：三颈瓶（100mL）1个；温度计（100℃）1支；球形冷凝管（200mm）1支；锥形瓶（200mL）1个；烧杯（150mL）1个；抽滤装置（250mL）1套；表面皿（80mm）1块；电热套和调压器1套；电动搅拌器1台；搅拌套管与搅拌1套。

试剂：甲苯16mL（13.9g，0.15mol）；浓硫酸（96%）10.5mL（19.3g，0.2mol）；碳酸氢钠8g；氯化钠（精盐）15g+12.5g=27.5g；活性炭0.1g。

试剂物理性质见表6-19。

表6-19 试剂物理性质

| 名称 | 相对分子质量 | 性状 | 折射率 $n_D$ | 相对密度 | 熔点/℃ | 沸点/℃ | 溶解度/(g/100mL溶剂) | | |
|---|---|---|---|---|---|---|---|---|---|
| | | | | | | | 水 | 醇 | 醚 |
| 甲苯 | 92.14 | 无色澄清液体 | 1.4967 | 0.866 | −95 | 110.6 | 0.053 | | |
| 硫酸 | 98.08 | 油状液体 | | 1.84 | 10 | 290 | 互溶 | | |
| 碳酸氢钠 | 84.01 | 白色粉末 | 1.500 | 2.159 | 270 | | 7.8 | | |
| 氯化钠 | 58.44 | 无色立方结晶 | | 2.17 | | | | | |

### 6.11.4 操作过程

（1）磺化　在干燥的三颈瓶中，加入16mL甲苯，在振摇下[1]分批加入10.5mL浓硫酸（边加入边冷却），并加入几粒沸石，安装回流装置。三颈瓶的中口装上球形冷凝管，一侧口插入温度计，另一侧口配上塞子。用电热套（或油浴）加热，电压由80V逐渐增至120V，将反应温度控制在110～120℃，反应液呈微沸。反应回流约1h。待反应液上层的甲苯油层

[1] 甲苯与浓硫酸互不相溶，为了增加反应物之间的接触，在反应中必须经常振摇烧瓶，这是提高产量的关键。最好使用三颈瓶电动搅拌回流装置。

近乎消失，同时回流现象几乎停止，此时反应已接近完成，可停止加热。

(2) 中和　将反应液冷却至室温，在200mL锥形瓶中放入58mL水，在冷却与搅拌下将反应液慢慢倒入水中。待溶液冷却后，在搅拌下分批加入8g粉状$NaHCO_3$（在通风处操作），中和部分酸液[1]。

(3) 盐析　在上述溶液中加入15g精盐，加热至沸，使其全部溶解，趁热过滤[2]。将滤液倒入小烧杯中，放置冷却，并用冰水浴进行冷却。待结晶完全析出。进行抽滤，压紧抽干。将结晶转移至表面皿上，放置晾干后称重。

(4) 重结晶[3]　在100mL锥形瓶中，放入52mL水，并将晾干的粗品放入瓶中，加热使粗品完全溶解。然后加入12.5g精盐，加热至沸，使其全部溶解。稍冷后加入0.1g活性炭，煮沸5～10min，趁热过滤。滤液倒入小烧瓶中，冷却至室温，再用冰水浴冷却。待结晶完全析出，进行抽滤。再用10mL饱和食盐水洗涤结晶，压紧抽干。将结晶转移至表面皿上，放置晾干后称重。

对甲苯磺酸钠为片状结晶。

### 6.11.5　思考题

① 本实验中甲苯磺化反应温度为何必须控制在110～120℃ 若温度高于120℃会发生何种副反应 提高磺化反应产率的关键是什么？

② 本实验中，加入NaCl起什么作用？为什么要加过量的NaCl？加入活性炭为何煮沸时间不能太长？

③ 为何不能用冷水洗涤对甲苯磺酸钠结晶？

④ 简述热过滤操作中的注意事项。

## 6.12　乙酰苯胺的制备

### 6.12.1　目的

① 熟悉氨基酰化反应的原理及意义，掌握乙酰苯胺的制备方法。

② 进一步掌握分馏装置的安装与操作。

③ 熟练掌握结晶、趁热过滤和减压过滤等操作技术。

### 6.12.2　原理

反应式如下：

$$C_6H_5NH_2 + CH_2COOH \longrightarrow C_6H_5NHCOCH_3 + H_2O$$

---

[1] 硫酸部分中和产物为硫酸氢钠，因为硫酸氢钠较硫酸钠的水溶性大，故在对甲苯磺酸钠析出结晶时，不会同时析出。

$$H_2SO_4 + NaHCO_3 \longrightarrow NaHSO_4 + H_2O + CO_2\uparrow$$

[2] 先用热水预热布氏漏斗和吸滤瓶。抽滤过程中，吸滤瓶的外部还需用热水浴进行保温，以免析出结晶造成产品损失。加活性炭煮沸时间不宜过长，否则会导致热抽滤失败。抽滤完毕，应先拔掉皮管后关水，以防倒吸。

[3] 重结晶可除去溶解度较大的苯二磺酸钠。

冰醋酸与苯胺的反应速率较慢，且反应是可逆的，为了提高乙酰苯胺的产率，一般采用冰醋酸过量的方法，同时利用分馏柱将反应中生成的水从平衡中移去。由于苯胺易氧化，所以需要加入少量锌粉，防止苯胺在反应过程中氧化。

乙酰苯胺在水中的溶解度随温度的变化差异较大，因此生成的乙酰苯胺粗品可以与水重结晶进行纯化，其操作流程如下：

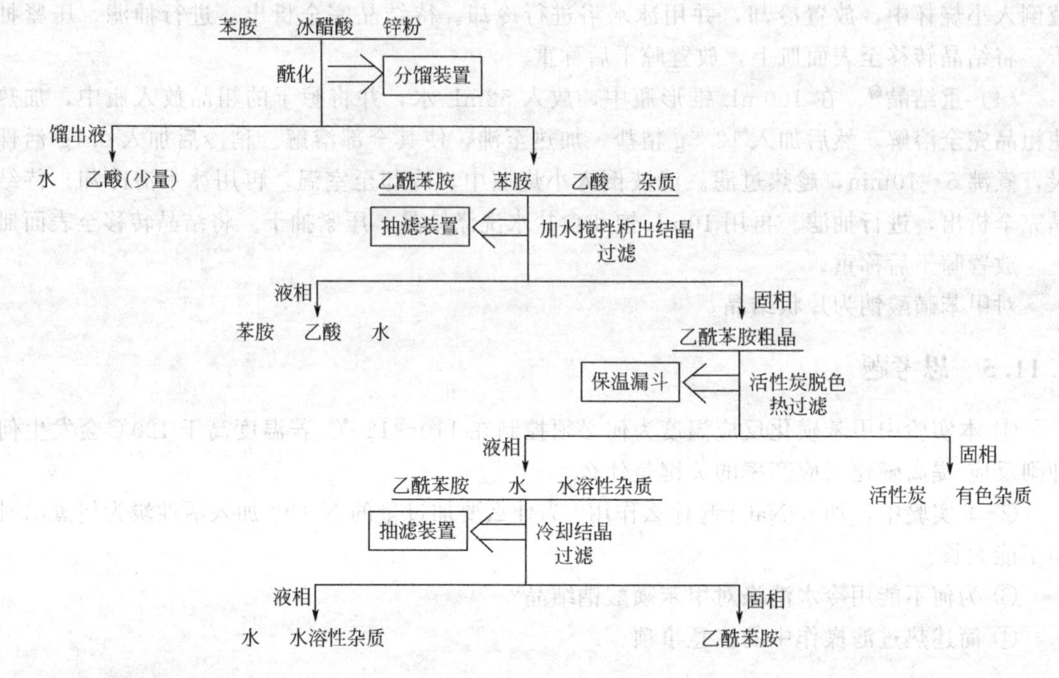


## 6.12.3 仪器及试剂

仪器：圆底烧瓶，刺形分馏柱，直形冷凝管，尾接管，量筒，温度计，烧杯，吸滤瓶，布氏漏斗，小水泵，保温漏斗，电热套。

试剂：苯胺，冰醋酸，锌粉，活性炭。

试剂物理性质见表 6-20。

表 6-20 试剂物理性质

| 名称 | 相对分子质量 | 性状 | 折射率 $n_D$ (20℃) | 相对密度 | 熔点/℃ | 沸点/℃ | 溶解度 | | |
|---|---|---|---|---|---|---|---|---|---|
| | | | | | | | 水 | 醇 | 醚 |
| 苯胺 | 93.12 | 无色油状液体 | | 1.02 | −6.3 | 184 | 微溶 | 溶 | 溶 |
| 冰醋酸 | 60.05 | 液体 | 1.3715 | 1.049 | 16.6 | 118.1 | 溶 | 溶 | 溶 |
| 乙酰苯胺 | 135.16 | 白色结晶粉末 | 1.5860 | 1.2190 | 114.3 | 304 | 微溶 | 溶 | 溶 |

## 6.12.4 操作过程

(1) 酰化　在干燥的圆底烧瓶中，加入 5mL 新蒸馏的苯胺、8.5mL 冰醋酸和 0.1g 锌粉。立即装上分馏柱，在柱顶安装一支分馏柱，用小量筒收集水和乙酸。用电热套加热至反应沸腾，调节电压，当温度升至约 105℃时开始蒸馏。维持温度在 105℃左右约 30min，这时反应生成的水基本蒸出。当温度计的读数不断下降时，则反应达到终点，即可停止加热。

(2) 结晶过滤　在烧杯中加入100mL冷水，将反应液趁热以细流倒入水中，边倒边不断搅拌，此时有细粒状固体析出。冷却后抽滤，并用少量冷水洗涤固体，得到白色或带黄色的乙酰苯胺粗品。

(3) 重结晶　将粗产品转移到烧杯中，加入100mL水，在搅拌下加热至沸腾。观察是否有未溶的油状物，若有则补加水，直到油珠溶解，稍冷后，加入0.5g活性炭，并煮沸10min。在保温漏斗中趁热过滤除去活性炭，滤液倒入热的烧杯中。然后自然冷却至室温。冰水冷却，待结晶完全析出后，进行抽滤。用少量冷水洗涤滤饼两次，压紧抽干。将结晶转移至表面皿中，自然晾干后称量。

### 6.12.5　产率计算

填写表6-21，计算产率。

表6-21　产率计算

| 产品外观 | 实际产量 | 理论产量 | 产率 |
|---|---|---|---|
| | | | |

### 6.12.6　注意事项

① 久置的苯胺因为氧化而颜色较深，使用前要重新蒸馏。因为苯胺的沸点较高，蒸馏时选用空气冷凝管冷凝，或采用减压蒸馏。

② 锌粉的作用是防止苯胺氧化，只需要加入少量即可。加得过多，会出现不溶于水的氢氧化锌。

③ 分馏温度不能过高，以免大量乙酸蒸出而降低产率。

④ 若让反应液冷却，则乙酰苯胺固体析出，粘在烧瓶壁上不易倒出。

⑤ 趁热过滤时，也可采用抽滤装置。但布氏漏斗和吸滤瓶一定要预热。滤纸大小要合适，抽滤过程要快，避免产品在布氏漏斗中结晶。

### 6.12.7　思考题

① 用乙酸酰化制备乙酰苯胺的方法如何提高产率？

② 反应温度为什么控制在105℃左右？过高或过低对实验有什么影响？

③ 根据反应式计算理论上能产生多少毫升水？为什么实际收集的液体量多于理论量？

④ 反应终点时，温度计的温度为何下降？

### 6.12.8　知识链接

乙酰苯胺为无色晶体，具有退热镇痛作用，是较早使用的解热镇痛药，因此俗称“退热冰”。乙酰苯胺是磺胺类药物合成中重要的中间体。由于芳环上的氨基易氧化，在有机合成中为了保护氨基，往往先将其乙酰化为乙酰苯胺，然后再进行其他反应，最后水解除去乙酰基。

乙酰苯胺可由苯胺与乙酰化试剂如乙酰氯、乙酸酐或乙酸等直接作用来制备。反应活性是乙酰氯>乙酸酐>乙酸。由于乙酰氯和乙酸酐的价格昂贵，选用纯的乙酸作为乙酰化试剂。

# 6.13 苯乙酮的制备

## 6.13.1 目的

① 掌握付 克酰基化制备芳香酮的方法。

② 掌握有机合成的无水操作。

③ 掌握搅拌器的使用方法。

## 6.13.2 原理

$$C_6H_6 + CH_3COOCOCH_3 \xrightarrow{\text{无水 } AlCl_3} C_6H_5COCH_3 + CH_3COOH$$

具体反应过程：

$$CH_3C(=O)-O-C(=O)CH_3 + AlCl_3 \longrightarrow CH_3C(=O:AlCl_3)-O-C(=O:AlCl_3)CH_3 \xrightarrow{C_6H_6} CH_3COOAlCl_2 + C_6H_5C(=O:AlCl_3)CH_3$$

（红色溶液）

$$C_6H_5C(=O:AlCl_3)CH_3 + H_2O \longrightarrow C_6H_5COCH_3 + Al(OH)Cl_2\downarrow + HCl$$

白

$$CH_3COOAlCl_2 + H_2O \longrightarrow Al(OH)Cl_2 + CH_3COOH\text{（放热）}$$

$$Al(OH)Cl_2 + \text{盐酸} \longrightarrow AlCl_3 + H_2O$$

## 6.13.3 仪器及试剂

仪器：三口烧瓶，冷凝管，滴液漏斗，蒸馏装置。

试剂：7.5g（7mL，0.072mol）乙酸酐，30mL（0.34mol）无水苯，20g（0.15mol）无水氯化铝，浓盐酸，苯，5%氢氧化钠溶液，无水硫酸镁。

试剂物理性质见表 6-22。

**表 6-22 试剂物理性质**

| 名称 | 相对分子质量 | 性状 | 折射率 $n_D$ | 相对密度 | 熔点/℃ | 沸点/℃ | 溶解度 | | |
|---|---|---|---|---|---|---|---|---|---|
| | | | | | | | 水 | 醇 | 醚 |
| 乙酸酐 | 102.09 | 无色透明液体 | | 1.08 | −73.1 | 138.6 | 不溶 | 易溶 | 易溶 |
| 苯 | 78.11 | 无色、有甜味的透明液体 | | 0.8786 | 5.51 | 80.1 | 不溶 | 易溶 | 易溶 |
| 三氯化铝 | 133.34 | 白色或微带浅黄色的结晶或粉末 | | 2.44 | 190 | 182.7 | 易溶 | 易溶 | 易溶 |

## 6.13.4 操作过程

反应装置如图 6-4 所示。

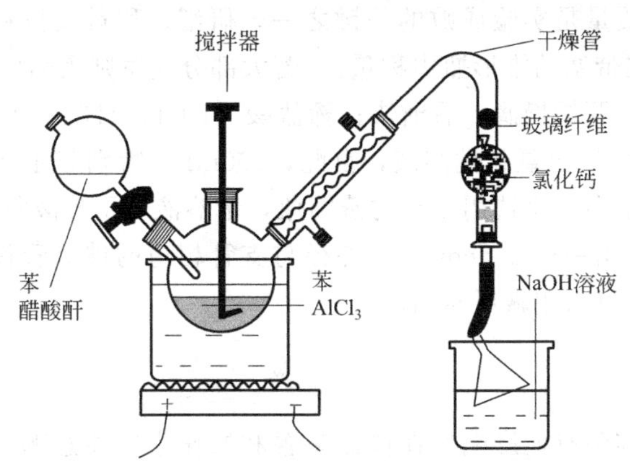


图 6-4　装置示意图

在 50mL 三口烧瓶中，分别装置冷凝管和滴液漏斗，冷凝管上端装一氯化钙干燥管，干燥管再与氯化氢气体吸收装置相连。

迅速称取 20g 经研细的无水氯化铝，加入三口烧瓶中，再加入 30mL 无水苯，塞住另一瓶口。自滴液漏斗慢慢滴加 7mL 乙酸酐，控制滴加速度勿使反应过于激烈，以三口烧瓶稍热为宜。边滴加边摇荡三口烧瓶，约 10～15min 滴加完毕。加完后，在沸水浴上回流 15～20min，直至不再有氯化氢气体逸出为止。

将反应物冷却至室温，在搅拌下倒入盛有 50mL 浓盐酸和 50g 碎冰的烧杯中进行分解(在通风橱中进行)。当固体完全溶解后，将混合物转入分液漏斗，分出有机层，水层每次用 10mL 苯萃取两次。合并有机层和苯萃取液，依次用等体积的 5%氢氧化钠溶液和水洗涤一次，用无水硫酸镁干燥。

将干燥后的粗产物先在水浴上蒸去苯，再在石棉网上蒸去残留的苯，当温度上升至 140℃左右时，停止加热，稍冷却后改换为空气冷凝装置，收集 198～202℃馏分，产量约 5～6g。

纯苯乙酮的沸点为 202.0℃，熔点 20.5℃。苯乙酮在不同压力下的沸点见表 6-23。

**表 6-23　苯乙酮在不同压力下的沸点**

| 压力/mmHg | 4 | 5 | 6 | 7 | 8 | 9 | 10 | 25 |
|---|---|---|---|---|---|---|---|---|
| 沸点/℃ | 60 | 64 | 68 | 71 | 73 | 76 | 78 | 98 |
| 压力/mmHg | 30 | 40 | 50 | 60 | 100 | 150 | 200 | |
| 沸点/℃ | 102 | 109.4 | 115.5 | 120 | 133.6 | 146 | 155 | |

注：1mmHg=133.322Pa。

## 6.13.5　实验结果

计算产率，理论产量以醋酸酐为准计算。

$$产率=M_{实际}/M_{理论}\times100\%$$

## 6.13.6　注意事项

① 本实验所用仪器和试剂均需充分干燥，否则影响反应顺利进行，装置中凡是和空气相通的部位，应装置干燥管。

② 无水氯化铝的质量是实验成败的关键之一，研细、称量及投料均需迅速，避免长时间暴露在空气中（可在带塞的锥形瓶中称量）。若大部分变黄则表明已水解，不可用。

③ 加入稀盐酸时，开始慢滴，后渐快；稀盐酸（1∶1，自配）用量约为140mL。

④ 吸收装置。约20%氢氧化钠溶液，自配，200mL，特别需注意防止倒吸。

⑤ 由于最终产物不多，宜选用较小的蒸馏瓶，苯溶液可用分液漏斗分批加入蒸馏瓶中。为了减少产品损失，可用一根2.5cm长、外径与支管相仿的玻璃管代替，玻璃管与支管可借医用橡皮管连接。也可采用减压蒸馏。

### 6.13.7 思考题

① 水和潮气对本实验有何影响？在仪器装置和操作中应注意哪些事项？为什么要迅速称取无水三氯化铝？

② 反应完成后为什么要加入浓盐酸和冰水的混合物？

③ 在烷基化和酰基化反应中，氯化铝的用量有何不同？为什么？

④ 下列试剂在无水氯化铝存在下相互作用，应得到什么产物？

a. 过量苯＋$ClCH_2CH_2Cl$；

b. 氯苯和丙酸酐；

c. 甲苯和邻苯二甲酸酐；

d. 溴苯和乙酸酐。

⑤ 实验过程中，颜色是如何变化的？试用化学方程式表示。

### 6.13.8 知识链接

付-克酰化反应是在质子酸或路易斯酸（如氯化铝）催化下，芳香性化合物与酰卤或酸酐发生亲电子取代反应，为一改良的亲电子取代反应。

$$C_6H_6 + CH_3COCl \xrightarrow{AlCl_3} C_6H_5COCH_3 + HCl$$

## 6.14 肉桂酸的制备

### 6.14.1 目的

① 学习肉桂酸的制备原理和方法。

② 进一步掌握回流、水蒸气蒸馏、抽滤等基本操作。

### 6.14.2 原理

$$C_6H_5CHO + (CH_3CO)_2O \xrightarrow[140\sim180℃]{CH_3COOK} C_6H_5CH{=}CHCOOH + CH_3COOH$$

本法是按 Kalnin 提出的方法，用无水 $K_2CO_3$ 代替 $CH_3COOK$，优点为：反应时间短，产率高。

### 6.14.3 仪器及试剂

仪器：100mL 圆底烧瓶，空气冷凝管，水蒸气蒸馏装置一套，抽滤瓶，布氏漏斗，250mL 烧杯 1 个，滤纸，表面皿，刮刀，250mL 锥形瓶 1 个，量筒（10mL、5mL、100mL），玻璃棒，红外灯。

试剂：PhCHO，10 %氢氧化钠，醋酸酐 [$(CH_3CO)_2O$]，刚果红试纸，无水 $K_2CO_3$，无水乙醇，浓盐酸，活性炭。

试剂物理性质见表 6-24。

**表 6-24 试剂物理性质**

| 名称 | 相对分子质量 | 性状 | 折射率 $n_D$ | 相对密度 | 熔点/℃ | 沸点/℃ | 溶解度 | | |
|---|---|---|---|---|---|---|---|---|---|
| | | | | | | | 水 | 醇 | 醚 |
| 苯甲醛 | 106.12 | 无色液体 | 1.5455 | 1.046 | −26 | 179 | 微溶 | 易溶 | 易溶 |
| 醋酸酐 | 102.09 | 无色液体 | | 1.082 | −73.1 | 138.6 | 易溶 | 溶 | 溶 |

### 6.14.4 操作过程

（1）合成

① 在 100mL 干燥的圆底烧瓶中加入 1.5mL（1.575g，15mmol）新蒸馏过的苯甲醛、4mL（4.32g，42mmol）新蒸馏过的醋酐以及研细的 2.2g 无水碳酸钾，2 粒沸石。

② 加热回流（小火加热）40min，火焰由小到大使溶液刚好回流。

③ 停止加热，待反应物冷却。

（2）后处理 待反应物冷却后，往瓶内加入 20mL 热水，以溶解瓶内固体，同时改装成水蒸气蒸馏装置（半微量装置）。开始水蒸气蒸馏，至无白色液体蒸出为止，将蒸馏瓶冷却至室温，加入 10%氢氧化钠（约 10mL）以保证所有的肉桂酸成钠盐而溶解。待白色晶体溶解后，滤去不溶物，滤液中加入 0.2g 活性炭，煮沸 5min 左右，脱色后抽滤，滤出活性炭，冷却至室温，倒入 250mL 烧杯中，搅拌下加入浓盐酸，酸化至刚果红试纸变蓝色。冷却抽滤得到白色晶体，粗产品置于 250mL 烧杯中，用水-乙醇重结晶，先加 60mL 水，等大部分固体溶解后，稍冷，加入 10mL 无水乙醇，加热至全部固体溶解后，冷却，白色晶体析出，抽滤，产品于空气中晾干后，称重。

### 6.14.5 注意事项

① Perkin 反应所用仪器必须彻底干燥（包括称取苯甲醛和乙酸酐的量筒），否则产率降低。

② 可以用无水碳酸钾和无水丙酮作为缩合剂，但是不能用无水碳酸钠。

③ 加料迅速，防止醋酸酐吸潮。

④ 回流时加热强度不能太大，否则会把乙酸酐蒸出。为了节省时间，可以在回流结束之前的 30min 开始加热支管烧瓶使水沸腾，不能用火直接加热烧瓶。

⑤ 进行脱色操作时一定要取下烧瓶，稍冷之后再加热活性炭 0.15g 左右。

⑥ 热过滤时必须是真正热过滤，布氏漏斗要事先从沸水中取出，动作要快。

⑦ 进行酸化时要慢慢加入浓盐酸，一定不要加入太快，以免产品冲出烧杯造成产品损失。

⑧ 肉桂酸要结晶彻底，进行冷过滤；不能用太多水洗涤产品。

### 6.14.6 思考题

① 什么情况下用水蒸气蒸馏？

② 用水蒸气蒸馏，被提纯物具有哪些条件？

③ 肉桂酸在制备清洗时为什么不能用氢氧化钠？

### 6.14.7 知识链接

Perkin 反应，又称普尔金反应，由 William Henry Perkin 发展的，由不含有 $\alpha$-H 的芳香醛（如苯甲醛）在强碱弱酸盐（如碳酸钾、醋酸钾等）的催化下，与含有 $\alpha$-H 的酸酐（如乙酸酐、丙酸酐等）所发生的缩合反应，并生成 $\alpha,\beta$-不饱和羧酸盐，后者经酸性水解即可得到 $\alpha,\beta$-不饱和羧酸。

## 6.15 苯甲醇和苯甲酸的制备与纯化

### 6.15.1 目的

① 掌握 Cannizzaro（康尼查罗）反应原理。

② 掌握苯甲醇和苯甲酸的制备与纯化的方法。

### 6.15.2 原理

没有 $\alpha$-氢的醛，如苯甲醛，在强碱作用下，会发生分子间的氧化还原反应，一分子被还原成苯甲醇，另一分子被氧化成苯甲酸，即 Cannizzaro 反应，反应式如下：

$$C_6H_5CHO \xrightarrow{OH^-} C_6H_5COOH + C_6H_5CH_2OH$$

若一个不含 $\alpha$-氢的醛和甲醛共存下发生 Cannizzaro 反应，则甲醛优先被氧化，而其他的醛被还原成醇。如：

$$C_6H_5CHO \xrightarrow[CH_2O]{OH^-} C_6H_5CH_2OH$$

通过 Cannizzaro 反应，以苯甲醛作为反应物，在浓氢氧化钠的作用下，制备苯甲醇和苯甲酸。其反应式如下：

$$2\,C_6H_5CHO \xrightarrow{KOH} C_6H_5CH_2OH + C_6H_5COOK$$

$$C_6H_5COOK \xrightarrow{HCl} C_6H_5COOH$$

### 6.15.3 仪器及试剂

仪器：锥形瓶（50mL）1 个，分液漏斗 1 个，抽滤装置 1 套，数显熔点仪 1 台，折光仪 1 台。

试剂：苯甲醛 10.5g（约 10mL，0.1mol），氢氧化钾 9g（0.16mol），乙醚 3×10mL，饱和亚硫酸氢钠，饱和碳酸钠 5mL，无水硫酸镁，浓盐酸和刚果红试纸。

原料及产物的物理性质见表 6-25。

**表 6-25 试剂物理性质**

| 名称 | 相对分子质量 | 性状 | 折射率 $n_D$(15℃) | 相对密度 | 熔点/℃ | 沸点/℃ | 溶解度/(g/100mL 溶剂) | | |
|---|---|---|---|---|---|---|---|---|---|
| | | | | | | | 水 | 醇 | 醚 |
| 苯甲醛 | 106.12 | 无色液体 | 1.5455 | 1.04 | −56.5 | 179 | 微溶 | 溶于 | 溶于 |
| 氢氧化钾 | 56.1 | 白色粉末 | 1.40 | 2.044 | 380 | 1324 | | | |
| 乙醚 | 74.12 | 无色透明液体 | 1.35555 | 0.71378 | −116.3 | 34.6 | | | |
| 无水硫酸镁 | 120.36 | 白色粉末 | 1.56 | 1124 | | | | | |
| 浓盐酸 | 36.095 | 无色液体 | 1.3417 | 1.179 | −35 | 5.8 | | | |
| 苯甲酸 | 122.12 | 白色晶体 | 1.5396 | 1.2295 | 122 | 249 | 微溶 | 溶于 | 溶于 |
| 苯甲醇 | 108.14 | 无色液体,稍有芳香气味 | 1.5392 | 1.04535 | −15.3 | 201.3 | 稍溶 | 溶于 | 溶于 |

### 6.15.4 操作过程

在 50mL 锥形瓶中，加入由 9g（0.16mol）氢氧化钾和 9mL 水配成的溶液。冷至室温后，加入 10.5g（约 10mL，0.1mol）新蒸的苯甲醛，用橡胶塞塞紧，用力振摇使其成糊状。放置 24h 以上，向反应物中加入约 30mL 水使之溶解，然后转入分液漏斗中；用 3×10mL 乙醚萃取，合并醚层（其中是什么）；水层待处理；将醚层依次用饱和亚硫酸氢钠、饱和碳酸钠及水各 5mL 洗涤；用无水硫酸镁干燥醚层（放置待处理）。乙醚萃取后的水溶液，用浓盐酸酸化至刚果红试纸变蓝（约用多少）；冷却使结晶完全，抽滤，用适量水重结晶。干燥，确定苯甲酸的收率，测熔点。将干燥后的乙醚溶液滤入小烧瓶中，水浴蒸去乙醚后，换空气冷凝管蒸馏收集 204～206℃的馏分。确定苯甲醇收率。测折射率。

### 6.15.5 产率计算

填写表 6-26，计算产率。

**表 6-26 产率计算**

| 产品外观 | 实际产量 | 理论产量 | 产率 |
|---|---|---|---|
| | | | |

### 6.15.6 思考题

① 试比较康尼查罗反应与羟醛缩合反应所用的醛在结构上有何不同。

② 本制备过程是根据什么原理分离提纯两种产物的？

③ 本制备过程中对醚层各次洗涤的目的是什么？

④ 醚萃取后的水溶液酸化到中性是否可以？为什么？

### 6.15.7 知识链接

康尼查罗反应的类型：

无 $\alpha$-活泼氢原子的醛，在强碱作用下，发生分子间氧化-还原反应，一个分子的醛基氢以氢负离子的形式转移给另一个分子，结果一分子被氧化成酸，而另一分子被氧化成一级醇，故又称为歧化反应。

无 $\alpha$-活泼氢原子的两种不同醛也能发生这样的氧化反应，成为“交叉康尼查罗反应”。

具有 $\alpha$-活泼氢原子的醛和甲醛首先发生羟醛缩合反应，得到无 $\alpha$-活泼氢原子的 $\beta$-羟基醛，然后再与甲醛进行交叉康尼查罗反应。

## 6.16 呋喃甲醇和呋喃甲酸的合成

### 6.16.1 目的

掌握呋喃甲醛制备呋喃甲醇和呋喃甲酸的原理和方法，加深对 Cannizzaro 反应的理解与认识。

### 6.16.2 原理

$$2\ \text{(呋喃)-CHO} + NaOH \longrightarrow \text{(呋喃)-}CH_2OH + \text{(呋喃)-COONa}$$

$$\text{(呋喃)-COONa} + HCl \longrightarrow \text{(呋喃)-COOH}$$

### 6.16.3 仪器及试剂

仪器：三口烧瓶（50mL）1个，水浴锅1个，球形冷凝管1支，不锈钢刮刀1支，烧杯（50mL）2个，表面皿1个，温度计（100℃）1支，玻璃棒1支，布氏漏斗、抽滤瓶（50mL）1套，电磁搅拌器1台，锥形瓶（25mL）3个，磁子1枚，恒压漏斗（滴液漏斗）1个；滴管2支，分液漏斗（50mL）1个，蒸馏装置1套，温度计套管1个；空气冷凝器1支，沸石，滴定管架1套，碱式滴定管（A级，50mL）1支，锥形瓶（250mL）3个；蒸馏水洗瓶1个；称量瓶1个，电子天平，10mL 移液管，10mL 量筒，100mL 量筒，减压水泵，滤纸，产品回收瓶等。

试剂：呋喃甲醛（新蒸），氢氧化钠，乙醚，浓盐酸，无水硫酸镁，刚果红试纸，活性炭，标准氢氧化钠溶液（0.09904mol/L），酚酞指示剂（2g/L）。

原料及产物的物理性质见表 6-27。

表 6-27 原料及产物的物理性质

| 名称 | 相对分子质量 | 性状 | 折射率 | 相对密度($d_4^{20}$) | 熔点/℃ | 沸点/℃ | 溶解度/(g/100mL 水) | | | |
|---|---|---|---|---|---|---|---|---|---|---|
| | | | | | | | 0℃ | 5℃ | 15℃ | 100℃ |
| 呋喃甲醛 | 96.09 | 无色液体 | 1.4990 | 1.1594 | | 161.7 | | | | |
| 呋喃甲酸 | 102.08 | 白色晶体 | | | 129～130 | 230～232 | 2.7 | 3.6 | 3.8 | 25.0 |
| 呋喃甲醇 | 98.10 | 无色透明液体 | 1.4860 | 1.1296 | −29 | 170 | | | | |

## 6.16.4 操作过程

### 6.16.4.1 呋喃甲醇和呋喃甲酸的合成

① 在50mL三口烧瓶中将3.2g氢氧化钠溶于4.8mL水中，并用冰水冷却。在搅拌下滴加6.56mL（7.6g，0.08mol）呋喃甲醛于氢氧化钠水溶液中。滴加过程中必须保持反应混合物温度在8～12℃，加完后，保持此温度继续搅拌30min。

② 在搅拌下向反应混合物加入适量水（≤10mL）使其恰好完全溶解得暗红色溶液，将溶液转入分液漏斗中，用乙醚萃取（6mL×4），合并乙醚萃取液，用无水硫酸镁干燥10min以上。

③ 在乙醚提取后的水溶液中慢慢滴加浓盐酸，搅拌，滴至刚果红试纸变蓝（pH=3），冷却，结晶，抽滤，产物用少量冷水洗涤，抽干后，收集粗产物，然后用水重结晶（如粗品有颜色可加入适量活性炭脱色），得到的产品转入已称重和标记的干燥表面皿中，压碎摊开。分批用托盘集中后放入烘箱，在85℃下干燥40min，称量产品，记录外观，计算产率。

④ 将干燥后的有机相先在水浴中蒸去乙醚，然后用电磁搅拌器或电热套加热蒸馏，收集169～172℃馏分，称重。

### 6.16.4.2 呋喃甲醇的红外光谱测定

将精制过的呋喃甲醇编号标记后，进行KBr压片并测定红外吸收光谱。

### 6.16.4.3 呋喃甲酸的纯度分析（平行测定3份）

采用递减称量法，准确称取自制的呋喃甲酸3份，每份约0.15g，分别置于250mL锥形瓶中，加入100mL水，摇动使其溶解，再向其中加入适量酚酞指示剂，用标准氢氧化钠溶液滴定至出现红色，30s不变色为终点（在不断摇动下较快地进行滴定），分别记录所消耗氢氧化钠溶液的体积。根据所消耗氢氧化钠溶液的体积，分别计算呋喃甲酸的质量分数（%）、平均质量分数。

## 6.16.5 思考题

① 乙醚萃取后的水溶液用盐酸酸化，为什么要用刚果红试纸？如不用刚果红试纸，怎样知道酸化是否恰当？

② 干燥呋喃甲醇时可否用无水氯化钙作干燥剂，为什么？

③ 本实验根据什么原理来分离呋喃甲酸和呋喃甲醇？

## 6.16.6 知识链接

坎尼查罗（Cannizzaro）反应：凡$\alpha$位碳原子上无活泼氢的醛类与浓NaOH或KOH水或醇溶液作用时，不发生醇醛缩合或树脂化作用而起歧化反应生成与醛相当的酸（成盐）及醇的混合物。此反应的特征是醛自身同时发生氧化及还原作用，一分子被氧化成酸的盐，另一分子被还原成醇。

# 6.17 苯亚甲基苯乙醛酮（查尔酮）的制备

## 6.17.1 目的

掌握Aldol缩合反应的机理、特点及反应条件。

## 6.17.2 原理

$$C_6H_5\text{—}CHO + C_6H_5\text{—}COCH_3 \xrightarrow[-H_2O]{NaOH} C_6H_5\text{—}CH{=}CH\text{—}C(=O)\text{—}C_6H_5$$

## 6.17.3 仪器及试剂

仪器：250mL三口烧瓶，100℃温度计，温度计套管，回流冷凝器。

试剂物理性质见表6-28。配料比见表6-29。

**表6-28 试剂物理性质**

| 名称 | 相对分子质量 | 熔点/℃ | 沸点/℃ | 密度/(g/mL) | $n_D$ | 溶解度 | | |
|---|---|---|---|---|---|---|---|---|
| | | | | | | 水 | 乙醇 | 乙醚 |
| 苯甲醛 | 106.12 | −26 | 179 | 1.050 | 1.5463 | 微溶 | ∞ | ∞ |
| 苯乙酮 | 120.15 | 20 | 202 | 1.0281 | 1.5372 | 微溶 | ∞ | ∞ |
| 苯亚甲基苯乙醛酮 | 208.26 | 57～58 | 345～348 | 1.0712 | 1.6458 | | 微溶 | |

**表6-29 配料比**

| 试剂 | 数量 |
|---|---|
| 苯甲醛 | 9.2g，0.044mol |
| 苯乙酮 | 10.4g，0.087mol |
| 乙醇(95%) | 25mL |
| 氢氧化钠 | 4.4g(溶于40mL水) |

## 6.17.4 操作过程

① 在配有搅拌、温度计、回流冷凝器及滴液漏斗的250mL三口烧瓶中进行反应。

② 加入氢氧化钠水溶液、乙醇（95%）25mL及苯乙酮10.4g，水浴加热到20℃。

③ 滴加苯甲醛9.2g，滴加过程中维持反应温度20～25℃，加毕，于该温度下继续搅拌反应0.5h。

④ 加入少量的查尔酮作晶种，继续搅拌1.5h，析出沉淀，抽滤、水洗至洗水呈中性，抽干得粗产品，以乙酸乙酯为溶剂重结晶，得精品为浅黄色针状结晶，熔点为55～56℃。

## 6.17.5 注意事项

① 反应温度不要超过30℃或低于15℃，温度过高副产物增多；温度过低产物黏稠，不易过滤。

② 加入晶种后，一般搅拌0.5h后即可析出产品结晶。

## 6.17.6 知识链接

Aldol反应即羟醛缩合或醇醛缩合反应。

具有α-H的醛，在碱催化下生成碳负离子，然后碳负离子作为亲核试剂对醛酮进行亲核加成，生成β-羟基醛，β-羟基醛受热脱水成不饱和醛。在稀碱或稀酸的作用下，两分子的醛或酮可以互相作用，其中一个醛（或酮）分子中的 $\alpha$-氢加到另一个醛（或酮）分子的羰基氧原子上，其余部分加到羰基碳原子上，生成一分子 $\beta$-羟基醛或一分子 $\beta$-羟基酮，这个反应叫做羟醛缩合或醇醛缩合。通过醇醛缩合，可以在分子中形成新的碳碳键，并增长碳链。

## 6.18　2-硝基-1,3-苯二酚的制备

### 6.18.1　目的

① 掌握 2-硝基-1,3-苯二酚的制备原理和方法。

② 掌握水蒸气蒸馏操作，巩固重结晶操作技能。

### 6.18.2　原理

$$\text{HO-C}_6\text{H}_4\text{-OH} \xrightarrow[<65^\circ\text{C}]{2\text{H}_2\text{SO}_4} \text{(HO)}_2\text{C}_6\text{H}_2\text{(SO}_3\text{H)}_2 \xrightarrow[<30^\circ\text{C}]{\text{HNO}_3,\ \text{H}_2\text{SO}_4} \text{(HO)}_2\text{(NO}_2\text{)C}_6\text{H(SO}_3\text{H)}_2 \xrightarrow[100^\circ\text{C}]{2\text{H}_2\text{O}} \text{(HO)}_2\text{(NO}_2\text{)C}_6\text{H}_3$$

### 6.18.3　仪器及试剂

仪器：水蒸气蒸馏装置，减压抽滤装置，回流装置。

试剂：间苯二酚，浓硫酸，浓硝酸，乙醇，尿素。

时间：6h。

试剂物理性质见表 6-30。

表 6-30　试剂物理性质

| 名　　称 | 相对分子质量 | 熔点/℃ | 沸点/℃ | 相对密度 | 水溶解度/(g/100mL) |
|---|---|---|---|---|---|
| 间苯二酚 | 110.11 | 109～110 | 281 | 1.285 | 111 |
| 2-硝基-1,3-苯二酚 | 155 | 84～85 | 78.4 | 0.7893 | 易溶于水 |
| 尿素 | 60.06 | 135 | | 1.330 | 微溶于水 |
| 浓硫酸(98%) | 98.07 | 10.49 | 338 | 1.834 | 易溶于水 |
| 浓硝酸 | 63.01 | −42 | 86 | 1.5027 | 易溶于水 |

实验装置如图 6-5 所示。

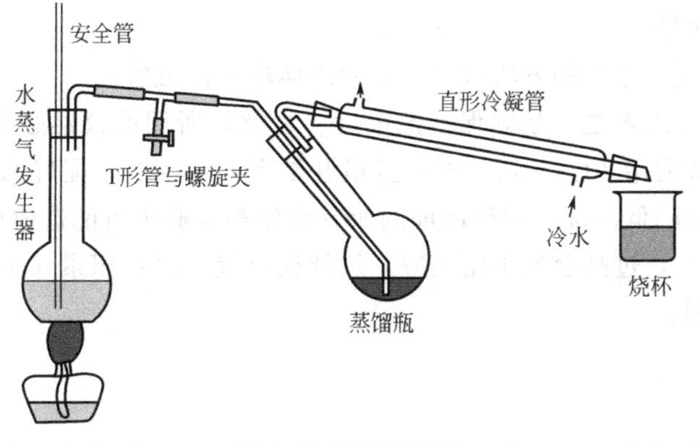


图 6-5　装置示意图

### 6.18.4 操作过程

① 在250mL烧杯中放5.5g粉状间苯二酚，充分搅拌下小心加入25mL浓硫酸（千万不能误加浓硝酸，爆炸!），此时反应液发热，生成白色磺化产物（若无白色浑浊和自动升温，可在80℃水浴中加热），表面皿盖住烧杯，室温放置15min（充分磺化），然后在冰水浴中冷却到0～10℃（防止下面的硝化反应过快）。

② 在锥形瓶中加入4mL浓硝酸，摇荡下加5.6mL浓硫酸，制成混酸并置冰浴中冷却。用滴管将冷却好的混酸慢慢滴加到上述磺化后的产物中，并不停搅拌，控制反应温度不超过30℃（若超过，用冰水冷却，防止氧化），滴完后继续搅拌5min，室温放15min（充分硝化），期间要密切关注温度不能超过30℃（否则用冰水冷却），此时反应物呈亮黄色黏稠状（不应为棕色或紫色）。然后小心加15mL冰水（也可直接加10g碎冰）稀释，保持反应温度不超过50℃，冰全部溶解。

③ 将反应物转到250mL烧瓶中（用5mL冰水洗涤烧杯，洗涤液转入烧瓶），加约0.1g尿素。水蒸气蒸馏，冷凝管壁和馏出液中有橘红色固体产生，调冷凝水速度，至管壁无橘红色固体，馏出液澄清时，停止蒸馏。馏出液在冰水浴中冷却，抽滤，粗品用乙醇-水（约需10mL50%乙醇）重结晶（不要用活性炭，否则产物也会被吸附掉，但要用回流装置，沸水浴加热，防止溶剂挥发。配成饱和溶液后，全溶，溶液很干净，可直接冷却结晶，不要热过滤，若有不溶物，则要热滤、冷却，结晶，抽滤），得橘红色针状结晶。

纯2-硝基-1,3-苯二酚熔点为87.8℃。

### 6.18.5 注意事项

① 本实验一定注意先磺化后硝化，否则会剧烈反应，甚至产生事故。

② 间苯二酚很硬，需要在研钵中研成粉状，否则磺化不完全。间苯二酚有腐蚀性，注意勿使接触皮肤。

③ 酚的磺化在室温就可进行，如果反应太慢，10min不变白，可用60℃的水温热，加速反应。

④ 硝化反应比较快，因此硝化前，磺化混合物要先在冰水浴中冷却，混酸也要冷却，最好在10℃以下；硝化时，也要在冷却下，边搅拌边慢慢滴加混酸，否则，反应物易被氧化而变成灰色或黑色。

⑤ 反应中加尿素是使多余的硝酸与尿素反应生成络盐［$CO(NH_2)_2 \cdot HNO_3$］，从而减少二氧化氮气体的污染。

⑥ 可用调节冷凝水速度的方法避免产生的固体堵塞冷凝管。

⑦ 实验成功重要因素之一是确保混酸浓度。为此，所用的仪器必须干燥。硫酸需使用98%的浓硫酸，硝酸需用70%～72%的，且最好是当天开瓶的。配好的混酸不可敞口久置，以免酸挥发或吸潮而降低浓度，加碎冰前的所有操作都应避免可能造成反应物稀释的因素。

⑧ 温度控制要严，过高会发生副反应，过低反应慢、原料积累（比如混酸），一旦反应加速，温度难以控制。

### 6.18.6 思考题

① 本硝化反应温度为什么要控制在30℃以下？温度偏高有什么不好？

② 进行水蒸气蒸馏前为什么先要用冰水稀释？

### 6.18.7 知识链接

2-硝基-1,3-苯二酚的制备是一个巧妙地利用定位规律的例子。它是通过间苯二酚先磺化、再硝化，最后去磺酸基而完成。酚羟基为强的邻对位定位基，磺酸基为强的间位定位基，且是体积很大的基团，很容易通过水解而被除去。间苯二酚磺化时，磺酸基先进入最容易起反应的4位和6位，接着再硝化时，受定位规律支配，硝基只能进入位阻较大的2位，将硝化后的产物水解，即可得到产物。因此，在反应中磺酸基同时起了占位、定位和钝化的三重作用。

## 6.19 邻氯甲苯（或对氯甲苯）的制备

### 6.19.1 目的

① 掌握应用 Sandmeyer 反应制备邻氯甲苯的方法和原理。

② 掌握水蒸气蒸馏装置的安装和操作。

### 6.19.2 原理

芳香族伯胺和亚硝酸钠在冷的无机酸水溶液中反应生成重氮盐的反应称作重氮化反应：

$$PhNH_2 + NaNO_2 + HCl \longrightarrow Ph\text{-}N^+ \equiv NCl^- + NaCl + H_2O$$

最常用的无机酸是盐酸和硫酸，一般制备重氮盐的方法是：将一级芳香胺溶于1∶1的盐酸水溶液中，制成盐酸盐水溶液。然后冷却至1～5℃，在此温度下慢慢滴加稍过量的亚硝酸钠水溶液进行反应，即得到重氮盐的水溶液，大多数重氮盐很不稳定，在室温下就会分解，不宜长期存放，不需分离应尽快进行下一步反应。

重氮盐溶液在氯化亚铜、溴化亚铜和氰化铜存在下，重氮基可以被氯原子、溴原子和氰基取代，生成芳香族氯化物、溴化物和芳腈，这是自由基反应，亚铜盐的作用是传递电子。

$$CuCl + Cl^- \longrightarrow CuCl_2^-$$

$$ArN_2 + CuCl_2^- \longrightarrow Ar\cdot + N_2 + CuCl_2$$

$$Ar\cdot + CuCl_2 \longrightarrow ArCl + CuCl$$

合成过程中，重氮盐与氯化亚铜以等物质的量混合。由于氯化亚铜在空气中易被氧化，须在使用时制备。在操作上是将冷的重氮盐溶液慢慢加入较低温度的氯化亚铜溶液中。

$$2CuSO_4 + 2NaCl + NaHSO_3 + 2NaOH \longrightarrow 2CuCl\downarrow + 2Na_2SO_4 + NaHSO_4 + H_2O$$

$$H_3C\text{-}C_6H_4\text{-}NH_2 \xrightarrow[HCl]{NaNO_2} H_3C\text{-}C_6H_4\text{-}N_2^+Cl^- \xrightarrow[HCl]{CuCl} H_3C\text{-}C_6H_4\text{-}Cl + N_2\uparrow$$

### 6.19.3 仪器及试剂

仪器：三口瓶（250mL）1个，烧杯（250mL）1个，水蒸气蒸馏装置1套。

试剂：五水硫酸铜 15g（0.06mol），精制盐 4.5g（0.08mol），亚硫酸氢钠[1] 3.5g（0.033mol），氢氧化钠 2.3g（0.055mol），浓盐酸 15mL，邻甲苯胺（5.4mL，0.5mol），亚硝酸钠 3.65g（0.05mol），淀粉-碘化钾试纸，浓硫酸，无水氯化钙。

原料及产物的物理性质见表 6-31。

**表 6-31 试剂物理性质**

| 名称 | 相对分子质量 | 性状 | 折光率 $n_D^{20}$ | 相对密度 | 熔点/℃ | 沸点/℃ | 溶解度/(g/100mL 溶剂) | | |
|---|---|---|---|---|---|---|---|---|---|
| | | | | | | | 水 | 醇 | 醚 |
| 五水硫酸铜 | 159.61 | 白色粉末 | | 3.606 | 110 | 330 | | | |
| 亚硫酸氢钠 | 104.06 | 白色结晶粉末 | | 1.48 | 150 | | | | |
| 氢氧化钠 | 39.996 | 白色透明片状 | | 2.130 | 318.4 | 1390 | | | |
| 浓盐酸 | 36.095 | 无色液体 | 1.3417 | 1.179 | −35 | 5.8 | | | |
| 邻甲苯胺 | 107.15 | 浅黄色易燃 | | 0.9989 | −16.3 | 200.3 | | | |
| 亚硝酸钠 | 68.995 | 浅黄色粒状 | | 2.17 | 271 | | | | |
| 浓硫酸 | 98.08 | 油状液体 | | 1.84 | 10 | 290 | 互溶 | | |
| 无无水氯化钙 | 110.98 | 白色立方结晶 | | 2.15 | 775 | 1935.5 | | | |
| 邻氯甲苯 | 126.59 | 无色透明的液体 | 1.5150 | 1.08 | | 159.15 | | | |

## 6.19.4 操作过程

### 6.19.4.1 重氮盐溶液的制备

将 15mL 水、15mL 浓盐酸（或 1∶1 盐酸水溶液 30mL）和 5.4mL（0.5mol）邻甲苯胺加入 100mL 的烧杯中，加热使邻甲苯胺溶解。冷却后置于冰盐浴中，搅拌成糊状，使溶液温度降为 0℃。在搅拌下，用滴管滴加 3.65g（0.05mol）亚硝酸钠和 10mL 水配成的溶液，慢慢加入，温度始终不应超过 5℃。当 85%～90% 的亚硝酸钠溶液加入后，用淀粉-碘化钾试纸检验，若试纸立即变为深蓝色，表示亚硝酸钠已适量，再搅拌片刻。

### 6.19.4.2 氯化亚铜的制备

将 15g（0.06mol）五水硫酸铜（$CuSO_4 \cdot 5H_2O$）、4.5g（0.08mol）精制盐和 50mL 水加到 250mL 的三口瓶中，加热使固体溶解。待温度降至 60～70℃[2]时，边摇边加入由 3.5g（0.033mol）亚硫酸氢钠和 2.3g（0.055mol）氢氧化钠与 25mL 水配成的溶液[3]。此时，溶液由蓝色变成浅绿色，底部有白色粉末状固体。用冷水冷却静置至室温，倾出上层液体（尽量将上层液体倒干净），固体用水洗涤 2 次[4]，得到白色粉末状氯化亚铜，加入 25mL 冷的浓盐酸使沉淀溶解，得到褐色溶液，塞好瓶盖置于冰水浴中备用。

### 6.19.4.3 邻氯甲苯的制备

在 2min 内，将邻甲苯胺重氮盐溶液慢慢加到冷却至 0℃的氯化亚铜盐酸溶液中[5]，同时

---

[1] 亚硫酸氢钠容易氧化变质，必须用优质品，否则会影响产率。

[2] 在 60～70℃下制得的氯化亚酮质量较好，颗粒较粗，易于漂洗。

[3] 合成过程中如发现溶液仍呈蓝绿色，则表明还原不完全，应酌情多加亚硫酸氢钠溶液；若发现沉淀呈黄褐色，应立即加入几滴盐酸并稍加振荡，使氢氧化亚铜转化成氯化亚铜，但是应控制好所加酸的量，因为氯化亚铜溶解于酸中。

[4] 用水洗涤氯化亚铜时，要轻轻晃动，否则难以沉淀。

[5] 在制备对氯甲苯时，倒入重氮盐的速度不宜太快，否则会出现较多的副产物偶氮苯。

不断振摇，反应液温度保持在15℃以下[1]，很快析出橙红色重氮盐-氯化亚铜的复合物。在室温下放置15～30min后用50～60℃的水浴加热分解复合物，直至无氮气逸出。产物进行水蒸气蒸馏，蒸出邻氯甲苯，分出有机层，水层每次用15mL环己烷萃取两次。合并有机相，并依次用10%的氢氧化钠、水、浓 $H_2SO_4$、水各10mL洗涤。用无水氯化钙干燥，常压下蒸出溶剂，然后再收集154～159℃左右的馏分。

## 6.19.5 产率计算

填写表6-32，计算产率。

**表6-32 产率计算**

| 产品外观 | 实际产量 | 理论产量 | 产率 |
|---|---|---|---|
| | | | |

## 6.19.6 思考题

① 什么叫重氮化反应？它在有机合成中有何用途？

② 为什么不直接将甲苯氯化而用桑德迈尔（Sandmeyer）反应来制备邻氯甲苯和对氯甲苯？

③ 在分离纯化中，碱洗、酸洗除去什么？

## 6.19.7 知识链接

### 6.19.7.1 重氮化反应及其影响因素

芳香族伯胺和亚硝酸作用（在强酸介质下）生成重氮盐的反应称为重氮化（一般在低温下进行，伯胺和酸的摩尔比是1∶2.5），芳伯胺常称重氮组分，亚硝酸为重氮化剂。因为亚硝酸不稳定，通常使用亚硝酸钠和盐酸或硫酸使反应时生成的亚硝酸立即与芳伯胺反应，避免亚硝酸的分解。重氮化反应生成重氮盐。

在重氮化反应中，无机酸的作用是：首先使芳胺溶解，次之和亚硝酸钠生成亚硝酸，最后与芳胺作用生成重氮盐。重氮盐一般是容易分解的，只有在过量的酸液中才比较稳定。所以，尽管按反应式计算，1mol氨基重氮化仅需2mol酸，但要使反应得以进行，酸必须适当过量。酸的过量取决于芳胺的碱性。碱性越弱，则需过量越多，一般是过量25%～100%。有的过量更多，甚至需浓硫酸。

重氮化反应一般在0～5℃下进行，这是因为大部分重氮盐在低温下较稳定，在较高温度下重氮盐分解速率加快。另外亚硝酸在较高温度下也容易分解。

### 6.19.7.2 桑德迈尔反应

桑德迈尔反应是一个重氮官能团在亚铜盐的催化下被卤素或氰基所取代的反应。和简单的卤化反应比较，该反应的优势在于只有一种异构体形成。

芳香重氮盐的一系列转化如下：在CuCN作用下可得到相应的苯腈；若用CuCl、CuBr

---

[1] 重氮盐-氯化亚铜复合物不稳定；在15℃时可自行放出氮气，因此温度应控制在15℃以下。

处理，则能得到对应的卤代衍生物；和碘化钠加热则得碘代衍生物；由四氟硼酸银处理得到氟硼酸重氮盐，加热后得到氟代衍生物；加水或醇在加热条件下，可得到对应的酚、芳基醚类衍生物；用亚磷酸处理重氮盐则被氢取代。

CuCN　CuX　X=Cl, Br　KI　$H_2O$，△　加热　(Balz-Schiemann反应)　Cu(1)　$NaNO_2$　$NH_2$　$BF_4$

# 6.20　双酚 A 的制备

## 6.20.1　目的

① 掌握羟醛缩合反应的原理与影响因素。

② 掌握制备双酚 A 的原理和方法。

③ 掌握“591”助催化剂制备方法。

## 6.20.2　原理

苯酚与醛酮在碱或酸的存在下可发生类似的羟醛缩合反应。若用苯酚与甲醛缩合，则最终生成高分子量的酚醛树脂。

该制备过程中用苯酚与丙酮在催化剂硫酸与助催化剂“591”[1] 存在下进行缩合反应，生成双酚 A［2,2-双(4,4-二羟基二苯基)丙烷］。反应过程中以甲苯为分散剂，防止反应生成物结块。生成的双酚 A 在碱性条件下可与环氧氯丙烷反应，生成一种低分子量的聚合物，称为环氧树脂。

$$2\,HO-C_6H_4 \xrightarrow[80\%\ H_2SO_4\ \text{“591”}]{CH_3COCH_3} HO-C_6H_4-C(CH_3)_2-C_6H_4-OH + H_2O$$

## 6.20.3　仪器及试剂

仪器：三口瓶（250mL）1 个，恒压滴液漏斗 1 个，球形冷凝管 1 个，机械搅拌器 1台。

[1] 本制备过程中用“591”助催化剂，也可用其他助催化剂，如巯基乙酸等。

试剂：丙酮 3.1g（4mL，0.053mol），苯酚 10g（0.106mol），硫酸（80%）7mL，甲苯 17mL；“591”[1] 0.5g，硫代硫酸钠，一氯乙酸。

原料及产物的物理性质见表 6-33。

**表 6-33 试剂物理性质**

| 名称 | 相对分子质量 | 性状 | 折射率 $n_D$ | 相对密度 | 熔点/℃ | 沸点/℃ | 溶解度/(g/100mL 溶剂) | | |
|---|---|---|---|---|---|---|---|---|---|
| | | | | | | | 水 | 醇 | 醚 |
| 丙酮 | 58.08 | 无色液体 | 1.3591 | 0.788 | −94.9 | 56.53 | | | |
| 苯酚 | 94.11 | 白色晶体 | 1.5425 | 1.071 | 40.85 | 182 | | | |
| 硫酸 | 98.08 | 油状液体 | | 1.84 | 10 | 290 | 互溶 | | |
| 甲苯 | 92.14 | 无色透明液体 | 1.4967 | 0.866 | −95 | 110.6 | 0.053 | | |
| 硫代硫酸钠 | 158.09 | 白色结晶粉末 | 1.4648 | 1.729 | 48 | 100 | | | |
| 一氯乙酸 | 94.5 | 无色结晶 | | 1.58 | 61 | 188 | | | |
| 双酚 A | 228.29 | 白色针状晶体 | | 1.195 | 155～156 | 220 | 难溶 | 溶于 | 溶于 |

## 6.20.4 操作过程

250mL 三口烧瓶中，加入 10g 苯酚及 17mL 甲苯，并将 7mL 80%硫酸缓缓加入三口烧瓶（见图 6-6）中，然后在搅拌下加入 0.5g 预备好的“591”助催化剂[2]，最后迅速恒压滴液漏斗中滴加 4mL 丙酮，在控制反应温度不超过 35℃。滴加完毕后，在 35～40℃下保温搅拌 2h。将产物倒入 50mL 冷水中，静置。待完全冷却后，过滤，并用冷水将固体产物洗涤至滤液不显酸性，即得粗产品。滤液中甲苯分出后倒入回收瓶中。

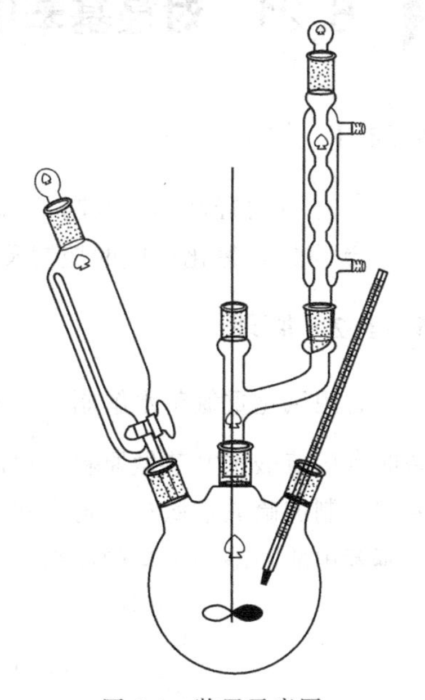

图 6-6 装置示意图

将粗产品干燥后，用甲苯进行重结晶，每克粗产品约需 8～10mL 甲苯，产量约 8g。

## 6.20.5 产率计算

填写表 6-34，计算产率。

---

[1] “591”助催化剂制备方法如下。

仪器装备与制备双酚 A 的装置相同，用 250mL 三口烧瓶。

在三口烧瓶中加入 78mL 乙醇，开动搅拌器后加入 23.6g 一氯乙酸，在室温下溶解。溶解后滴加 35.5mL30%氢氧化钠溶液，直至烧瓶中溶液 pH=7 为止（若 pH<7，可继续加碱；若 pH>7，则可加一氯乙酸）。中和时液温控制在 60℃以下。中和后，加入事先配置好的硫代硫酸钠溶液（62g 硫代硫酸钠 $Na_2S_2O_3 \cdot 5H_2O$ 加入 8.5mL 水，加热至 60℃溶解）。加完后搅拌升温至 75～80℃，即有白色固体生成，冷却，过滤，干燥后，则得到白色固体产物，即“591”。此物易溶于水，勿加水洗涤。

[2] 如果不先制备“591”，也可用硫代硫酸钠和一氯乙酸代替。可先于三口烧瓶中加入 1.0g$Na_2S_2O_3 \cdot 5H_2O$ 加热熔化，再加入 0.4g 一氯乙酸，混合均匀，然后依次加入苯酚、甲苯、硫酸，最后滴加丙酮，反应时间可相对缩短些，产率可达 70%左右。

表 6-34　产率计算

| 产品外观 | 实际产量 | 理论产量 | 产率 |
| --- | --- | --- | --- |
| | | | |

### 6.20.6　知识链接

双酚 A 溶于醋酸、丙酮、甲醇、乙醇、异丙醇、丁醇、醚、苯和碱性溶液，微溶于四氯化碳，难溶于水。双酚 A 是世界上使用最广泛的工业化合物之一，主要用于生产聚碳酸酯、环氧树脂、聚砜树脂、聚苯醚树脂、不饱和聚酯树脂等多种高分子材料。也可用于生产增塑剂、阻燃剂、抗氧剂、热稳定剂、橡胶防老剂、农药、涂料等精细化工产品。大量应用于生活塑料制品中，包括饮用水瓶、婴儿奶瓶等。同时也应用于金属表面的涂层，使罐头食品不易恶化、变质。

## 6.21　对羟基苯甲酸的制备

### 6.21.1　目的

① 掌握对羟基苯甲酸制备的原理和方法。

② 掌握重氮化反应的控制及在合成中的应用等。

### 6.21.2　原理

若用氯化重氮苯水解制酚，总会有氯苯副产物生成。$HSO_4^-$ 的亲核性比 $Cl^-$ 更弱，制备时常用硫酸重氮苯做原料，以减少副产物，提高酚的产率。所以本制备过程中，将对氨基苯甲酸制成硫酸重氮盐，再在热的稀酸液中水解得到对羟基苯甲酸。该产物可用作防腐剂对羟基苯甲酸乙酯和染料的原料。

$$p\text{-}H_2N\text{-}C_6H_4\text{-}COOH + NaNO_2 + 2H_2SO_4 \xrightarrow{0\sim5^\circ C} p\text{-}HOOC\text{-}C_6H_4\text{-}N_2^+ \cdot HSO_4^- + NaHSO_4 + 2H_2O$$

$$p\text{-}HOOC\text{-}C_6H_4\text{-}N_2^+ \cdot HSO_4^- + 2H_2O \xrightarrow[\triangle]{H_2SO_4} p\text{-}HO\text{-}C_6H_4\text{-}COOH + N_2\uparrow + H_2SO_4$$

### 6.21.3　仪器及试剂

仪器：烧杯（100mL 和 250mL）2 个，抽滤装置 1 套。

试剂：对氨基苯甲酸 5g（0.037mol），$NaNO_2$ 2.6g（0.037mol），硫酸，淀粉-碘化钾试纸。

原料及产物的物理性质见表 6-35。

表 6-35 试剂物理性质

| 名称 | 相对分子质量 | 性状 | 折射率 | 相对密度 | 熔点/℃ | 沸点/℃ | 溶解度/(g/100mL 溶剂) | | |
|---|---|---|---|---|---|---|---|---|---|
| | | | | | | | 水 | 醇 | 醚 |
| 对氨基苯甲酸 | 137.14 | 无色针状晶体 | | 1.374 | 187 | | | | |
| $NaNO_2$ | 84.99 | 无色透明 | 1.521 | 2.257 | 306.8 | 380 | | | |
| 硫酸 | 98.08 | 油状液体 | | 1.84 | 10 | 290 | 互溶 | | |
| 对羟基苯甲酸 | 138.13 | 无色至白色棱柱形结晶体 | | 1.443 | 213～214 | 336.2 | | 溶于 | 溶于 |

### 6.21.4 操作过程

在 100mL 烧杯中加入 16mL 水，慢慢加入 8mL$H_2SO_4$，再加入 5g 对氨基苯甲酸（约 0.037mol）及 13g 碎冰，搅拌成均一溶液，冷至 0～5℃。在搅拌下慢慢滴加 2.6g（0.037mol）$NaNO_2$，溶于 9mL 水的冷溶液至恰使淀粉-碘化钾试纸变色，继续搅拌 10min。

在 250mL 烧杯中放入 25mL 水，小心加入 16mL 浓 $H_2SO_4$，在石棉网下加热至 75～80℃，慢慢加入上面所得的重氮盐悬浮液（滴加速度以不翻泡为宜），重氮盐加完后，继续加热 5～10min（仍控制在 75～80℃）。稍冷，把烧杯放入水中冷却，析出晶体，抽滤，每次用 15mL 冰水洗涤沉淀，共 4 次，得肉色结晶，在 100℃烘干，得产品 3～4g，熔点 213～216℃（产品可用 1∶1 的稀盐酸重结晶）。

### 6.21.5 产率计算

填写表 6-36，计算产率。

表 6-36 产率计算

| 产品外观 | 实际产量 | 理论产量 | 产率 |
|---|---|---|---|
| | | | |

### 6.21.6 知识链接

对羟基苯甲酸为无色至白色棱柱形结晶体，易溶于乙醇，能溶于乙醚、丙酮，微溶于水[5g/L（20℃）]、氯仿，不溶于二硫化碳。为用途广泛的有机合成原料，特别是其酯类，包括对羟基苯甲酸甲酯（尼泊金甲）、乙酯（尼泊金乙）、丙酯、丁酯、异丙酯、异丁酯，可作食品添加剂，用于酱油、醋、清凉饮料（汽水除外）、果品调味剂、水果及蔬菜、腌制品等，还广泛用于食品、化妆品、医药的防腐、防霉剂和杀菌剂等方面。对羟基苯甲酸也用作染料、农药的中间体。

## 6.22 对羟基苯乙酸的合成

### 6.22.1 目的

① 熟悉高压反应釜的构造，掌握高压反应的操作方法。

② 掌握熔点仪的使用方法。

③ 掌握产率计算的方法。

## 6.22.2 原理

以对氯苯乙腈为原料进行碱性水解得对羟基苯乙酸。合成反应如下。

$$\text{Cl-}C_6H_4\text{-}CH_2CN \xrightarrow[H_2O\ (\text{常压})]{NaOH} \text{Cl-}C_6H_4\text{-}CH_2COONa \xrightarrow[H_2O\ (\text{高压})]{NaOH} \text{HO-}C_6H_4\text{-}CH_2COONa \xrightarrow{HCl} \text{HO-}C_6H_4\text{-}CH_2COOH$$

## 6.22.3 操作过程

反应分两步进行。

### 6.22.3.1 对氯苯乙酸的制备

在250mL四口烧瓶中加入对氯苯乙腈50g，在搅拌条件下加热至100℃时，开始滴加预先制备的30%氢氧化钠溶液（25g氢氧化钠固体溶解在60mL的蒸馏水中）。控制滴加速度，温度保持在116℃左右，使反应液产生大量回流。反应时间6h。待放出的氨气较少时，停止反应。反应液即为对氯苯乙酸钠溶液，倒入一合适的烧杯中，用10%盐酸酸化至pH=2～3。室温放置冷却，然后将析出的晶体过滤出来。烘干后称重并测熔点。

注意：①对氯苯乙酸钠溶液可直接用于下一步反应，无需再酸化成对氯苯乙酸。②此工艺条件比较成熟，反应过程稳定，收率达到98%。③反应开始时，要严格控制反应温度在116℃左右，如果太低，反应混合物呈糊状，生成的大量氨气不易排放，易发生冲料现象。④滴加时间要控制在2.5～3h内。如果太快，会使反应温度迅速上升，放出大量的氨气，从而产生冲料现象。如果回流冷却不能及时，将产生原料蒸气溢出现象。⑤反应时间越长，转化越完全，对下步反应越有利。

### 6.22.3.2 对羟苯乙酸的制备

（1）对羟基苯乙酸钠的制备　将上述反应液加入1L的高压反应釜内，再量取蒸馏水80mL加入其中后，称取固体氢氧化钠54g、铜粉2g，放入反应釜中，搅拌均匀，冷却至接近室温，反应液呈糊状后，盖上釜盖，拧紧螺栓。打开总电源，打开加热开关，打开搅拌开关并调到适当的转速。然后每隔一定时间记录一次反应釜内的温度和压力，当温度升至255～260℃时，调低加热电压至130V左右，维持反应温度在265～270℃，压力在4.40～4.80MPa反应10h。

（2）酸化　从反应釜中取出反应液（呈浅黄色黏稠状液体），过滤去除铜粉和少量不溶的氯化钠。将滤液倒入400mL烧杯中（滤液约200mL），漫漫向其中加入120mL左右的浓盐酸，调节溶液的pH值为1～2。

（3）分离处理　将30mL左右的蒸馏水加入酸化液中（溶解其中的盐），加热至60～70℃，至混合液呈透明状（其中仍有少量絮状物未溶）。然后向其中加入活性炭2.5g，进行脱色处理。加热搅拌片刻后，趁热过滤，在滤液中加入晶种后室温下放置冷却。此时会有大量白色针状晶体生成，等到结晶完全后，过滤出产品“对羟基苯乙酸”，烘干后称重并计算收率，测熔点。

### 6.22.4 思考题

① 对氯苯乙酸钠的制备过程中，四口烧瓶上应装上哪些装置？

② 高压反应釜的温度还未到达预定温度时，为什么要提前调低加热电压？

## 6.23 8-羟基喹啉的制备

### 6.23.1 目的

① 掌握 8-羟基喹啉的制备路线的设计与方法。

② 掌握 Skraup 反应制备喹啉衍生物的反应原理及方法。

### 6.23.2 原理

8-羟基喹啉是一种常用的分析试剂，相邻的羟基氧原子和氮原子能与金属离子配位形成配合物，因此广泛应用于金属的测定和分离。8-羟基喹啉又是一种重要的有机合成中间体，尤其在药物合成方面可制取一系列重要的药物：硫酸盐及其铜配合物为优良的杀菌物，若经磺化和碘化，可制备成喹碘仿（8-羟基-7-碘-5-喹啉磺酸，抗阿米巴病药）。8-羟基喹啉主要是通过 Skraup 反应而来制得。

本制备以苯酚为原料，首先通过硝化制备出邻硝基苯酚（同时产生对硝基苯酚，用于制作非那西汀），继而还原得到邻氨基酚。

$$C_6H_5OH \xrightarrow[NaNO_3]{H_2SO_4} o\text{-}O_2N\text{-}C_6H_4\text{-}OH + O_2N\text{-}C_6H_4\text{-}OH$$

$$o\text{-}O_2N\text{-}C_6H_4\text{-}OH \xrightarrow{[H]} o\text{-}H_2N\text{-}C_6H_4\text{-}OH$$

邻对硝基苯酚系可由邻对硝基氯苯水解或由苯酚硝化而得。由于羟基的强活化能力，苯酚在稀硝酸中即可硝化。本制备过程中使用硝酸钠和硫酸作用生成的硝酸作硝化剂使苯酚硝化。邻硝基苯酚加氢或用保险粉或锌粉等作还原剂可得到邻氨基苯酚。在浓硫酸和氧化剂（如邻硝基苯酚）存在下，邻氨基苯酚与甘油发生 Skraup 反应来合成 8-羟基喹啉，反应过程如下：

$$H_2C(OH)\text{—}CH(OH)\text{—}CH_2(OH) \xrightarrow[\triangle]{H_2SO_4} H_2C\text{=}CH\text{—}CHO + H_2O$$

$$o\text{-}H_2N\text{-}C_6H_4\text{-}OH \xrightarrow{H_2C\text{=}CH\text{—}CHO} \text{8-羟基-2,3-二氢-4-喹啉酮} \longrightarrow \text{8-羟基-4-羟基-1,2,3,4-四氢喹啉} \xrightarrow{-H_2O} \text{8-羟基-1,2-二氢喹啉} \xrightarrow{[O]} \text{8-羟基喹啉}$$

### 6.23.3 仪器及试剂

仪器：三口烧瓶（50mL 和 250mL）2 个，温度计 1 支，滴液漏斗 1 个，冰浴，磁力搅拌器1台，吸管1个，水蒸气蒸馏装置1套，抽滤装置1套，烧杯1个，回流管1根。

试剂：苯酚 10.2g（0.11mol），硝酸钠 20.4g（0.24mol），硫酸（98%）15mL+2.7mL，浓盐酸（35%～38%）7mL，保险粉（$Na_2S_2O_4$）18.8g，氢氧化钠 7.2g+3.6g，锌粉 4.5g（0.069mol），氯化铵 3g，乙醇 30mL+10mL，无水甘油 4.69g（0.051mol），活性炭。

原料及产物的物理性质见表 6-37。

表 6-37 试剂物理性质

| 名称 | 相对分子质量 | 性状 | 折射率 $n_D$ | 相对密度 | 熔点/℃ | 沸点/℃ | 溶解度/(g/100mL 溶剂) | | |
|---|---|---|---|---|---|---|---|---|---|
| | | | | | | | 水 | 醇 | 醚 |
| 苯酚 | 94.11 | 白色晶体 | 1.5425 | 1.071 | 40.85 | 182 | | | |
| 硝酸钠 | 84.99 | 无色透明 | 1.521 | 2.257 | 306.8 | 380 | | | |
| 硫酸 | 98.08 | 油状液体 | | 1.84 | 10 | 290 | 互溶 | | |
| 浓盐酸 | 36.095 | 无色液体 | 1.3417 | 1.179 | −35 | 5.8 | | | |
| 氢氧化钠 | 39.996 | 白色透明片状 | | 2.130 | 318.4 | 1390 | | | |
| 氯化铵 | 53.49 | 无色晶体 | 1.642 | 1.527 | 340 | 520 | | | |
| 乙醇 | 46.07 | 无色透明液体 | 1.3614 | 0.789 | −114 | 78 | | | |
| 无水甘油 | 92.10 | 无色透明黏状液 | 1.4746 | | 17.8 | 290 | | | |
| 8-羟基喹啉 | 145.16 | 白色或淡黄色晶体 | | 1.03 | 76 | 267 | 不溶 | 互溶 | 不溶 |

## 6.23.4 操作过程

### 6.23.4.1 邻硝基苯酚和对硝基苯酚的制备

取 50mL 水于 250mL 三口瓶中，慢慢加入 15mL 浓硫酸，再加入 20.4g（0.24mol）硝酸钠。装上温度计和滴液漏斗，冰浴冷却。取 10.2g（0.11mol）苯酚及 4mL 水配成溶液，当体系温度降至近 15℃时，搅拌下慢慢滴加苯酚的水溶液，维持体系温度在 15～20℃之间。加毕，在 15～20℃之间搅拌 30min；将体系冷至黑色油状物固化，倾去酸液，用冰水洗涤固体三次（若不能固化可使用分液漏斗分出或用吸管将油和水分开）。将固化的油状物用水蒸气蒸馏至无黄色油状物馏出。向残液中加水使体积约为 100mL，再加 7mL 浓盐酸和适量活性炭，微沸 10min。趁热过滤（可用水煮的热布氏漏斗抽滤）。滤液充分冷却（或用滴管慢慢转移到浸在冰浴烧杯中，边加边摇）即得晶体，抽滤干燥，计算收率，测熔点。[产品可用 2%盐酸重结晶（残液中析出的物质重结晶时有很多黑色油状物，冷却后又固化，滤出后可与晶体分开，反复用母液重结晶，最后弃去。）]

水蒸气蒸出的溶液冷却后得固体。抽滤、干燥、称重、计算收率（产物又是什么？产品可用适量乙醇-水重结晶）。

邻硝基苯酚为淡黄色晶体。密度 $\rho_{20}$=1.495g/mL，熔点 44～45℃，沸点 214～216℃，溶于乙醇、乙醚和苯等。微溶于冷水，易溶于热水，且能与水蒸气一同挥发。溶于碱（如 NaOH、$Na_2CO_3$ 等）的水溶液呈黄色，$pK_a$=7.17。

对硝基苯酚为淡黄色或无色晶体。密度 $\rho_{20}$=1.481g/mL，熔点 113.4℃，沸点 279℃（分解），溶于乙醇、乙醚等。稍溶于水，不与蒸汽一同挥发，溶于碱的水溶液也呈黄色，

$pK_a$=7.15。

#### 6.23.4.2　邻氨基苯酚制备

（1）方法1　取4.2g邻硝基苯酚、75mL水和7.2g氢氧化钠于200mL烧杯中搅拌使溶解，温热至60℃后，加入18.8g（0.11mol）保险粉，充分搅拌（溶液由橘黄色变为淡黄色并有固体析出）。加热体系至98℃使固体溶解，冷却至近15℃（不要低于10℃以免无机盐析出），使产品结晶析出。抽滤，用少量水洗晶体，干燥（因产品易变色，真空干燥器中保存有利），确定收率，测定熔点。

（2）方法2　取4.2g邻硝基苯酚、30mL水、30mL乙醇、3g氯化铵和4.5g（0.069mol）锌粉混合于100mL烧瓶中，快速搅拌下回流1.5h（若体系仍呈黄色，需要适量补充锌粉）；趁热过滤，滤渣与10mL乙醇共热，再趁热过滤；合并滤液，蒸馏浓缩至1/3体积时，冷却使结晶。抽滤，用少量水洗涤结晶，干燥，确定收率。

邻氨基苯酚是针状结晶，在空气中迅速变棕色或黑色。熔点为170～174℃，在50mL冷水中约溶解1g，易溶于酸、乙醇和乙醚，不溶于苯。

#### 6.23.4.3　8-羟基喹啉制备

取2.2g邻氨基酚、1.4g邻硝基苯酚和4.69g（0.051mol）甘油于50mL烧瓶中，充分摇匀后，加入2.7mL浓硫酸，装上回流冷凝管。在搅拌下缓缓加热至近沸时，离开热源，反应剧烈放热。待剧烈反应过后，继续加热，回流1.5h。稍冷，改成水蒸气蒸馏，蒸至不再有有机物馏出为止。用3.6g氢氧化钠和5mL水配成溶液，逐渐加入到上述残液中，调节pH值接近7时，再加入适量饱和碳酸钠溶液使pH值保持在7～8之间。进行第二次水蒸气蒸馏，蒸至无有机物馏出为止。从馏出液中过滤出固体物质，干燥得8-羟基喹啉，确定收率，测定产物熔点。

### 6.23.5　产率计算

填写表6-38，计算产率。

表6-38　产率计算

| 产品外观 | 实际产量 | 理论产量 | 产率 |
| --- | --- | --- | --- |
|  |  |  |  |

### 6.23.6　思考题

① 为什么水蒸气蒸馏能将邻和对硝基苯酚分开？

② 苯酚硝化法制邻和对硝基苯酚，为什么产率比较低？

③ 邻硝基苯酚和对硝基苯酚也可由氯苯为原料制备，试写出合成路线。与本制备过程比较，你认为哪一种方法产率会高些？

④ 为什么大多数芳香族硝基化何物都有颜色？在邻硝基苯酚的还原方法（步骤1）中，加入保险粉前的溶液为什么显橘红色？

⑤ 为什么邻氨基苯酚在空气中极易变颜色？

⑥ 水蒸气蒸馏8-羟基喹啉时，为什么体系既不能呈酸性也不能呈强碱性？写出产物与

酸和碱的反应方程式。

⑦ 写出甘油在硫酸中生成丙烯醛的过程。

### 6.23.7 知识链接

8-羟基喹啉是一种白色或淡黄色结晶或结晶性粉末。是白色或淡黄色结晶或结晶性粉末，不溶于水和乙醚，溶于乙醇、丙酮、氯仿、苯或稀酸，能升华。用作医药中间体，是合成克泻痢宁、氯碘喹啉、扑喘息敏的原料，也是染料、农药中间体，也可用作沉淀和分离金属离子的络合剂和萃取剂。

## 6.24 非那西汀的制备

### 6.24.1 目的

① 掌握非那西汀的制备原理与合成过程。

② 练习多步合成。

### 6.24.2 原理

非那西汀（phenacetin，化学名：对乙酰氨基苯乙醚，p-acetophenetidine）是一种著名的解热镇痛药，作用徐缓而持久，用于发热、头痛、关节痛和神经痛等，是复方阿司匹林的组分之一。

非那西汀的合成方法很多。一条工艺路线是以对硝基氯苯为原料，经醚化、还原和酰化三步反应完成，收率高、成本低；另一条路线是以对硝基苯酚为原料，经还原、酰化和醚化反应制备。

$$p\text{-}Cl\text{-}C_6H_4\text{-}NO_2 \xrightarrow{NoOEt} p\text{-}EtO\text{-}C_6H_4\text{-}NO_2 \xrightarrow{[H]} p\text{-}EtO\text{-}C_6H_4\text{-}NH_2 \xrightarrow{Ac_2O} p\text{-}EtO\text{-}C_6H_4\text{-}NHAc$$

$$p\text{-}HO\text{-}C_6H_4\text{-}NO_2 \xrightarrow{[H]} p\text{-}HO\text{-}C_6H_4\text{-}NH_2 \xrightarrow{Ac_2O} p\text{-}HO\text{-}C_6H_4\text{-}NHAc \xrightarrow[NaOH]{EtBr} p\text{-}EtO\text{-}C_6H_4\text{-}NHAc$$

从训练实验技能的角度出发，本制备过程采用以对硝基苯酚为原料，经还原、酰化和醚化反应制备的方法。以对硝基苯酚为原料，通过加氢或以硫化钠、保险粉、铁粉或锌粉等还原，很容易得到对氨基苯酚；经酰化制得对乙酰氨基苯酚，酰化剂通常用乙酐，产物中含有二酰化物，但可通过水解而除去；对乙酰氨基苯酚的乙基化可得到非那西汀。乙基化反应可以由卤代烷和酚钠作用完成，也可用硫酸二乙酯在碱性条件下与酚作用。本制备过程用溴乙烷和对乙酰氨基苯酚钠在乙醇中反应制备非那西汀。

### 6.24.3 仪器及试剂

仪器：回流装置1套，抽滤装置1套，熔点仪1台，圆底烧瓶1个。

试剂：对硝基苯酚 2.1g（0.015mol）+2.1g，氯化铵 1g，铁粉或硫化钠 3g+6g，碳酸氢钠 4.2g，乙酸酐 1.4mL（约 1.5g，0.015mol），溴乙烷（自制）1g（0.009mol），钠 0.12g，无水乙醇 3mL，甲醇。

原料及产物的物理性质见表 6-39。

表 6-39 试剂物理性质

| 名称 | 相对分子质量 | 性状 | 折射率 | 相对密度 | 熔点/℃ | 沸点/℃ | 溶解度/(g/100mL 溶剂) | | |
|---|---|---|---|---|---|---|---|---|---|
| | | | | | | | 水 | 醇 | 醚 |
| 对硝基苯酚 | 139.12 | 棕色结晶体 | | 1.49 | 114 | 279 | | | |
| 氯化铵 | 53.49 | 无色晶体 | 1.642 | 1.527 | 340 | 520 | | | |
| 铁粉或硫化钠 | 78.04 | 无色结晶粉末 | | 1.86 | 950 | 174 | | | |
| 乙酸酐 | 102.09 | 无色透明液体 | 1.3904 | 1.98 | −73 | 139 | | | |
| 溴乙烷 | 108.96 | 无色油状液体 | 1.4242 | 1.4612 | −119 | 38.4 | | | |
| 钠 | 22.99 | 银白色有金属光泽固体 | | | 97.72 | 883 | | | |
| 无水乙醇 | 46.07 | 无色澄清液体 | 1.361 | 0.79 | −114.1 | 78.5 | | | |
| 甲醇 | 32.04 | 无色液体 | 1.3307 | 0.7918 | −97 | 64.7 | | | |
| 非那西汀 | 179 | 白色结晶 | | | 130-135 | | 不溶冷水<br>微溶于热水 | 可溶 | |

## 6.24.4 操作过程

### 6.24.4.1 对氨基苯酚制备

（1）方法 1 混合 2.1g（0.015mol）对硝基苯酚、1g 氯化铵、20mL 水和 3g 铁粉，充分搅拌回流 1.5h。趁热抽滤。滤渣用少量沸水洗涤 2 次，滤液冷却至近室温时，用冰水浴冷却。滤出固体，干燥称重，确定收率。测定产物的熔点。产物直接用于下步反应。

（2）方法 2 混合 2.1g 对硝基苯酚、6g 硫化钠（含量 40%）和 5mL 水于圆底烧瓶中，搅拌回流 2h。趁热过滤，向滤液中加入由 4.2g 碳酸氢钠和 40mL 水组成的溶液。冷却使结晶析出完全。过滤出产品，干燥确定收率。产物可用水重结晶，粗产物（或湿物）可直接用于下步反应。

对氨基苯酚为片状结晶，遇光和空气变灰褐色，商品常带粉红色，熔点 186℃（极纯者 189～190℃），微溶于水和乙醇，不溶于苯和氯仿。

### 6.24.4.2 对乙酰氨基苯酚制备

取对氨基酚 1.4g 和 5mL 水混合成悬浮液后，再加入 1.4mL（约 1.5g，0.015mol）乙酸酐，用力摇匀。加热回流，使固体完全溶解后，再继续回流 10min。冷却结晶，过滤，水洗，干燥，确定收率，测定溶解。若熔点差别较大，可在室温下将产物用 3%稀碱溶解，然后再加酸使之沉淀。

对乙酰氨基苯酚为白色结晶，熔点 169～171℃。不溶于水和乙醚，溶于乙醇。

### 6.24.4.3 非那西汀（对乙酰氨基苯乙醚）制备

将 3mL 无水乙醇和 0.12g 金属钠放入 25mL 圆底烧瓶中，回流使金属钠溶解完全。冷却体系后，加入 0.75g 对乙酰氨基苯酚，摇匀；从冷凝管上端加入 1g（0.009mol）溴乙烷，加热回流 30min。从冷凝管上端滴加 5mL 水（若有固体析出可在加热使溶），然后冷却使结晶；过滤，少量水洗涤晶体，用甲醇重结晶，确定收率，测定熔点。

### 6.24.5 产率计算

填写表 6-40，计算产率。

表 6-40 产率计算

| 产品外观 | 实际产量 | 理论产量 | 产率 |
| --- | --- | --- | --- |
| | | | |

### 6.24.6 思考题

① 把硝基化合物还原成胺有哪些方法，试比较各方法的优缺点。

② 在对硝基苯酚的还原方法 2 中，母液中加入碳酸氢钠的目的是什么？

③ 对氨基苯酚的乙酰化除用乙酐外，还可用何物质作为酰化试剂？为什么本制备过程中主要得到氨基的酰化产物而不是羟基的酰化产物？酰化反应时，加入水的目的何在？

④ 为什么双乙酰化副产物能通过碱性水解转化成主产物？

⑤ 为什么从母液中分出的结晶都要用少量溶剂洗涤？

⑥ 用 Williamsen 反应合成醚时，对所用的卤烃有何要求？为什么醚化完成后还要加入一定量的水？

### 6.24.7 知识链接

非那西汀又称醋酰氧乙苯胺，为有光泽的小叶状或鳞片状结晶，无臭，味微苦，熔点 134～137℃，在空气中稳定，极微溶于水，略溶于沸水，微溶于乙醚，溶于乙醇，氯仿。非那西汀由对硝基氯苯经醚化、还原和乙酰化反应制得，为乙酰苯胺类解热镇痛剂，适用于发烧、头痛、神经痛而与其他药物配成复方制剂。

# 第7章

# 正交试验设计方法

## 7.1 试验设计方法概述

试验设计是数理统计学的一个重要的分支。多数数理统计方法主要用于分析已经得到的数据，而试验设计却是用于决定数据收集的方法。试验设计方法主要讨论如何合理地安排试验以及试验所得的数据如何分析等。

**【例 7-1】** 某化工厂想提高某化工产品的质量和产量，对工艺中三个主要因素各按三个水平进行试验（见表 7-1）。试验的目的是为提高合格产品的产量，寻求最适宜的操作条件。

**表 7-1 因素水平**

| 水平 | 因素 | 温度/℃ | 压力/Pa | 加碱量/kg |
|---|---|---|---|---|
| | 符号 | $T$ | $p$ | $m$ |
| 1 | | $T_1(80)$ | $p_1(5.0)$ | $m_1(2.0)$ |
| 2 | | $T_2(100)$ | $p_2(6.0)$ | $m_2(2.5)$ |
| 3 | | $T_3(120)$ | $p_3(7.0)$ | $m_3(3.0)$ |

对此实例该如何进行试验方案的设计呢？

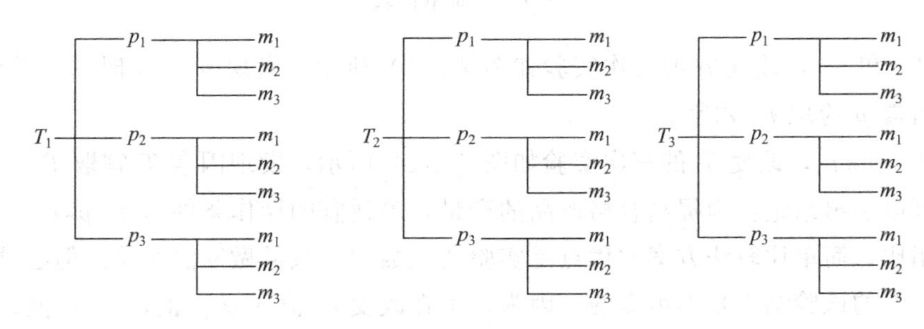


图 7-1 全面搭配法方案

很容易想到的是全面搭配法方案（如图 7-1 所示）。

此方案数据点分布的均匀性极好，因素和水平的搭配十分全面，唯一的缺点是实验次数多达 $3^3=27$ 次（指数 3 代表 3 个因素，底数 3 代表每因素有 3 个水平）。因素、水平数愈多，则实验次数就愈多，例如，做一个 6 因素 3 水平的试验，就需 $3^6=729$ 次实验，显然难以做到。因此需要寻找一种合适的试验设计方法。

试验设计方法中常用的术语定义如下。

试验指标：指作为试验研究过程的因变量，常为试验结果特征的量（如得率、纯度等）。例 7-1 的试验指标为合格产品的产量。

因素：指试验研究过程的自变量，常常是造成试验指标按某种规律发生变化的那些原因。如例 7-1 的温度、压力、碱的用量。

水平：指试验中因素所处的具体状态或情况，又称为等级。如例 7-1 的温度有 3 个水平。温度用 T 表示，下标 1、2、3 表示因素的不同水平，分别记为 $T_1$、$T_2$、$T_3$。

常用的试验设计方法有：正交试验设计法、均匀试验设计法、单纯形优化法、双水平单纯形优化法、回归正交设计法、序贯试验设计法等。可供选择的试验方法很多，各种试验设计方法都有其一定的特点。所面对的任务与要解决的问题不同，选择的试验设计方法也应有所不同。由于篇幅的限制，下面只讨论正交试验设计方法。

## 7.2 正交试验设计方法的优点和特点

用正交表安排多因素试验的方法，称为正交试验设计法。其特点为：①完成试验要求所需的实验次数少。②数据点的分布很均匀。③可用相应的极差分析方法、方差分析方法、回归分析方法等对试验结果进行分析，引出许多有价值的结论。

从例 7-1 可看出，采用全面搭配法方案，需做 27 次实验。那么采用简单比较法方案又如何呢？

先固定 $T_1$ 和 $p_1$，只改变 $m$，观察因素 $m$ 不同水平的影响，做了如图 7-2(a) 所示的三次实验，发现 $m=m_2$ 时的实验效果最好（好的用□表示），合格产品的产量最高，因此认为在后面的实验中因素 $m$ 应取 $m_2$ 水平。

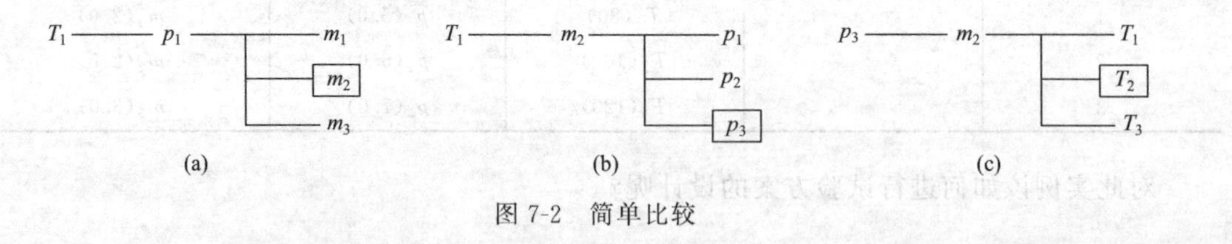


图 7-2　简单比较

固定 $T_1$ 和 $m_2$，改变 $p$ 的三次实验如图 7-2(b) 所示，发现 $p=p_3$ 时的实验效果最好，因此认为因素 $p$ 应取 $p_3$ 水平。

固定 $p_3$ 和 $m_2$，改变 $T$ 的三次实验如图 7-2(c) 所示，发现因素 $T$ 宜取 $T_2$ 水平。

因此可以引出结论：为提高合格产品的产量，最适宜的操作条件为 $T_2p_3m_2$。与全面搭配法方案相比，简单比较法方案的优点是实验的次数少，只需做 9 次实验。但必须指出，简单比较法方案的试验结果是不可靠的。因为，①在改变 $m$ 值（或 $p$ 值，或 $T$ 值）的三次实验中，说 $m_2$（或 $p_3$ 或 $T_2$）水平最好是有条件的。在 $T\neq T_1$，$p\neq p_1$ 时，$m_2$ 水平不是最好的可能性是有的。②在改变 $m$ 的三次实验中，固定 $T=T_2$，$p=p_3$ 应该说也是可以的，是随意的，故在此方案中数据点的分布的均匀性是毫无保障的。③用这种方法比较条件好坏时，只是对单个的试验数据进行数值上的简单比较，不能排除必然存在的试验数据误差的干扰。

运用正交试验设计方法，不仅兼有上述两个方案的优点，而且实验次数少、数据点分布均匀、结论的可靠性较好。

正交试验设计方法是用正交表来安排试验的。对于例 7-1 适用的正交表是 $L_9$ ($3^4$)，其试验安排见表 7-2。

**表 7-2 试验安排表**

| 试验号 | 列号 | 1 | 2 | 3 | 4 |
|---|---|---|---|---|---|
| | 因素 | 温度/℃ | 压力/Pa | 加碱量/kg | |
| | 符号 | $T$ | $p$ | $m$ | |
| 1 | | 1($T_1$) | 1($p_1$) | 1($m_1$) | 1 |
| 2 | | 1($T_1$) | 2($p_2$) | 2($m_2$) | 2 |
| 3 | | 1($T_1$) | 3($p_3$) | 3($m_3$) | 3 |
| 4 | | 2($T_2$) | 1($p_1$) | 2($m_2$) | 3 |
| 5 | | 2($T_2$) | 2($p_2$) | 3($m_3$) | 1 |
| 6 | | 2($T_2$) | 3($p_3$) | 1($m_1$) | 2 |
| 7 | | 3($T_3$) | 1($p_1$) | 3($m_3$) | 2 |
| 8 | | 3($T_3$) | 2($p_2$) | 1($m_1$) | 3 |
| 9 | | 3($T_3$) | 3($p_3$) | 2($m_2$) | 1 |

所有的正交表与 $L_9$ ($3^4$) 正交表一样，都具有以下两个特点。

① 在每一列中，各个不同的数字出现的次数相同。在表 $L_9$ ($3^4$) 中，每一列有三个水平，水平 1、2、3 都是各出现 3 次。

② 表中任意两列并列在一起形成若干个数字对，不同数字对出现的次数也都相同。在表 $L_9$ ($3^4$) 中，任意两列并列在一起形成的数字对共有 9 个：(1，1)，(1，2)，(1，3)，(2，1)，(2，2)，(2，3)，(3，1)，(3，2)，(3，3)，每一个数字对各出现一次。

这两个特点称为正交性。正是由于正交表具有上述特点，因此保证了用正交表安排的试验方案中因素水平是均衡搭配的，数据点的分布是均匀的。因素、水平数愈多，运用正交试验设计方法，愈发能显示出它的优越性，如上述提到的 6 因素 3 水平试验，用全面搭配方案需 729 次，若用正交表 $L_{27}$ ($3^{13}$) 来安排，则只需做 27 次试验。

在化工生产中，因素之间常有交互作用。如果上述的因素 $T$ 的数值和水平发生变化时，试验指标随因素 $p$ 变化的规律也发生变化，或反过来，因素 $p$ 的数值和水平发生变化时，试验指标随因素 $T$ 变化的规律也发生变化。这种情况称为因素 $T$、$p$ 间有交互作用，记为 $T\times p$。

## 7.3 正交表

使用正交设计方法进行试验方案的设计，就必须用到正交表。

(1) 各列水平数均相同的正交表　各列水平数均相同的正交表，也称单一水平正交表。

这类正交表名称的写法举例如下：

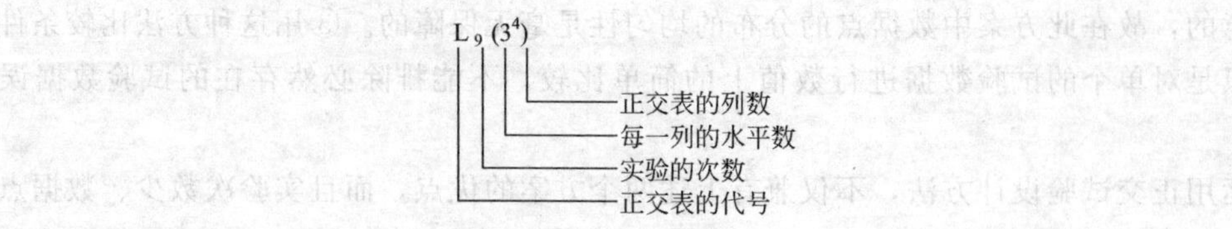


各列水平均为 2 的常用正交表有：$L_4$（$2^3$），$L_8$（$2^7$），$L_{12}$（$2^{11}$），$L_{16}$（$2^{15}$），$L_{20}$（$2^{19}$），$L_{32}$（$2^{31}$）。

各列水平数均为 3 的常用正交表有：$L_9$（$3^4$），$L_{27}$（$3^{13}$）。

各列水平数均为 4 的常用正交表有：$L_{16}$（$4^5$）。

各列水平数均为 5 的常用正交表有：$L_{25}$（$5^6$）。

（2）混合水平正交表　各列水平数不相同的正交表，叫混合水平正交表，下面就是一个混合水平正交表，正交表名称的写法为：

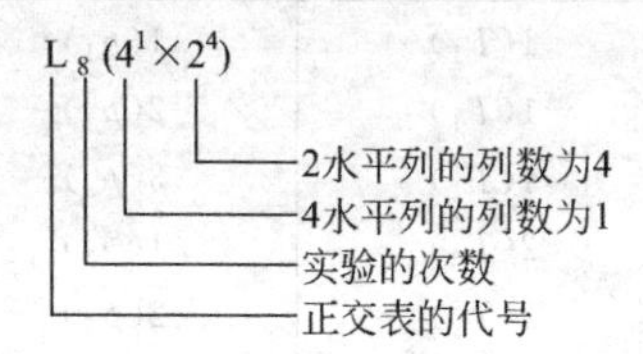


$L_8(4^1\times2^4)$ 常简写为 $L_8(4\times2^4)$。此混合水平正交表含有 1 个 4 水平列，4 个 2 水平列，共有 1+4=5 列。

（3）选择正交表的基本原则　一般都是先确定试验的因素、水平和交互作用，后选择适用的正交表。在确定因素的水平数时，主要因素宜多安排几个水平，次要因素可少安排几个水平。

① 先看水平数。若各因素全是 2 水平，就选用 $L(2^*)$ 表；若各因素全是 3 水平，就选 $L(3^*)$ 表。若各因素的水平数不相同，就选择适用的混合水平表。

② 每一个交互作用在正交表中应占一列或二列。要看所选的正交表是否足够大，能否容纳得下所考虑的因素和交互作用。为了对试验结果进行方差分析或回归分析，还必须至少留一个空白列，作为“误差”列，在极差分析中要作为“其他因素”列处理。

③ 要看试验精度的要求。若要求高，则宜取实验次数多的正交表。

④ 若试验费用很昂贵，或试验的经费很有限，或人力和时间都比较紧张，则不宜选实验次数太多的正交表。

⑤ 按原来考虑的因素、水平和交互作用去选择正交表，若无正好适用的正交表可选，简便且可行的办法是适当修改原定的水平数。

⑥ 对某因素或某交互作用的影响是否确实存在没有把握的情况下，选择正交表时常为该选大表还是选小表而犹豫。若条件许可，应尽量选用大表，让影响存在的可能性较大的因素和交互作用各占适当的列。某因素或某交互作用的影响是否真的存在，留到方差分析进行显著性检验时再做结论。这样既可以减少试验的工作量，又不至于漏掉重要的信息。

（4）正交表的表头设计　所谓表头设计，就是确定试验所考虑的因素和交互作用，在正交表中该放在哪一列的问题。

① 有交互作用时，表头设计则必须严格地按规定办事。因篇幅限制，此处不讨论，请查阅有关书籍。

② 若试验不考虑交互作用，则表头设计可以是任意的。如在例 7-1 中，对 $L_9$（$3^4$）做表头设计，表 7-3 所列的各种方案都是可用的。但是正交表的构造是组合数学问题，必须满足 7.2 中所述的特点。对试验之初不考虑交互作用而选用较大的正交表，空列较多时，最好仍与有交互作用时一样，按规定进行表头设计。只不过将有交互作用的列先视为空列，待试验结束后再加以判定。

**表 7-3 $L_9$（$3^4$）表头设计方案**

| 列号 | | 1 | 2 | 3 | 4 |
|---|---|---|---|---|---|
| 方案 | 1 | $T$ | $p$ | $m$ | 空 |
| | 2 | 空 | $T$ | $p$ | $m$ |
| | 3 | $m$ | 空 | $T$ | $p$ |
| | 4 | $p$ | $m$ | 空 | $T$ |

## 7.4 正交试验的操作方法

① 分区组。对于一批试验，如果要使用几台不同的机器，或要使用几种原料来进行，为了防止机器或原料的不同而带来误差，从而干扰试验的分析，可在开始做实验之前，用正交表中未排因素和交互作用的一个空白列来安排机器或原料。

与此类似，若试验指标的检验需要几个人（或几台机器）来做，为了消除不同人（或仪器）检验的水平不同给试验分析带来的干扰，也可采用在正交表中用一空白列来安排的办法。这种作法叫做分区组法。

② 因素水平表排列顺序的随机化。如在例 7-1 中，每个因素的水平序号从小到大时，因素的数值总是按由小到大或由大到小的顺序排列。按正交表做试验时，所有的 1 水平要碰在一起，而这种极端的情况有时是不希望出现的，有时也没有实际意义。因此在排列因素水平表时，最好不要简单地按因素数值由小到大或由大到小的顺序排列。从理论上讲，最好能使用一种叫做随机化的方法。所谓随机化就是采用抽签或查随机数值表的办法，来决定排列的顺序。

③ 试验进行的次序没必要完全按照正交表上试验号码的顺序。为减少试验中由于先后实验操作熟练的程度不匀带来的误差干扰，理论上推荐用抽签的办法来决定试验的次序。

④ 在确定每一个实验的实验条件时，只需考虑所确定的几个因素和分区组该如何取值，而不要（其实也无法）考虑交互作用列和误差列怎么办的问题。交互作用列和误差列的取值问题由实验本身的客观规律来确定，它们对指标影响的大小在方差分析时给出。

⑤ 做实验时，要力求严格控制实验条件。这个问题在因素各水平下的数值差别不大时更为重要。例如，例 7-1 中的因素（加碱量）$m$ 的三个水平：$m_1=2.0$，$m_2=2.5$，$m_3=3.0$，在以 $m=m_2=2.5$ 为条件的某一个实验中，就必须严格认真地让 $m_2=2.5$。若因为粗心和不负责任，造成 $m_2=2.2$ 或造成 $m_2=3.0$，那就将使整个试验失去正交试验设计方法的特点，使极差和方差分析方法的应用丧失了必要的前提条件，因而得不到正确的试验结果。

## 7.5 正交试验结果分析方法

正交试验方法之所以能得到科技工作者的重视并在实践中得到广泛的应用，其原因不仅在于能使试验的次数减少，而且能够用相应的方法对试验结果进行分析并引出许多有价值的结论。因此，用正交试验法进行实验，如果不对试验结果进行认真的分析，并引出应该引出的结论，那就失去用正交试验法的意义和价值。

### 7.5.1 极差分析方法

下面以表 7-4 为例讨论 $L_4$（$2^3$）正交试验结果的极差分析方法。极差指的是各列中各水平对应的试验指标平均值的最大值与最小值之差。从表 7-4 的计算结果可知，用极差法分析正交试验结果可引出以下几个结论。

表 7-4 $L_4$（$2^3$）正交试验计算

| 列号 | | 1 | 2 | 3 | 试验指标 $y_i$ |
|---|---|---|---|---|---|
| 试验号 | 1 | 1 | 1 | 1 | $y_1$ |
| | 2 | 1 | 2 | 2 | $y_2$ |
| | 3 | 2 | 1 | 2 | $y_3$ |
| | $n=4$ | 2 | 2 | 1 | $y_4$ |
| $I_j$ | | $I_1=y_1+y_2$ | $I_2=y_1+y_3$ | $I_3=y_1+y_4$ | |
| $II_j$ | | $II_1=y_3+y_4$ | $II_2=y_2+y_4$ | $II_3=y_2+y_3$ | |
| $k_j$ | | $k_1=2$ | $k_2=2$ | $k_3=2$ | |
| $I_j/k_j$ | | $I_1/k_1$ | $I_2/k_2$ | $I_3/k_3$ | |
| $II_j/k_j$ | | $II_1/k_1$ | $II_2/k_2$ | $II_3/k_3$ | |
| 极差($D_j$) | | max{}-min{} | max{}-min{} | max{}-min{} | |

注：$I_j$ 为第 $j$ 列“1”水平所对应的试验指标的数值之和；$II_j$ 为第 $j$ 列“2”水平所对应的试验指标的数值之和；$k_j$ 为第 $j$ 列同一水平出现的次数。等于试验的次数（$n$）除以第 $j$ 列的水平数。$I_j/k_j$ 为第 $j$ 列“1”水平所对应的试验指标的平均值；$II_j/k_j$ 为第 $j$ 列“2”水平所对应的试验指标的平均值；$D_j$ 为第 $j$ 列的极差。等于第 $j$ 列各水平对应的试验指标平均值中的最大值减最小值，即 $D_j=\max\{I_j/k_j, II_j/k_j, \cdots\}-\min\{I_i/k_j, II_j/k_j, \cdots\}$。

① 在试验范围内，各列对试验指标的影响从大到小的排队。某列的极差最大，表示该列的数值在试验范围内变化时，使试验指标数值的变化最大。所以各列对试验指标的影响从大到小的排队，就是各列极差 $D$ 的数值从大到小的排队。

② 试验指标随各因素的变化趋势。为了能更直观地看到变化趋势，常将计算结果绘制成图。

③ 是试验指标最好的适宜的操作条件（适宜的因素水平搭配）。

④ 可对所得结论和进一步的研究方向进行讨论。

### 7.5.2 方差分析方法

#### 7.5.2.1 计算公式和项目

一些公式同表 7-4 图注，此处不再重复。

另有试验指标的加和值 $\sum Y=\sum_{i=1}^{n} y_i$，试验指标的平均值 $\bar{y}=\frac{1}{n}\sum_{i=1}^{n} y_i$，以第 $j$ 列为例：

偏差平方和

$$S_j=k_j\left(\frac{I_j}{k_j}-\bar{y}\right)^2+k_j\left(\frac{II_j}{k_j}-\bar{y}\right)^2+k_j\left(\frac{III_j}{k_j}-\bar{y}\right)^2+\cdots$$

$f_j$ 为自由度，$f_j$ = 第 $j$ 列的水平数 $-1$；

$V_j$ 为方差，$V_j=S_j/f_j$；

$V_e$ 为误差列的方差，$V_e=S_e/f_e$（式中，$e$ 为正交表的误差列）；

$F_j$ 为方差之比，$F_j=V_j/V_e$；

查 $F$ 分布数值表（$F$ 分布数值表请查阅有关参考书），做显著性检验；

总的偏差平方和

$$S_{总}=\sum_{i=1}^{n}(y_i-\overline{y})^2$$

总的偏差平方和等于各列的偏差平方和之和，即

$$S_{总}=\sum_{j=1}^{m}S_j$$

式中，$m$ 为正交表的列数。

若误差列由5个单列组成，则误差列的偏差平方和 $S_e$ 等于5个单列的偏差平方和之和，即 $S_e=S_{e1}+S_{e2}+S_{e3}+S_{e4}+S_{e5}$；也可用 $S_e=S_{总}+S''$ 来计算，其中 $S''$ 为安排有因素或交互作用的各列的偏差平方和之和。

#### 7.5.2.2　可引出的结论

与极差法相比，方差分析方法可以多引出一个结论：各列对试验指标的影响是否显著，在什么水平上显著。在数理统计上，这是一个很重要的问题。显著性检验强调分析每列对指标影响所起的作用。如果某列对指标影响不显著，那么，讨论试验指标随它的变化趋势是毫无意义的。因为在某列对指标的影响不显著时，即使从表中的数据可以看出该列水平变化时，对应的试验指标的数值也在以某种“规律”发生变化，但那很可能是由于实验误差所致，将它作为客观规律是不可靠的。有了各列的显著性检验之后，最后应将影响不显著的交互作用列与原来的“误差列”合并起来。组成新的“误差列”，重新检验各列的显著性。

## 7.6　正交试验方法在化工原理实验中的应用举例

**【例7-2】** 为提高真空吸滤装置的生产能力，请用正交试验方法确定恒压过滤的最佳操作条件。其恒压过滤实验的方法、原始数据采集和过滤常数计算等内容此处不详述，影响实验的主要因素和水平见表7-5。表中 $\Delta p$ 为过滤压强差，$T$ 为浆液温度，$w$ 为浆液质量分数，$M$ 为过滤介质（材质属多孔陶瓷）。

**解：**（1）试验指标的确定　恒压过滤常数 $K$($m^2/s$)。

（2）选正交表　根据表7-5的因素和水平，可选用 $L_8$（$4\times2^4$）表。

（3）制订实验方案　按选定的正交表，应完成8次实验。实验方案见表7-6。

（4）实验结果　将所计算出的恒压过滤常数 $K$($m^2/s$) 列于表7-6。

**表7-5　过滤实验因素和水平**

| 因素 | | 压强差/kPa | 温度/℃ | 质量分数 | 过滤介质 |
|---|---|---|---|---|---|
| 符号 | | $\Delta p$ | $T$ | $w$ | $M$ |
| 水平 | 1 | 2.94 | | 稀(约5%) | |
| | 2 | 3.92 | (室温)18 | 浓(约10%) | $G_2$① |
| | 3 | 4.90 | (室温+15)33 | | $G_3$① |
| | 4 | 5.88 | | | |

① $G_2$、$G_3$ 为过滤漏斗的型号。过滤介质孔径：$G_2$ 为30～50μm、$G_3$ 为16～30μm。

**表 7-6 正交试验的试验方案和实验结果**

| 列号 | $j=1$ | 2 | 3 | 4 | 5 | 6 |
|---|---|---|---|---|---|---|
| 因素 | $\Delta p$ | $T$ | $w$ | $M$ | $e$ | $K/(m^2/s)$ |
| 试验号 | 水平 | | | | | |
| 1 | 1 | 1 | 1 | 1 | 1 | $4.01\times10^{-4}$ |
| 2 | 1 | 2 | 2 | 2 | 2 | $2.93\times10^{-4}$ |
| 3 | 2 | 1 | 1 | 2 | 2 | $5.21\times10^{-4}$ |
| 4 | 2 | 2 | 2 | 1 | 1 | $5.55\times10^{-4}$ |
| 5 | 3 | 1 | 2 | 1 | 2 | $4.83\times10^{-4}$ |
| 6 | 3 | 2 | 1 | 2 | 1 | $1.02\times10^{-3}$ |
| 7 | 4 | 1 | 2 | 2 | 1 | $5.11\times10^{-4}$ |
| 8 | 4 | 2 | 1 | 1 | 2 | $1.10\times10^{-3}$ |

(5) 指标 $K$ 的极差分析和方差分析　分析结果见表 7-7。以第 2 列为例说明计算过程：

$$I_2=4.01\times10^{-4}+5.21\times10^{-4}+4.83\times10^{-4}+5.11\times10^{-4}=1.92\times10^{-3}$$

$$II_2=2.93\times10^{-4}+5.55\times10^{-4}+1.02\times10^{-3}+1.10\times10^{-3}=2.97\times10^{-3}$$

$$k_2=4$$

$$I_2/k_2=1.92\times10^{-3}/4=4.79\times10^{-4}$$

$$II_2/k_2=2.97\times10^{-3}/4=7.42\times10^{-4}$$

$$D_2=7.42\times10^{-4}-4.79\times10^{-4}=2.63\times10^{-4}$$

$$\sum K=4.88\times10^{-3} \qquad \overline{K}=6.11\times10^{-4}$$

$$S_2=k_2(I_2/k_2-\overline{K})^2+k_2(II_2/k_2-\overline{K})^2$$

$$=4\times(4.79\times10^{-4}-6.11\times10^{-4})^2+4\times(7.42\times10^{-4}-6.11\times10^{-4})^2=1.38\times10^{-7}$$

$$f_2=\text{第二列的水平数}-1=2-1=1$$

$$V_2=S_2/f_2=1.38\times10^{-7}/1=1.38\times10^{-7}$$

$$S_e=S_5=k_5(I_5/k_5-\overline{K})^2+k_5(II_5/k_5-\overline{K})^2$$

$$=4(6.22\times10^{-4}-6.11\times10^{-4})^2+4(5.99\times10^{-4}-6.11\times10^{-4})^2=1.06\times10^{-9}$$

$$f_e=f_5=1$$

$$V_e=S_e/f_e=1.06\times10^{-9}/1=1.06\times10^{-9}$$

$$F_2=V_2/V_e=1.38\times10^{-7}/1.06\times10^{-9}=130.2$$

查《F 分布数值表》可知：

$$F(a=0.01,f_1=1,f_2=1)=4052>F_2$$

$$F(a=0.05,f_1=1,f_2=1)=161.4>F_2$$

$$F(a=0.10,f_1=1,f_2=1)=39.9<F_2$$

$$F(a=0.25,f_1=1,f_2=1)=5.83<F_2$$

其中：$f_1$为分子的自由度，$f_2$分母的自由度。

所以第二列对试验指标的影响在 $\alpha=0.10$ 水平上显著。其他列的计算结果见表 7-7。

表 7-7　正交试验的试验方案和实验结果

| 项目 \ 列号 | $j=1$ | 2 | 3 | 4 | 5 | 6 |
|---|---|---|---|---|---|---|
| 因素 | $\Delta p$ | $T$ | $w$ | $M$ | $e$ | $K/(\mathrm{m^2/s})$ |
| $\mathrm{I}_j$ | $6.94\times10^{-4}$ | $1.92\times10^{-3}$ | $3.04\times10^{-3}$ | $2.54\times10^{-3}$ | $2.49\times10^{-3}$ | |
| $\mathrm{II}_j$ | $1.08\times10^{-3}$ | $2.97\times10^{-3}$ | $1.84\times10^{-3}$ | $2.35\times10^{-3}$ | $2.40\times10^{-3}$ | |
| $\mathrm{III}_j$ | $1.50\times10^{-3}$ | | | | | |
| $\mathrm{IV}_j$ | $1.61\times10^{-3}$ | | | | | $\Sigma K=4.88\times10^{-3}$ |
| $k_j$ | 2 | 4 | 4 | 4 | 4 | |
| $\mathrm{I}_j/k_j$ | $3.47\times10^{-4}$ | $4.79\times10^{-4}$ | $7.61\times10^{-4}$ | $6.35\times10^{-4}$ | $6.22\times10^{-4}$ | |
| $\mathrm{II}_j/k_j$ | $5.38\times10^{-4}$ | $7.42\times10^{-4}$ | $4.61\times10^{-4}$ | $5.86\times10^{-4}$ | $5.99\times10^{-4}$ | |
| $\mathrm{III}_j/k_j$ | $7.52\times10^{-4}$ | | | | | |
| $\mathrm{IV}_j/k_j$ | $8.06\times10^{-3}$ | | | | | $\overline{K}=6.11\times10^{-4}$ |
| $D_j$ | $4.59\times10^{-4}$ | $2.63\times10^{-4}$ | $3.00\times10^{-4}$ | $4.85\times10^{-5}$ | $2.30\times10^{-5}$ | |
| $S_j$ | $2.65\times10^{-7}$ | $1.38\times10^{-7}$ | $1.80\times10^{-7}$ | $4.70\times10^{-9}$ | $1.06\times10^{-9}$ | |
| $f_j$ | 3 | 1 | 1 | 1 | | |
| $V_j$ | $8.84\times10^{-8}$ | $1.38\times10^{-7}$ | $1.80\times10^{-7}$ | $4.70\times10^{-9}$ | $1.06\times10^{-9}$ | |
| $F_j$ | 83.6 | 130.2 | 170.1 | 4.44 | 1.00 | |
| $F_{0.01}$ | 5403 | 4052 | 4052 | 4052 | | |
| $F_{0.05}$ | 215.7 | 161.4 | 161.4 | 161.4 | | |
| $F_{0.10}$ | 53.6 | 39.9 | 39.9 | 39.9 | | |
| $F_{0.25}$ | 8.20 | 5.83 | 5.83 | 5.83 | | |
| 显著性 | 2*(0.10) | 2*(0.10) | 3*(0.05) | 0*(0.25) | | |

(6) 由极差分析结果引出的结论　请同学们自己分析。

(7) 由方差分析结果引出的结论。

① 第 1、第 2 列上的因素 $\Delta p$、$T$ 在 $\alpha=0.10$ 水平上显著；第 3 列上的因素 $w$ 在 $\alpha=0.05$ 水平上显著；第 4 列上的因素 $M$ 在 $\alpha=0.25$ 水平上仍不显著。

② 各因素、水平对 $K$ 的影响变化趋势见图 7-3。图 7-3 是用表 7-5 的水平、因素和表 7-7的 $\mathrm{I}_j/k_j$、$\mathrm{II}_j/k_j$、$\mathrm{III}_j/k_j$、$\mathrm{IV}_j/k$ 值来标绘的。从图 7-3 中可看出：

a. 过滤压强差增大，$K$ 值增大；

b. 过滤温度增大，$K$ 值增大；

c. 过滤浓度增大，$K$ 值减小；

d. 过滤介质由 1 水平变为 2 水平，多孔陶瓷微孔直径减小，$K$ 值减小。

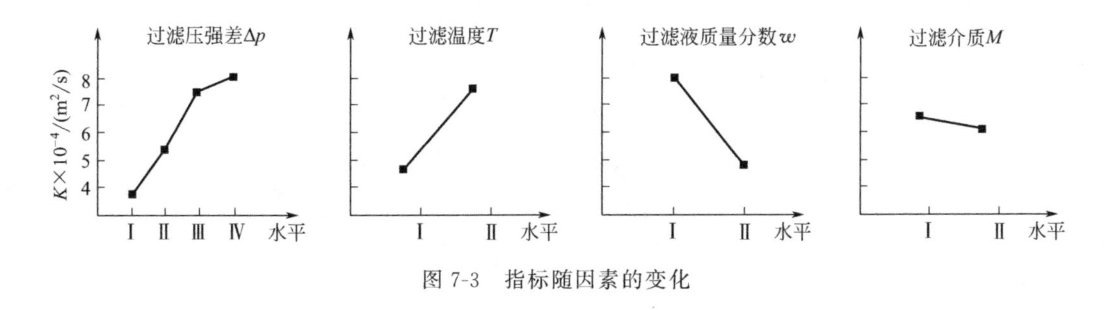


图 7-3　指标随因素的变化

因为第 4 列对 $K$ 值的影响在 $\alpha=0.25$ 水平上不显著，所以此变化趋势是不可信的。

③ 适宜操作条件的确定。由恒压过滤速率方程式可知，试验指标 $K$ 值愈大愈好。为此，本例的适宜操作条件是各水平下 $K$ 的平均值最大时的条件：

过滤压强差为 4 水平，5.88kPa；

过滤温度为 2 水平，33℃；

过滤浆液浓度为 1 水平，稀滤液；

过滤介质为 1 水平或 2 水平（这是因为第 4 列对 $K$ 值的影响在 $\alpha=0.25$ 水平上不显著。为此可优先选择价格便宜或容易得到者）。

上述条件恰好是正交表中第 8 个试验号。

# 附　录

## 附录1　科技论文的写作

科技论文是以新理论、新技术、新设备、新发现为对象，通过判断、推理、论证等逻辑思维的方法以及分析、测定、验证等实验手段来表达科学研究中的发明和发现的文章。它具有科学性、学术性和创造性的特点。

科技论文一般包括以下9个部分：题目、作者姓名和单位、摘要、关键词、引言、正文、结论、致谢和参考文献。

### 1. 题目

对论文题目的要求是：准确得体；简短精练；外延和内涵恰如其分；醒目。对这四方面的要求分述如下。

(1) 准确得体　要求论文题目能准确表达论文内容，恰当反映所研究的范围和深度。

常见毛病是：过于笼统，题不扣文。关键问题在于题目要紧扣论文内容，或论文内容与论文题目要互相匹配、紧扣，即题要扣文，文也要扣题。这是撰写论文的基本准则。

(2) 简短精练　力求题目的字数要少，用词需要精选。至于多少字算是合乎要求，并无统一的“硬性”规定，一般希望一篇论文题目不要超出20个字，不过，不能由于一味追求字数少而影响题目对内容的恰当反映，在遇到两者确有矛盾时，宁可多用几个字也要力求表达明确。

若简短题名不足以显示论文内容或反映出属于系列研究的性质，则可利用正、副标题的方法解决，以加副标题来补充说明特定的实验材料、方法及内容等信息，使标题成为既充实准确又不流于笼统和一般化。

(3) 外延和内涵要恰如其分　“外延”和“内涵”属于形式逻辑中的概念。所谓外延，是指一个概念所反映的每一个对象；而所谓内涵，则是指对每一个概念对象特有属性的反映。

命题时，若不考虑逻辑上有关外延和内涵的恰当运用，则有可能出现谬误，至少是不当。

(4) 醒目　论文题目虽然居于首先映入读者眼帘的醒目位置，但仍然存在题目是否醒目的问题，因为题目所用字句及其所表现的内容是否醒目，其产生的效果是相距甚远的。

## 2. 作者姓名和单位

这一项属于论文署名问题。署名一是为了表明文责自负，二是记录作用的劳动成果，三是便于读者与作者的联系及文献检索（作者索引）。大致分为两种情形，即单个作者论文和多作者论文。后者按署名顺序列为第一作者、第二作者……。重要的是坚持实事求是的态度，对研究工作与论文撰写实际贡献最大的列为第一作者，贡献次之的，列为第二作者，以此类推。注明作者所在单位同样是为了便于读者与作者的联系。工作单位应写全称并包括所在城市名称及邮政编码，有时为进行文献分析，要求作者提供性别、出生年月、职务职称、电话号码、E-mail 等信息。

## 3. 摘要

摘要是对论文的内容不加注释和评论的简短陈述，是文章内容的高度概括。主要内容包括：

① 该项研究工作的内容、目的及其重要性；

② 所使用的实验方法；

③ 总结研究成果，突出作者的新见解；

④ 研究结论及其意义。

注意：摘要中不列举例证，不描述研究过程，不做自我评价。

## 4. 关键词

关键词是为了满足文献标引或检索工作的需要而从论文中萃取出的、表示全文主题内容信息条目的单词、词组或术语，一般列出 3～8 个。

关键词是科技论文的文献检索标识，是表达文献主题概念的自然语言词汇。科技论文的关键词是从其题名、层次标题和正文中选出来的，能反映论文主题概念的词或词组。关键词是为了适应计算机检索的需要而提出来的，位置在摘要之后。早在 1963 年，美国 Chemical Abstracts 从第 58 卷起，就开始采用电子计算机编制关键词索引，提供快速检索文献资料主题的途径。在科学技术信息迅猛发展的今天，全世界每天有几十万篇科技论文发表，学术界早已约定利用主题概念词去检索最新发表的论文。作者发表的论文不标注关键词或叙词，文献数据库就不会收录此类文章，读者就检索不到。关键词选得是否恰当，关系到该文被检索和该成果的利用率。

关键词分类如下。

（1）关键词包括叙词和自由词

① 叙词：指收入《汉语主题词表》、“MeSH”等词表中可用于标引文献主题概念的即经过规范化的词或词组。

② 自由词：反映该论文主题中新技术、新学科尚未被主题词表收录的新产生的名词术语或在叙词表中找不到的词。

（2）关键词标引　为适应计算机自动检索的需要，GB/T 3179—92 规定，现代科技期刊都应在学术论文的摘要后面给出 3～8 个关键词（或叙词）。关键词的标引应按 GB/T

3860—1995《文献叙词标引规则》的原则和方法，参照各种词表和工具书选取；未被词表收录的新学科、新技术中的重要术语以及文章题名的人名、地名也可作为关键词标出(自由词)。

所谓标引，是指对文献和某些具有检索意义的特征如研究对象、处理方法和实验设备等进行主题分析，并利用主题词表给出主题检索标识的过程。对文献进行主题分析，是为了从内容复杂的文献中通过分析找出构成文献主题的基本要素，以便准确地标引所需的叙词。标引是检索的前提，没有正确的标引，也就不可能有正确的检索。科技论文应按照叙词的标引方法标引关键词，并尽可能将自由词规范为叙词。

(3) 关键词的标引步骤　首先对文献进行主题分析，弄清该文的主题概念和中心内容；尽可能从题名、摘要、层次标题和正文的重要段落中抽出与主题概念一致的词和词组；对所选出的词进行排序，对照叙词表找出哪些词可以直接作为叙词标引，哪些词可以通过规范化变为叙词，哪些叙词可以组配成专指主题概念的词组；还有相当数量无法规范为叙词的词，只要是表达主题概念所必需的，都可作为自由词标引并列入关键词。

有英文摘要的论文，应在英文摘要的下方著录与中文关键词相对应的英文关键词（key words )。

## 5. 引言

引言是一篇科技论文的开场白，由它引出文章，所以写在正文之前。引言也叫绪言、绪论。

(1) 引言的主要内容

① 简要说明研究工作的主要目的、范围，即为什么写这篇论文和要解决什么问题。

② 前人在本课题相关领域内所做的工作和尚存的知识空白，即做简要的历史回顾和现在国内外情况的横向比较。

③ 研究的理论基础、技术路线、实验方法和手段，以及选择特定研究方法的理由。

④ 预期研究结果及其意义。

(2) 引言的写作要求

① 引言应言简意赅，内容不得繁琐，文字不可冗长，应能对读者产生吸引力。学术论文的引言根据论文篇幅的大小和内容的多少而定，一般为200～600字，短则可不足100字，长则可达1000字左右。

② 比较短的论文可不单列“引言”一节，在论文正文前只写一小段文字即可起到引言的效用。

③ 引言不可与摘要雷同，不要写成摘要的注释。一般教科书中有的知识，在引言中不必赘述。

④ 学位论文为了需要反映出作者确已掌握了坚实的理论基础和系统的专门知识，具有开阔的科研视野，对研究方案做了充分论证，因此，有关于历史回顾和前人工作的综合评述，以及理论分析等，可将引言单独写成一章，用足够的文字详细加以叙述。

⑤ 引言的目的应是向读者提供足够的背景知识，不要给读者悬念。作者在引言里不必对自己的研究工作或自己的能力过于表示歉意，但也不能自吹自擂，抬高自己，贬低别人。

## 6. 正文

正文是科技论文的主体，是用论据经过论证证明论点而表述科研成果的核心部分。正文占论文的主要篇幅，可以包括以下部分或内容：调查对象、基本原理、实验和观测方法、仪器设备、材料原料。实验和观测结果、计算方法和编程原理、数据资料、经过加工整理的图表、形成的论点和导出的结论等。正文可分作几个段落来写，每个段落需列什么样的标题，没有固定的格式，但大体上可以有以下几个部分（以试验研究报告类论文为例）。

（1）理论分析　包括论证的理论依据，对所作的假设及其合理性的阐述，对分析方法的说明。其要点是，假说、前提条件、分析的对象、适用的理论、分析的方法、计算的过程等。

写作时应注意区别哪些是已知的（前人已有的），哪些是作者首次提出来的，哪些是经过作者改进的，须交代清楚。

（2）实验材料和方法　材料的表达主要是对材料的来源、性质和数量，以及材料的选取和处理等事项的阐述。

方法的表达主要指对实验的仪器、设备，以及实验条件和测试方法等事项的阐述。

写作要点是：实验对象，实验材料的名称、来源、性质、数量、选取方法和处理方法，实验目的，使用的仪器、设备（包括型号、名称、测量范围和精度等），实验及测定的方法和过程，出现的问题和采取的措施等。

材料和方法的阐述必须具体，真实。如果是采用前人的，只需注明出处；如果是改进前人的，则要交代改进之处；如果是自己提出的，则应详细说明，必要时可用示意图、方框图或照片图等配合表述。

科学技术研究成果必须要能接受检验，介绍清楚这些内容，目的在于使别人能够重复操作。

（3）实验结果及其分析　这是论文的价值所在，是论文的关键部分。它包括给出结果，并对结果进行定量或定性的分析。

写作要点是：以绘图和（或）列表（必要时）等手段整理实验结果，通过处理统计和误差分析说明结果的可靠性、再现性和普遍性，进行实验结果与理论计算结果的比较，说明结果的适用对象和范围，分析不符合预见的现象和数据，检验理论分析的正确性等。

给出实验结果时应尽量避免把所有数据和盘托出，而要对数据进行整理，并采用合适的表达形式如插图或表格等。在整理数据时，不能只选取符合自己预料的，而随意舍去与自己料想不符或相反的数据。有些结果异常，尽管无法解释，也不要轻易舍去，可以加以说明；只有找到确凿证据足以说明它们确属错误之后才能剔除。

结果分析时，必须从辩证唯物主义的认识论出发，以理论为基础，以事实为依据，认真、仔细地推敲结果，既要肯定结果的可信度和再现性，又要进行误差分析，并与理论结果做比较（相反，如果论题产生的是理论结果，则应由试验结果来验证），说明存在的问题。分析问题要切中要害，不能空泛议论。要压缩或删除那些众所周知的一般性道理的叙述，省略那些不必要的中间步骤或推导过程，突出精华部分。此外，对实验过程中发现的实验设计、实验方案或执行方法方面的某些不足或错误，也应说明，以供读者借鉴。

（4）结果的讨论　对结果进行讨论，目的在于阐述结果的意义，说明与前人所得结果不同的原因，根据研究结果继续阐发作者自己的见解。

写作要点是：解释所取得的研究成果，说明成果的意义，指出自己的成果与前人研究成果或观点的异同，讨论尚未定论之处和相反的结果，提出研究的方向和问题。最主要的是突出新发现、新发明，说明研究结果的必然性或偶然性。论文正文的写作必须做到实事求是、客观真切、准确完备、合乎逻辑、层次分明、简练可读。

具体要求有如下几点：

① 论点明确，论据充分，论证合理；

② 事实准确，数据准确，计算准确，语言准确；

③ 内容丰富，文字简练，避免重复、繁琐；

④ 条理清楚，逻辑性强，表达形式与内容相适应；

⑤ 不泄密，对需保密的资料应做技术处理。

正文写作时主要注意以下两点。

(1) 抓住基本观点　正文部分乃至整篇论文总是以作者的基本观点为轴线，要用材料（事实或数据）说明观点，形成材料与观点的统一。观点不是作者头脑里固有的或主观臆造的，正确的观点来自客观实际，来自对反映客观事物特征的材料的归纳、概括和总结。在基本观点上，对新发现的问题要详尽分析和阐述，若不能深入，也要严密论证，否则得不出正确的、有价值的结论，说服不了读者，更不会为读者所接受；而对一般性的问题只需做简明扼要的叙述，对与基本观点不相干的问题则完全不要费笔墨，哪怕只有一句一字。

(2) 注重准确性，即科学性　对科学技术论文特别强调科学性，要贯串在论文的始终，正文部分对科学性的要求则更加突出。写作中要坚持实事求是的原则，绝不能弄虚作假，也不能粗心大意。数据的采集、记录、整理、表达等都不应出现技术性错误。叙述事实，介绍情况，分析、论证和讨论问题时，遣词造句要准确，力求避免含混不清，模棱两可，词不达意。给出的式子、数据、图表，以及文字、符号等都要准确无误，不能出现任何细小的疏漏。

## 7. 结论

科技论文一般在正文后面要有结论。结论是实验、观测结果和理论分析的逻辑发展，是将实验、观测得到的数据、结果，经过判断、推理、归纳等逻辑分析过程而得到的对事物的本质和规律的认识，是整篇论文的总论点。读者阅读论文的习惯一般是首先看题名，其次是看摘要，再次看结论，读完结论后才考虑这篇论文是否有阅读价值，决定是否看全文。结论既是能引起读者阅读兴趣的重要内容，又是文献工作者做摘要的重要依据，因此，写好论文的结论很重要。结论的内容主要包括：研究结果说明了什么问题，得出了什么规律，解决了什么实际问题或理论问题；对前人的研究成果做了哪些补充、修改和证实，有什么创新；本文研究的领域内还有哪些尚待解决的问题，以及解决这些问题的基本思路和关键。

对结论部分写作的要求如下。

① 应做到准确、完整、明确、精练。结论要有事实、有根据，用语斩钉截铁，数据准确可靠，不能含糊其辞、模棱两可。

② 在判断、推理时不能离开实验、观测结果，不做无根据或不合逻辑的推理和结论。

③ 结论不是实验、观测结果的再现，也不是文中各段小结的简单重复。

④ 对成果的评价应公允，恰如其分，不可自鸣得意。证据不足时不要轻率否定或批评别人的结论，更不能借故贬低别人。

⑤ 写作结论应十分慎重，如果研究虽然有创新但不足以得出结论的话，宁肯不写也不妄下结论，可以根据实验、观测结果进行一些讨论。

## 8. 致谢

在论文结尾处，标出感谢的人或者资助基金等。

## 9. 参考文献

在科技论文中，凡是引用前人（包括作者自己过去）已发表的文献中的观点、数据和材料等，都要对它们在文中出现的地方予以标明，并在文末（致谢段之后）列出参考文献表。这项工作叫做参考文献著录。

（1）参考文献著录的目的与作用　对于一篇完整的论文，参考文献著录是不可缺少的。归纳起来，参考文献著录的目的与作用主要体现在以下5个方面。

① 著录参考文献可以反映论文作者的科学态度和论文具有真实、广泛的科学依据，也反映出该论文的起点和深度。

② 著录参考文献能方便地把论文作者的成果与前人的成果区别开来。论文报道的研究成果虽然是论文作者自己的，但在阐述和论证过程中免不了要引用前人的成果，包括观点、方法、数据和其他资料，若对引用部分加以标注，则他人的成果将表示得十分清楚。这不仅表明了论文作者对他人劳动的尊重，而且也免除了抄袭、剽窃他人成果的嫌疑。

③ 著录参考文献能起索引作用。读者通过著录的参考文献，可方便地检索和查找有关图书资料，以对该论文中的引文有更详尽的了解。

④ 著录参考文献有利于节省论文篇幅。

⑤ 著录参考文献有助于科技情报人员进行情报研究和文献计量学研究。

（2）参考文献著录的原则

① 期刊　著者．篇（题）名［J］．刊名，出版年，卷号（期号）：起止页码．

例：YI Fei，GUO Zhongxi，ZHANG Lixia，et al. Soluble eggshell membrane protein：preparation，characterization and biocompatibility［J］．Biomaterials，2004，25（19）：4591-4599.

张莉莉，严群芳，王恬．大豆生物活性肽的分离及其抗氧化活性研究［J］．食品科学，2007，28（5）：208-211.

② 专著　主要著作责任者．书名［M］．版次［第一版可略］．出版地：出版者，出版年：页码．

例：KIRKP M，CANNON P F，DAVID J C，et al. Ainsworth and baby's dictionary of fungi［M］. 9th ed. Wallingford：CAB International，2001.

陈曾，刘兢，罗丹．生物化学实验［M］．北京：中国科学技术出版社，2002：111-115.

③ 会议论文集　作者（报告人）．题名［C］//编者（ed，eds）．会议录或会议名．出版地：出版者，出版年：页码．

例：YUFIN S A. Geoecology and computer［C］//Proceedings of the Third International Conference on Advance of Computer Methods in Geotechnical and Geoenvironmental Engineering，Moscow，Russia，February 1-4，2000. Rotterdam：A. A. Balkema，2000.

裴丽生．在中国科协学术期刊编辑工作经验交流会上的讲话［C］//中国科协学术期刊编辑工作经验交流会资料选．北京：中国科学技术协会学会工作部，1981：2-10.

④ 学位论文　作者．篇（题）名［D］．学位授予单位城市名：单位名称（若为学校只标注到大学名称），年．

例：C ALMSR B．Infrared spectroscopic studies on solid oxygen［D］．Berkeley：University of California，1965.

张珏．灵芝多糖的硫酸化修饰及其衍生物抗肿瘤活性的初步研究［D］．无锡：江南大学，2005.

⑤ 专利　专利申请者（所属单位）．专利题名：专利国别，专利号［P］．公告日期或公开日期［引用日期］．获取和访问路径．

例：MARUTA K，MIYAZAKI H. Poultry eggshell strengthening composition：Japan，WO/1998/014560［P］．1998-09-04.

KOSEKI A，MOMOSE H，KAWAHITO M，et al. Compiler：US，828402［P/OL］．2002-05-25［2002-05-28］．http：//FF& p=1& u=netahtmL/PTO/search-bool. html & r=5& f=G& 1=50 & col=AND & d=PG01 & sl=IBM. A S. & OS=AN/IBM& RS=AN/IBM.

姜锡洲．一种温热外敷药制备方案：中国，88105607. 3［P］．1989-07-26.

⑥ 标准　起草责任者．标准代号 标准顺序号—发布年 标准名称［S］．出版地：出版者，出版年．

例：全国文献工作标准化技术委员会第七分委员会．GB/T 5795—1986 中国标准书号［S］．北京：中国标准出版社，1986.

⑦ 报纸　著者．篇（题）名［N］．报纸名，出版时间（版次）．

例：丁文祥．数字革命与竞争国际化［N］．中国青年报，2000-11-20（15）．

⑧ 汇编　著者．篇（题）名［G］．汇编名．出版地：出版者，出版年：页码．

例：厉兵．采编工作中的语言文字规范［G］//第 6 期全国出版社新编辑培训班讲义．北京：新闻出版总署教育培训中心，2005：45.

⑨ 科技报告　报告者．报告题名［R］．报告地：报告单位，报告年份．

World Health Organization. Factors regulating the immune response：report of WHO Scientific Group［R］．Geneva：WHO，1970.

⑩ 电子文献　主要责任者．题名：其他题名信息［文献类型标志/文献载体标志］．出版地：出版者，出版年（更新或修改日期）［引用日期］．获取和访问路径．

例：萧钰．出版业信息化迈入快车道［EB/OL］．（2001-12-19）［2002-04-15］．http：//www. creader. com/news/200112190019. htm.

刘江涛，刘中霞，李磊．轻轻松松练五笔［M/CD］．北京：声比尔科贸有限公司，1999.

## 附录 2　化学化工常用软件简介

### 1. 化学办公软件 ChemOffice

在信息技术日益发展的今天，化学化工软件已成为相关专业工作者日常工作中不可或缺的基本工具。它不仅可以解决化学计算中的复杂问题，而且可以利用虚拟的程序模拟化学世界的微观结构，并可以将微观结构的光谱形态等形象直观地展示出来，因此熟悉常用化学化工软件并掌握其使用方法便成为相关专业工作者必备的技能之一。

ChembioOffice 是由 CambridgeSoft 开发的综合性科学应用软件包。该软件包是为广大从事化学、生物研究领域的科研人员个人使用而设计开发的产品。同时，这个产品又可以共享解决方案，给研究机构的所有科技工作者带来效益。利用 ChemBioOffice 可以方便地进行化学生物结构绘图、分子模型及仿真，可以将化合物名称直接转为结构图，省去绘图的麻烦，也可以对已知结构的化合物命名，给出正确的化合物名。目前最新的版本为 ChemOffice 2017。

办公桌将成为科学家成功的起点，在这里科学家可以用 ChemDraw 和 ChemOffice 去完成自己的想法，和同事用自然的语言交流化学结构、模型和相关信息，在实验室，科学家用 E-Notebook 整理化学信息、文件和数据，并从中取得他们所要的结果。ChemNMR 可预示分子化学结构的 $^{13}C$ 和 $^{1}H$ NMR 位移。

ChemFinder/Word 通过计算机或互联网，可以在 Word、Excel、Powerpoint、ChemDraw、ISIS 等文件中搜索化学结构，以便浏览或修改，并输出到自己的目标文件中。ChemOffice 支持每一位科学家的日常工作、企业方案制订，建立在 ChemOffice 服务器的数据库，有助于各个研究部门的合作，并共享信息。这将促进科学研究的迅猛发展。

ChemOffice 的组成主要有 ChemDraw 化学结构绘图、Chem3D 分子模型及仿真、ChemFinder 化学信息搜寻整合系统，此外还加入了 E-Notebook Ultra 10.0、BioAssay Pro 10.0，量化软件 MOPAC、Gaussian 和 GAMESS 的界面，ChemSAR、Server Excel、CLogP、CombiChem/Excel 等，ChemOffice Pro 还包含了全套 ChemInfo 数据库，有 ChemACX 和 ChemACX-SC、Merck 索引和 ChemMSDX 等。

ChemOffice Ultra 2010 版包含以下功能模块。

① ChemDraw 模块。是世界上最受欢迎的化学结构绘图软件，是各论文期刊指定的格式。

② Chem3D 模块。提供工作站级的 3D 分子轮廓图及分子轨道特性分析，并和数种量子化学软件结合在一起。由于 Chem3D 提供完整的界面及功能，因此已成为分子仿真分析最佳的前端开发环境。

③ ChemFinder 模块。化学信息搜寻整合系统，可以建立化学数据库、储存及搜索，或与 ChemDraw、Chem3D 联合使用，也可以使用现成的化学数据库。ChemFinder 是一个智能型的快速化学搜寻引擎，所提供的 ChemInfo 信息系统是目前世界上最丰富的数据库之一，包含 ChemACX、ChemINDEX、ChemRXN、ChemMSDX，并不断有新的数据库加入。ChemFinder 可以从本机或网上搜寻 Word、Excel、Powerpoint、ChemDraw 和 ISIS 格式的分子结构文件。还可以与微软的 Excel 结合，可连结的关联式数据库包括 Oracle 及 Access，输入的格式包括 ChemDraw、MDL ISIS SD 及 RD 文件。

④ ChemOffice WebServer。化学网站服务器数据库管理系统可将您的 ChemDraw、Chem3D 作品发表在网站上，使用者就可用 ChemDraw Pro Plugin 网页浏览工具，用 www 方式观看 ChemDraw 的图形，或用 Chem3D Std 插件中的网页浏览工具观看。

分子式和结构式是化学家的语言，这类特殊的数据需要专门软件来处理。目前有许多化学软件问世，其中 Chemoffice 是世界上最优秀的化学软件，集强大应用功能于一身，其结构绘图是国内外重要论文期刊指定的格式。化学工作者可以用 Chemoffice 去完成自己的想法，与同行交流化学结构、模型和相关信息。Chemoffice 是化学工作者的必备软件。Chemoffice Ultra 主要包含如下软件和功能。

ChemDraw：化学结构绘图。

Chem3D：分子模型及仿真。

ChemFinder：化学信息搜索整合系统。

E-Notebook：整理化学信息、文件和数据，并从中取得所要的结果。

下面简单介绍一下 ChemDraw。

ChemDraw 主界面自上而下为菜单栏、工具栏和绘图窗口。在绘图窗口左侧是垂直工具栏，其中的工具盒模板是化学专用的。有些模板按钮下面带箭头，单击该按钮不松开。会在其右侧弹出子工具栏，其中包括若干相关选项。箭头、轨道、绘图元素、括弧、化学符号和询问工具模板见附图 1。ChemDraw 软件的操作界面、工具图板及工具栏中的子工具类型、控制中的化学实验仪器与设备分别见附图 2～附图 5。

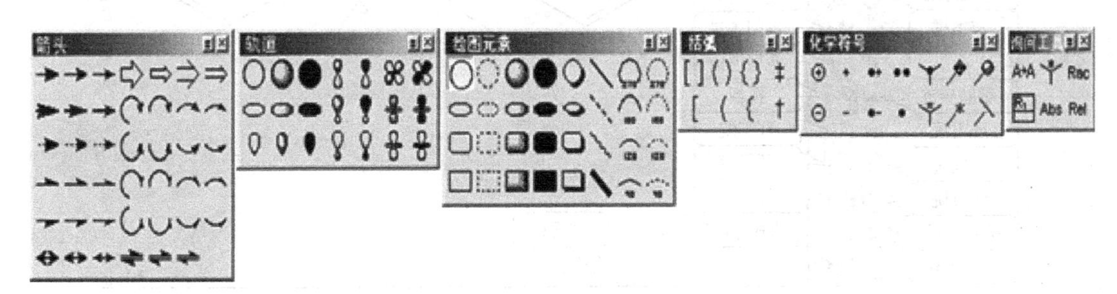


附图 1 箭头、轨道、绘图元素、括弧、化学符号和询问工具模板

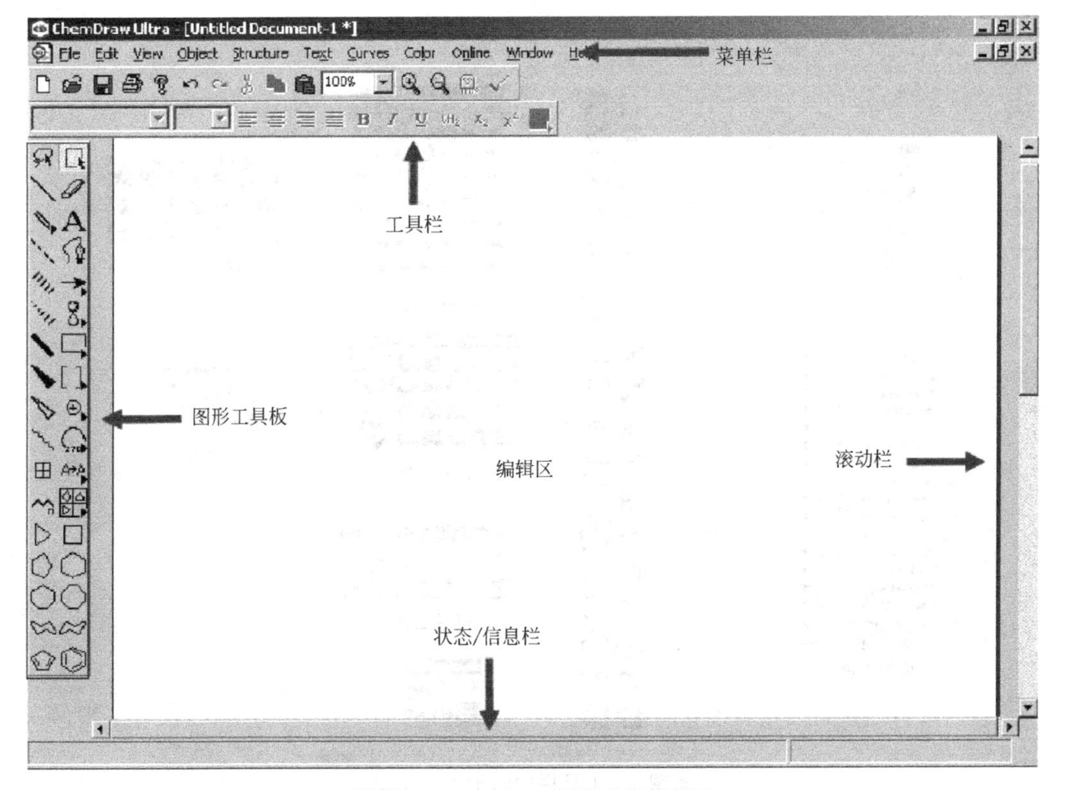


附图 2 ChemDraw 软件的操作界面

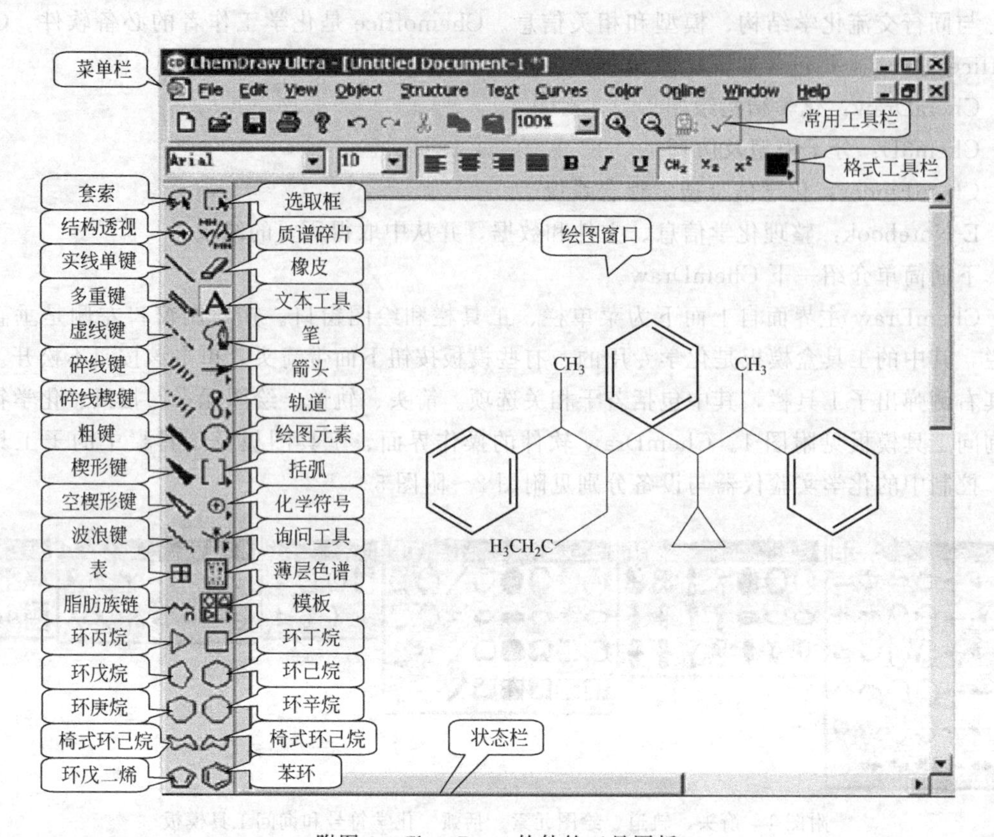


附图 3　ChemDraw 软件的工具图板

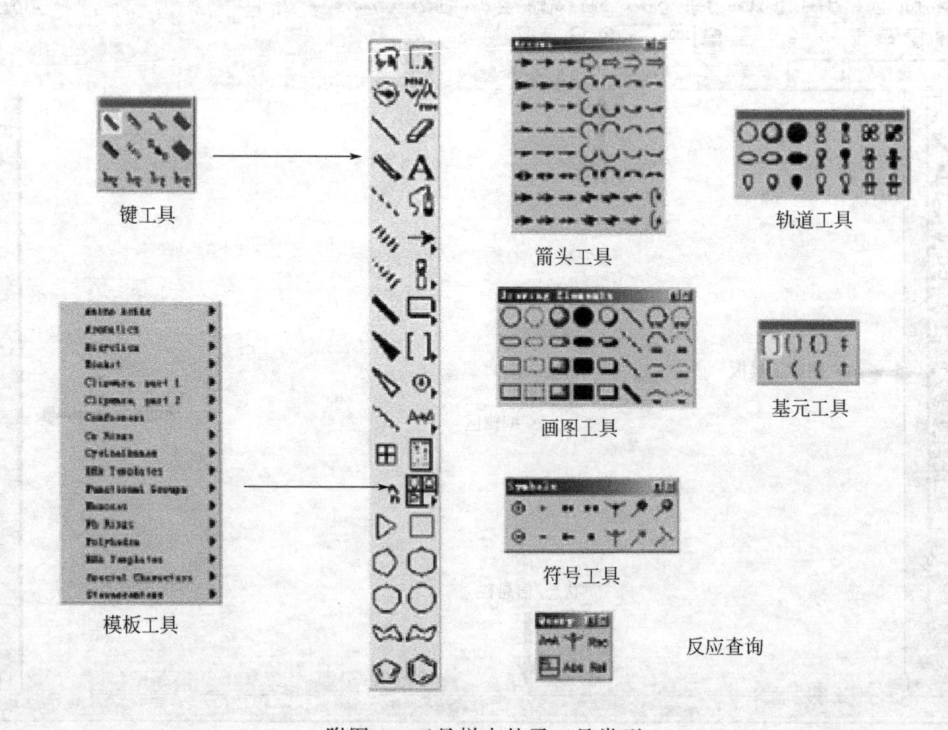


附图 4　工具栏中的子工具类型

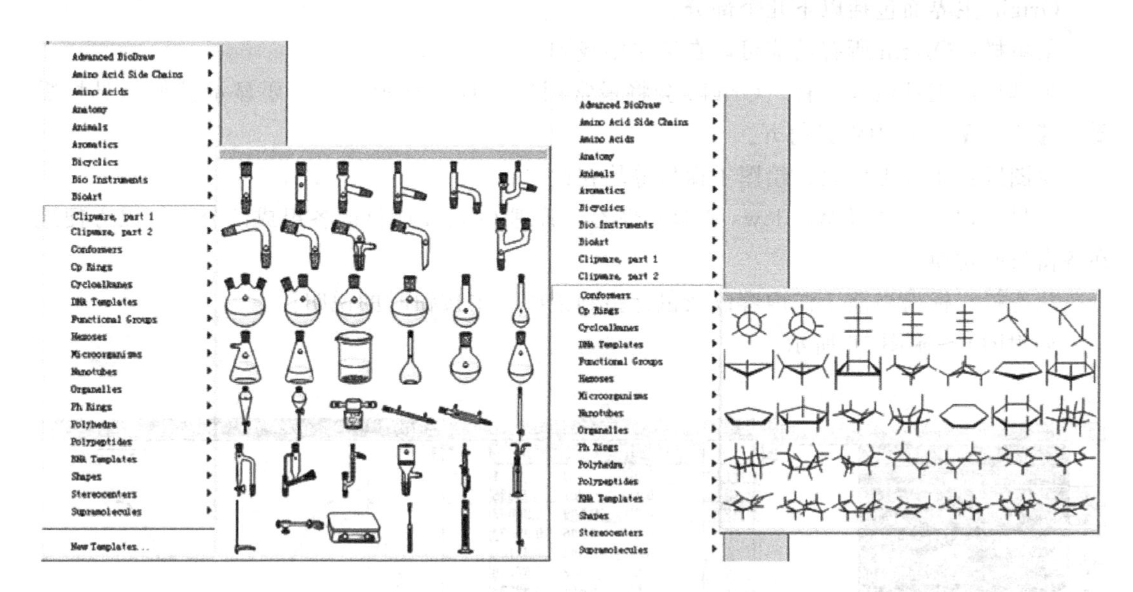


附图 5　控件中的化学实验仪器与设备

## 2. 数据处理软件 Origin

Origin 为 OriginLab 公司出品的较流行的专业函数绘图软件，是公认的简单易学、操作灵活、功能强大的软件，既可以满足一般用户的制图需要，也可以满足高级用户数据分析、函数拟合的需要。

Origin 是美国 OriginLab 公司开发的图形可视化和数据分析软件，是科研人员和工程师常用的高级数据分析和制图工具。自 1991 年问世以来，由于其操作简便，功能开放，很快就成为国际流行的分析软件之一，是公认的快速、灵活、易学的工程制图软件。

Origin 具有两大主要功能：数据分析和绘图。Origin 的数据分析主要包括统计、信号处理、图像处理、峰值分析和曲线拟合等各种完善的数学分析功能。准备好数据后，进行数据分析时，只需选择所要分析的数据，然后再选择相应的菜单命令即可。Origin 的绘图是基于模板的，Origin 本身提供了几十种二维和三维绘图模板而且允许用户自己定制模板。绘图时，只要选择所需要的模板就行。用户可以自定义数学函数、图形样式和绘图模板；可以和各种数据库软件、办公软件、图像处理软件等方便地连接。

Origin 可以导入包括 ASCII、Excel、pClamp 在内的多种数据。另外，它可以把 Origin 图形输出到多种格式的图像文件，譬如 JPEG、GIF、EPS、TIFF 等。

Origin 里面也支持编程，以方便拓展 Origin 的功能和执行批处理任务。Origin 里面有两种编程语言——LabTalk 和 Origin C。

随着科学技术的进步，化学工作者需要处理越来越多的实验数据，也需要掌握越来越多的数据处理方法，如对数据进行筛选、平滑、滤波、微分、积分、线性回归、非线性拟合等。同时还需要绘制各种各样的图形，如二维、三维数据图形等。各种仪器分析数据处理，如红外光谱、紫外-可见光谱、X 射线衍射、核磁共振数据等，也需要进行绘图、分析、比较，并将其加工成为文本的一部分。从前，处理数据与绘图要靠编程实现，对使用者的编程水平要求较高，因而难以普及。下面我们简单介绍 Origin。

Origin 主界面包括以下几个部分。

菜单栏：Origin 所有功能可以在菜单中找到。

工具栏：工具栏有多种，Origin 会将最常用的工具栏显示出来，要显示其他工具栏需要在【View】菜单中将其打开。

绘图区：所有工作表、绘图子窗口等均在此。

项目管理器：类似 Windows 资源管理器，管理 Origin 项目的各组成部分，可以方便地在各窗口间切换。

状态栏：标出当前工作内容以及鼠标指到某些菜单按钮时的说明。

如附图 6～附图 10 所示。

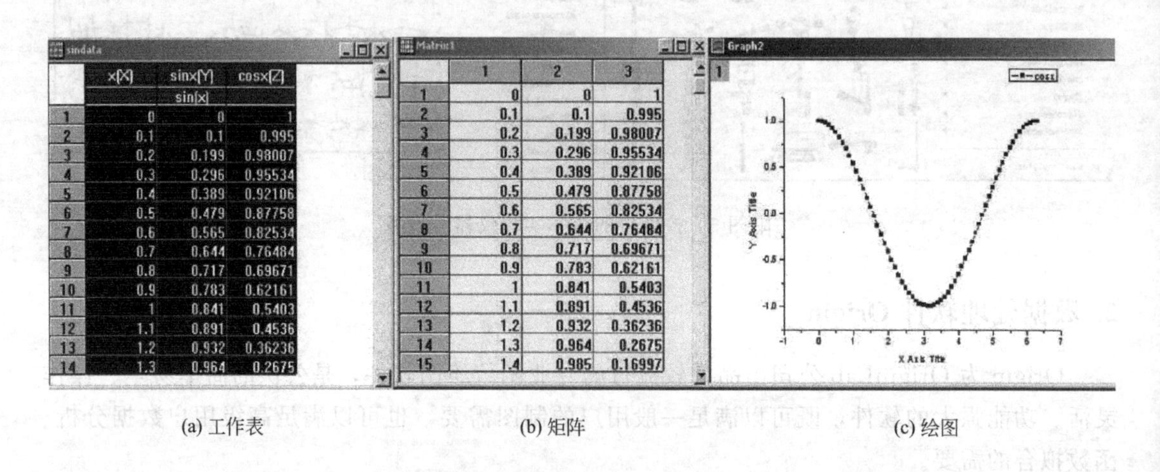


(a) 工作表　　(b) 矩阵　　(c) 绘图

附图 6　工作表、矩阵和绘图

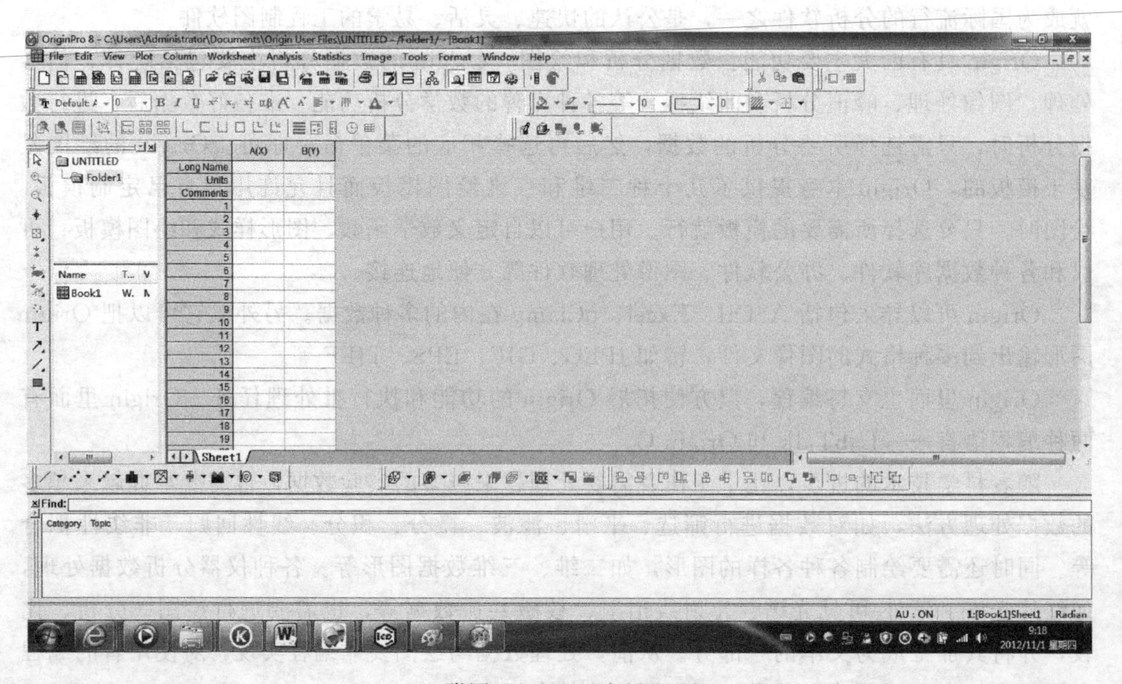


附图 7　Origin 主界面

附图 8　绘制图形的类型

| | A(X1) | B(Y1) | CX(X2) | C(Y2) | D(X3) | E(Y3) | F(X4) | G(Y4) |
|---|---|---|---|---|---|---|---|---|
| Long Name | | | | | | | | |
| Units | | | | | | | | |
| Comments | | | | | | | | |
| 1 | 0 | 2.617E-4 | 0 | -1.17E-5 | 0 | 1.289E-4 | 0 | 2.109E-4 |
| 2 | 0.00567 | 2.617E-4 | 0.00667 | -1.17E-5 | 0.00667 | 1.289E-4 | 0.00667 | 2.109E-4 |
| 3 | 0.01333 | 2.617E-4 | 0.01333 | -1.17E-5 | 0.01333 | 1.289E-4 | 0.01333 | 2.109E-4 |
| 4 | 0.02 | 2.617E-4 | 0.02 | -1.17E-5 | 0.02 | 1.289E-4 | 0.02 | 2.109E-4 |
| 5 | 0.02667 | -0.00139 | 0.02667 | 7.109E-4 | 0.02667 | -2.5E-4 | 0.02667 | -8.906E-4 |
| 6 | 0.03333 | -0.00372 | 0.03333 | 0.00126 | 0.03333 | -5E-4 | 0.03333 | -0.00233 |
| 7 | 0.04 | -0.00491 | 0.04 | 4.492E-4 | 0.04 | -0.00115 | 0.04 | -0.00372 |
| 8 | 0.04567 | -0.00432 | 0.04667 | -7.5E-4 | 0.04667 | -0.00157 | 0.04667 | -0.00508 |
| 9 | 0.05333 | -0.00255 | 0.05333 | -0.00213 | 0.05333 | -1E-3 | 0.05333 | -0.00548 |
| 10 | 0.06 | -0.00114 | 0.06 | -0.00287 | 0.06 | 2.852E-4 | 0.06 | -0.00559 |
| 11 | 0.06567 | -0.00187 | 0.06667 | -0.00275 | 0.06667 | 0.00119 | 0.06667 | -0.00597 |
| 12 | 0.07333 | -0.00321 | 0.07333 | -0.00239 | 0.07333 | 0.00196 | 0.07333 | -0.00575 |
| 13 | 0.08 | -0.00319 | 0.08 | -0.00233 | 0.08 | 0.00255 | 0.08 | -0.00551 |
| 14 | 0.08567 | -0.00179 | 0.08667 | -0.00221 | 0.08667 | 0.00301 | 0.08667 | -0.00605 |
| 15 | 0.09333 | -6.055E-4 | 0.09333 | -0.00221 | 0.09333 | 0.00388 | 0.09333 | -0.00665 |
| 16 | 0.1 | -5.703E-4 | 0.1 | -0.00194 | 0.1 | 0.00493 | 0.1 | -0.00755 |
| 17 | 0.10667 | -0.00129 | 0.10667 | -0.00168 | 0.10667 | 0.00548 | 0.10667 | -0.00722 |
| 18 | 0.11333 | -0.00257 | 0.11333 | -0.00159 | 0.11333 | 0.00552 | 0.11333 | -0.0063 |
| 19 | 0.12 | -0.00395 | 0.12 | -0.00116 | 0.12 | 0.00621 | 0.12 | -0.00538 |

| | H(X5) | I(Y5) | J(X6) | K(Y6) | L(X7) | M(Y7) | N(X8) | O(Y8) |
|---|---|---|---|---|---|---|---|---|
| Long Name | | | | | | | | |
| Units | | | | | | | | |
| Comments | | | | | | | | |
| 1 | 0 | -1.172E-4 | 0 | 1.406E-4 | 0 | 1.172E-4 | 0 | -2.227E-4 |
| 2 | 0.00667 | -1.172E-4 | 0.00667 | 1.406E-4 | 0.00667 | 1.172E-4 | 0.00667 | -2.227E-4 |
| 3 | 0.01333 | -1.172E-4 | 0.01333 | 1.406E-4 | 0.01333 | 1.172E-4 | 0.01333 | -2.227E-4 |
| 4 | 0.02 | -1.172E-4 | 0.02 | 1.406E-4 | 0.02 | 1.172E-4 | 0.02 | -2.227E-4 |
| 5 | 0.02667 | 6.641E-4 | 0.02667 | -0.00115 | 0.02667 | -0.00137 | 0.02667 | 0.00201 |
| 6 | 0.03333 | 0.00163 | 0.03333 | -0.00246 | 0.03333 | -0.00277 | 0.03333 | 0.00445 |
| 7 | 0.04 | 0.00265 | 0.04 | -0.00354 | 0.04 | -0.00384 | 0.04 | 0.00565 |
| 8 | 0.04667 | 0.00309 | 0.04667 | -0.00405 | 0.04667 | -0.00429 | 0.04667 | 0.00529 |
| 9 | 0.05333 | 0.00261 | 0.05333 | -0.00398 | 0.05333 | -0.00381 | 0.05333 | 0.00268 |
| 10 | 0.06 | 0.00138 | 0.06 | -0.00381 | 0.06 | -0.00351 | 0.06 | 9.38E-5 |
| 11 | 0.06667 | 0 | 0.06667 | -0.00395 | 0.06667 | -0.00487 | 0.06667 | -4.727E-4 |
| 12 | 0.07333 | -0.00252 | 0.07333 | -0.0033 | 0.07333 | -0.00556 | 0.07333 | -4.69E-5 |
| 13 | 0.08 | -0.00439 | 0.08 | -0.0022 | 0.08 | -0.00658 | 0.08 | 0.00125 |
| 14 | 0.08667 | -0.00562 | 0.08667 | -0.00116 | 0.08667 | -0.00672 | 0.08667 | 0.00295 |
| 15 | 0.09333 | -0.00591 | 0.09333 | -0.00106 | 0.09333 | -0.00629 | 0.09333 | 0.00408 |
| 16 | 0.1 | -0.0053 | 0.1 | -0.00134 | 0.1 | -0.00505 | 0.1 | 0.00452 |
| 17 | 0.10667 | -0.00488 | 0.10667 | -0.00221 | 0.10667 | -0.00319 | 0.10667 | 0.00386 |
| 18 | 0.11333 | -0.00548 | 0.11333 | -0.00296 | 0.11333 | -0.00141 | 0.11333 | 0.00279 |
| 19 | 0.12 | -0.00568 | 0.12 | -0.00281 | 0.12 | 2.34E-5 | 0.12 | 0.00239 |

附图 9　数据输入（画一组图）

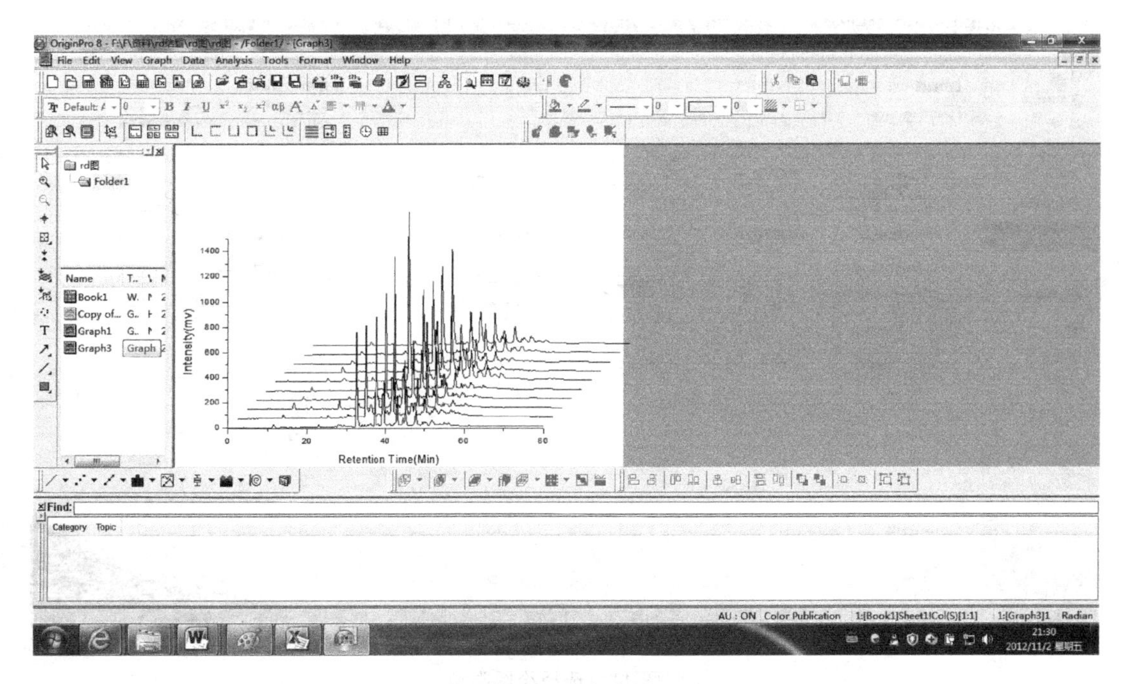


附图 10　完成图

### 3. Office Visio

Office Visio 提供了各种模板：业务流程的流程图、网络图、工作流图、数据库模型图和软件图，这些模板可用于可视化和简化业务流程、跟踪项目和资源、绘制组织结构图、映射网络、绘制建筑地图以及优化系统。

化学化工工作者要表达自己的想法，如写研究论文、设计工艺流程、设备工作原理、厂区、办公室平面布置等，固然可以使用文字进行描述，但如果配合示意图来表述，则会收到事半功倍的效果。一方面，示意图不仅可以明确表达作者的意愿，表达出难以用文字描述的内容；另一方面，读者理解配有示意图的内容也要比读纯文字容易得多，可谓一图胜一千字。

虽然可以使用专业的绘图软件，如 AUTOCAD 等绘制示意图，但这类软件太专业化了。需要更多的相关知识做基础，学习起来比较费时费力。因此学习一种易学易用的、绘图效果又非常专业的软件，以便我们把主要精力都用在构思和创意上，而不是花费在学习软件使用上。符合这个要求的软件就是 Visio。Visio 是一种可以迅速转换成图形的流程视觉化应用软件，是众多绘图软件中将易用性和专业性结合得最好的一个软件。下面简单介绍 Visio2010。主界面如下。启动 Visio 首先出现选择绘图类型画图，如附图 11 所示。窗口中部左侧【选择绘图类型】栏中有 16 种可供选择。Visio 提供的丰富绘图类型几乎囊括了需要绘图的各个方面，并为每种绘图类型提供了许多模板，单击模板就可以进入 Visio 主界面。Visio 包含的化工流程图的控件如附图 12 所示。在绘制化工工艺流程图时可以直接拖动这些控件，而且可以自由的放大与缩小等，具有画图速度快、使用便捷等优点。

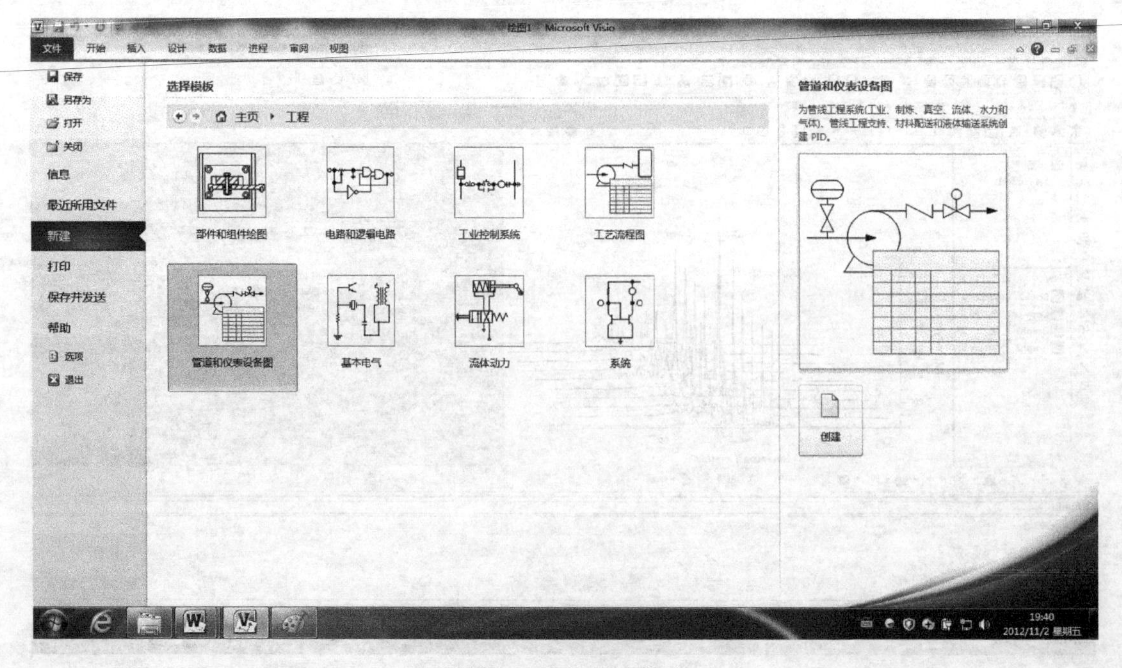


附图 11　选择绘图类型

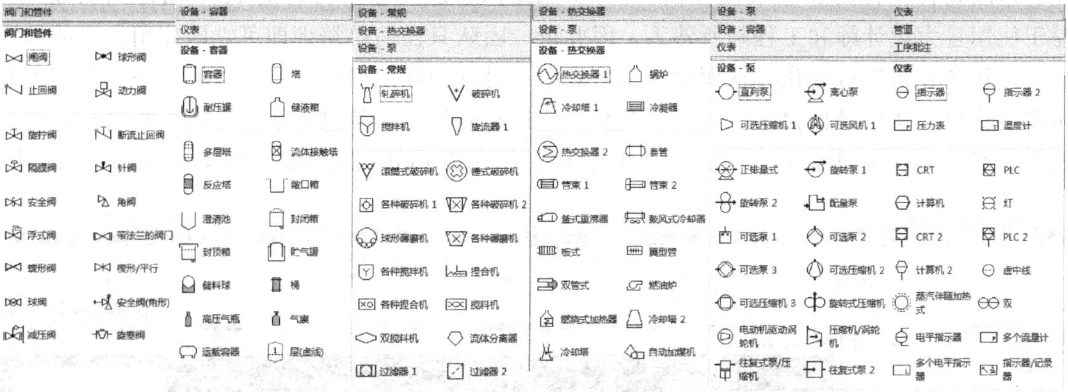

附图 12　Visio 包含的化工流程图控件

## 4. AutoCAD P& ID

AutoCAD P& ID 是由美国 Autodesk 公司开发的大型计算机辅助工艺绘图软件，主要用来绘制各种工艺工种图样。它为工种设计人员提供了强有力的两维和三维设计与绘图功能。当前 Auto CAD P& ID 已经广泛应用于机械工艺绘图、电子工艺绘图、服装工艺绘图、建筑工艺绘图等设计领域。

AutoCAD P& ID 是一款基于 AutoCAD 平台，用于创建、修改、管理管道和工艺流程图的设计软件产品。作为欧特克数字化工厂设计解决方案的重要组成部分，AutoCAD P& ID 能够大幅提高工厂设计人员的工作效率，轻松应对愈加复杂的工厂设计问题。欧特克为工程设计部门提供了易于使用的二维和三维设计解决方案。通过协调设计中管道、仪表、设备、建筑和基础设施等各个环节，电力、石油石化、冶金及轻工建材等行业的工程师可以在实际动工之前体验生产流程和设施的全部细节。这些重要的工厂设计信息重新定义了设计流程，从而帮助工程师优化工厂设计、建造和运营更高性能的工厂。

利用 AutoCAD P& ID 2013 软件（见附图 13～附图 15 所示），可更加快速、精确地创

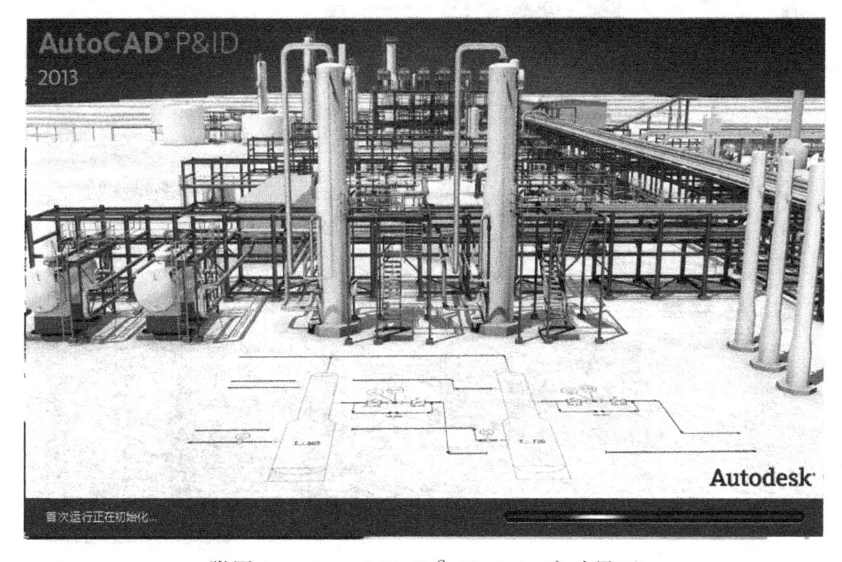


附图 13　AutoCAD P & ID 2013 启动界面

建、修改并管理管道和仪表流程图。AutoCAD P& ID 构建于流行的 AutoCAD 平台之上，易于使用且为设计师和工程师所熟悉，因此设计团队只需简单培训即可立即使用。它能够简化日常任务并实现自动化，从而提高生产效率；设计师在工作过程中可以轻松查找零部件和生产线信息。通过轻松报告、编辑、共享、验证和交换设计信息，您便可以轻松启动，出色执行并尽早完成项目。AutoCAD P& ID 软件包括在 Autodesk® Plant Design Suite 2013 中。

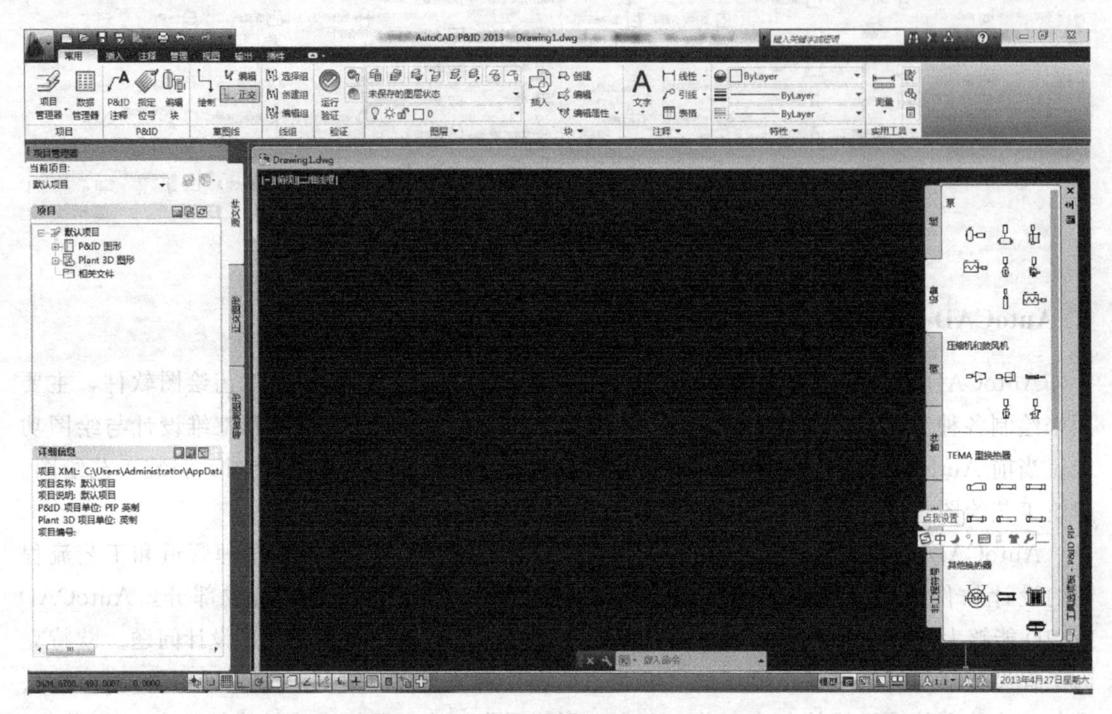


附图 14　AutoCAD P & ID 2013 工作界面

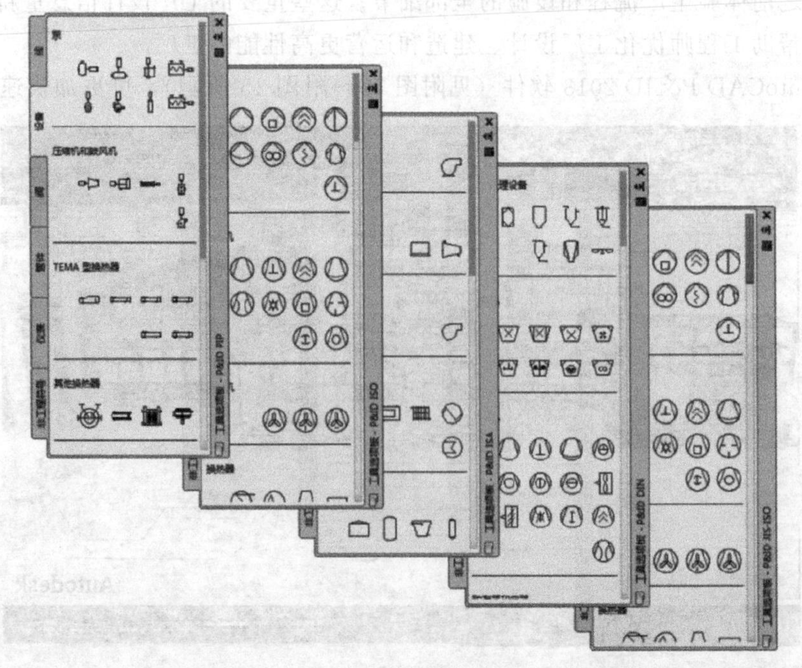


附图 15　AutoCAD P & ID 2013 工具选项板

数据管理器：利用变更管理、查看和编辑功能，管理工程设计数据。

动态的管线和元件：简化重复任务。使用直观的夹点编辑工具创建、移动管线和元件，并将其添加到特定位置。

符号库：将符合行业标准的符号（PIP、ISA、JIS和ISO/DIN）和定制的符号放置在工程图中。

标记和注释：创建、定制和编辑标记和注释。属性将自动扩散。从“数据管理器”中拖放信息。

报表和信息交换：将数据导入格式化的表格，并以多种文件格式导出。

验证：利用错误检查功能提高精确度，并减少确认问题所需的时间。

AutoCAD P&ID是一个绘图程序，只需经过简单培训，就能帮助您轻松创建P&ID图形。该程序提供一个符号库，可从工具选项板访问该库，然后放入图形中。可以使用草图线在移动设备时进行移动、自动调整大小以及显示流向。在项目环境中以独特方式工作，确保您的设计与在同一个项目中工作的其他人保持一致。可以为单个图形或整个项目创建报告。如果是管理员，可以配置为您的组织和设计人员量身打造的自定义P&ID绘图环境。

# 参 考 文 献

[1] 李文有，张禄梅．有机化学实验技术．天津：天津大学出版社，2012.

[2] 高占先．有机化学实验．第 4 版．北京：高等教育出版社，2004.

[3] 王世范．药物合成实验．北京：中国医药科技出版社，2007.

[4] 尤启冬．药物化学．第 2 版．北京：化学工业出版社，2008.

[5] 国家药典委员会．中华人民共和国药典．2010 年版．北京：中国医药科技出版社，2010.

[6] 于淑萍．化学制药技术综合实训．北京：化学工业出版社，2007.

[7] 曹观坤．药物化学实验技术．北京：化学工业出版社，2008.

[8] 陈仲强，陈虹．现代药物的制备与合成（第一卷）．北京：化学工业出版社，2008.

[9] 李瑞芳．药物化学教程．北京：化学工业出版社，2006.

[10] 吉卯祉．药物合成．北京：中国中医药出版社，2009.